AF571108

EUL
VERLAG

Wirtschaftswissenschaftliche Fakultät

Das Vertrauen der Kunden als Wettbewerbsvorteil einer Bank

INAUGURAL-DISSERTATION ZUR
ERLANGUNG DER DOKTORWÜRDE
AN DER
WIRTSCHAFTSWISSENSCHAFTLICHEN FAKULTÄT
DER
HEINRICH-HEINE-UNIVERSITÄT DÜSSELDORF

Vorgelegt im Sommersemester 2016
von
Diplom-Kaufmann
Murat Aksu
aus Düsseldorf

Erstgutachter: Prof. Dr. Christoph J. Börner
Zweitgutachter: Prof. Dr. Guido Förster
Disputation: Düsseldorf, 18.11.2016

Dr. Murat Aksu

Das Vertrauen der Kunden als Wettbewerbsvorteil einer Bank

Bibliografische Information der Deutschen Nationalbibliothek

Die Deutsche Nationalbibliothek verzeichnet diese Publikation in der Deutschen Nationalbibliografie; detaillierte bibliografische Daten sind im Internet über <http://dnb.d-nb.de> abrufbar.

Dissertation, Heinrich-Heine-Universität Düsseldorf, 2016

D 61

ISBN 978-3-8441-0494-3
1. Auflage Januar 2017

© JOSEF EUL VERLAG GmbH, Lohmar – Köln, 2017
Alle Rechte vorbehalten

JOSEF EUL VERLAG GmbH
Brandsberg 6
53797 Lohmar
Tel.: 0 22 05 / 90 10 6-80
Fax: 0 22 05 / 90 10 6-88
E-Mail: info@eul-verlag.de
http://www.eul-verlag.de

Bei der Herstellung unserer Bücher möchten wir die Umwelt schonen. Dieses Buch ist daher auf säurefreiem, 100% chlorfrei gebleichtem, alterungsbeständigem Papier nach DIN 6738 gedruckt.

Vorwort

An dieser Stelle möchte ich mich für die Unterstützung bedanken, die mir während meiner Promotionszeit von vielen Stellen widerfahren ist.

Insbesondere danke ich meinem Doktorvater Herrn Prof. Dr. Christoph J. Börner für die fortwährende Unterstützung, fachliche Diskussionsbereitschaft und die konstruktiven Anmerkungen. Sein Vertrauen in den Fortgang meiner Arbeit und die daraus resultierenden Freiheiten haben entscheidend zum Gelingen der Promotion beigetragen. Ebenso gilt mein Dank Herrn Prof. Dr. Guido Förster für die Übernahme sowie zügige Erstellung des Zweitgutachtens. Bei Prof. Dr. Rasch bedanke ich mich für die Übernahme des Vorsitzes der Disputation.

Schließlich gilt mein ganz besonderer Dank meinen Eltern und meiner Frau Esma für ihren Rückhalt, ihren Zuspruch und ihre Liebe.

Düsseldorf, im Dezember 2016 Murat Aksu

Inhaltsverzeichnis

Abbildungsverzeichnis

Abkürzungsverzeichnis

a.M.	am Main
Abb.	Abbildung
Abs.	Absatz
AEG	Allgemeine Elektricitäts-Gesellschaft
AG	Aktiengesellschaft
AMR	Academy of Management Review
AnsFug	Anlegerschutz- und Funktionsverbesserungsgesetz
Art.	Artikel
BaFin	Bundesanstalt für Finanzdienstleistungsaufsicht
BCBS	Basel Committee on Banking Supervision
BdB	Bundesverband deutscher Banken
BGB	Bürgerliches Gesetzbuch
BNP Paribas	Banque Nationale de Paris Paribas
bspw.	beispielsweise
bzgl.	bezüglich
bzw.	beziehungsweise
CIA	Central Intelligence Agency
CO2	Kohlendioxid
d.h.	das heißt
DAI	Deutsches Aktieninstitut
DB	Deutsche Bank
DIIN	Deutsches Institut für Interne Revision
DIN	Deutsche Industrie-Norm
DSGV	Deutscher Sparkassen- und Giroverband
DZ Bank	Deutsche Zentral-Genossenschaftsbank
EC	Electronic Cash
EStG.	Einkommensteuergesetz
et al.	et alii
etc.	et cetera
EZB	Europäische Zentralbank
e.V.	eingetragener Verein
f.	folgende

FAZ	Frankfurter Allgemeine Zeitung
ff.	fortfolgende
FMVÖ	Finanz-Marketing Verband Österreich
FRUG	Finanzmarktrichtlinie-Umsetzungsgesetz
GfK	Gesellschaft der Konsumforschung
ggf.	gegebenenfalls
GLS	Gemeinschaftsbank für Leihen und Schenken
Haspa	Hamburger Sparkasse
HGB	Handelsgesetzbuch
Hrsg.	Herausgeber
HSBC	Hongkong and Shanghai Banking Corporation
HSH Nordbank	Hamburgisch-Schleswig-Holsteinische Nordbank
i.d.R.	in der Regel
i.e.	id est
IAS	International Accounting Standards
IHK	Industrie- und Handelskammer
ING DiBa	Internationale Nederlanden Groep Direktbank
ISIN	International Securities Identification Number
IT	Informationstechnik
J.P. Morgan	John Pierpont Morgan
KfW	Kreditanstalt für Wiederaufbau
LoD	Lines of Defense
MaComp	Mindestanforderungen an die Compliance-Funktion
MaRisk	Mindestanforderungen an das Risikomanagement
MBV	Market-based View
MI5	Military Intelligence, Section 5
MiFID	Markets in Financial Instruments Directive
Mio.	Millionen
Mrd.	Milliarden
NIÖ	Neue Institutionenökonomik
Nr.	Nummer
o.P.	ohne Paginierung
OCC	Office of the Comptroller of the Currency
p.a.	per anno

PIB	Produktinformationsblatt / -blätter
RBV	Resource-based View
RP	Rheinische Post
RTR	risk taking in relationship
S.	Seite(n)
SB-Gerät	Selbstbedienungs-Gerät
sog.	sogenannte
Solvabilitätsverordnung	Verordnung über die angemessene Eigenmittelausstattung von Instituten, Institutsgruppen und Finanzholding-Gruppen
Tsd.	Tausend
u.a.	unter anderem
UBS	Union de Banques Suisses
UNO	Vereinten Nationen
URL	Uniform Resource Locator
US	United States
USA	United States of America
usw.	und so weiter
vgl.	vergleiche
WDR	Westdeutscher Rundfunk
WKN	Wertpapierkennnummer
WpDVerOV	Wertpapierdienstleistungs-Verhaltens- und Organisationsverordnung
WpHG	Wertpapierhandelsgesetz
WpHGMaAnzV	Wertpapierhandelsgesetz-Mitarbeiteranzeigeverordnung

Symbolverzeichnis

\$	Dollar
%	Prozent
&	und
€	Euro
§	Paragraph
E	Erwartung
G	Gewinn
K	Risiko
L	Verlust
P	Preis
S	Sicherheiten
VP	Verhaltenspotential
VW	Verstärkungswert
f	Funktion
p	Wahrscheinlichkeit
s	psychologische Situation

1 Einleitung

Vertrauen ist ein schillerndes und vielschichtiges Merkmal unserer Gesellschaft, das sämtliche Lebensbereiche tangiert und nicht nur Wissenschaftler beschäftigt, sondern auch regelmäßig alltagssprachlich zum Ausdruck kommt. Eltern sind froh, wenn Kinder ihnen ihre Probleme anvertrauen, Ärzte bescheinigen Menschen mit dem Williams-Beuren-Syndrom eine ausgeprägte Vertrauensseligkeit, Pharmazeuten sehen im Hormon Oxytocin einen „Vertrauens-Doping“[1] und Goethes Mephisto riet Faust zu mehr Selbstvertrauen als er sagte: „Sobald du dir vertraust, sobald weißt du zu leben“[2] – um nur einen kleinen Ausschnitt der Ubiquität und Äquivozität von Vertrauen widerzuspiegeln. Für Frevert wirkt der Vertrauensbegriff sogar wie eine Droge: „Er vernebelt die Sinne und macht süchtig. Sein Klang ist so gut, dass niemand auf die Idee kommt, ihn auszutauschen oder zu variieren.“[3]

Ob beim Vertrauensbegriff tatsächlich die Sinne vernebelt werden und die Suchtgefahr droht, kann sicherlich diskutiert werden. Konsens herrscht hingegen darin, dass Vertrauen zunächst einmal eine elementare und notwendige Voraussetzung für das gesellschaftliche Zusammenleben darstellt, denn ohne Vertrauen würden die Menschen ihre Kinder wohl kaum in einer Betreuung abgeben, den Straßenverkehr meiden, keinen Arzt aufsuchen, ihre Lebensmittel selbst anbauen und ihr Geld möglicherweise unter einem Kopfkissen verstecken. Der Sozialwissenschaftler Luhmann formuliert es sogar dramatischer, wenn er behauptet, dass der Mensch ohne Vertrauen nicht einmal morgens sein Bett verlassen würde, weil ihn „unbestimmte Angst, lähmendes Entsetzen befielen“[4].

Richtet sich der Blick in die Wirtschaft, nimmt Vertrauen ebenfalls eine nicht wegzudenkende Rolle ein, denn schließlich wäre es wohl ohne ein Mindestmaß an Vertrauen nie zur Arbeitsteilung und Spezialisierung gekommen.[5] Auch wird vermutlich niemand mit einem Unternehmen zusammenarbeiten wollen, das nicht als vertrauenswürdig angesehen wird. Sollte die Zusammenarbeit nicht zu umgehen sein, wird wohl so viel wie

---

1 Geiger (2008), S. 2.
2 Goethe (1808), S. 126.
3 Frevert (2003), S. 9.
4 Luhmann (2014), S. 1.
5 Dazu Arrow (1972), S. 357: „Virtually every commercial transaction has within itself an element of trust, certainly any transaction conducted over a period of time. It can be plausibly argued that much of the economic backwardness in the world can be explained by the lack of mutual confidence."

möglich abgesichert und so wenig wie möglich offengelegt werden – was nicht gerade die Basis einer erfolgversprechenden Zusammenarbeit darstellt.[6]

Seit einigen Jahren steht das Thema „Vertrauen“ besonders bei Banken im Fokus. Die Finanzkrise hat neben – bzw. wegen – zahlreichen Wertberichtigungen und Ausfällen zu einem starken Vertrauensverlust der Kunden gegenüber Banken geführt. Dabei hätte im Sommer 2011 noch der Eindruck entstehen können, dass die Talsohle dieser Entwicklung erreicht sei, als im GfK Vertrauensindex, der das Vertrauen der Bürger in einzelne Branchen erfasst, Banken gerade einmal 57% erzielten.[7] Mittlerweile ist klar, dass der Tiefpunkt damals noch nicht erreicht war, denn der GfK Vertrauensindex fiel zwischenzeitlich auf 29% im Jahre 2013 und in der aktuellen Veröffentlichung aus März 2016 liegen Banken im Branchenvergleich mit 43% weiterhin auf einem weit abgeschlagenen Platz.[8] In einer weiteren Umfrage der Beratungsgesellschaft Prophet aus dem Sommer 2014 glauben sogar drei von vier Bundesbürgern, dass Banken nur auf ihren eigenen Vorteil bedacht sind und kaum im Interesse ihrer Kunden handeln.[9] Ein genauer Blick offenbart allerdings auch, dass diese Entwicklung ihren Ursprung nicht allein in der Finanzkrise hat, sondern die Anfänge weiter zurückliegen, wie Studien aus den Jahren vor der Finanzkrise dokumentieren.[10] Vielmehr ist die Finanzkrise als ein „einschneidendes Ereignis“[11] oder als ein „sehr effizienter Katalysator“[12] zu betrachten, der diesen Trend verstärkt in den Vordergrund gesellschaftlicher Diskussion und Aufmerksamkeit gerückt hat.

Dabei erscheint diese Entwicklung paradox, da das Vertrauen der Kunden für eine Bank besonders wichtig ist, denn ein Vertrauensverlust – und zwar unabhängig davon, ob eine Bank tatsächlich wirtschaftlich schwächelt oder nicht – kann im Extremfall schnell

---

6 Vgl. Suchanek (2011), S. 55.

7 Vgl. GfK Vertrauensindex (2011), S.2. Eine ebenfalls 2011 veröffentlichte Studie von TNS Sofres und Fidelity Worldwide Investment kam zu dem Schluss, dass 38 Prozent der in Deutschland befragten Menschen ihrer Bank weniger Vertrauen als noch 2008. Demnach was der Vertrauensverlust in Deutschland nach der Finanzkrise sogar höher als in den meisten europäischen Ländern – nur in Italien und Spanien ist der Rückgang des Vertrauens gegenüber Banken stärker. Vgl. Fidelity Worldwide Investment (2011), S. 10.

8 Vgl. GfK Vertrauensindex (2013) S. 3; GfK Vertrauensindex (2016), S. 2.

9 Vgl. Prophet Studie (2014), S. 1.

10 Vgl. bspw. Stiftung Finanztest (2005), S. 36 ff.

11 Sáez (2012), S. 19.

12 Leichsenring (2014), S. 72.

einen Bankrun auslösen.[13] Da die Darlehensvergaben einer Bank illiquider und langfristiger gebunden sind als die Einlagen, kann ein „Wettrennen um den schnellstmöglichen Abzug der Einlagen“[14] zur Zahlungsunfähigkeit führen. Das Vertrauen der Kunden in die Bank ist daher „auf der einen Seite ein konstituierendes Merkmal für ihre Geschäftstätigkeit, zum anderen aber auch eine „Achillesferse“ des Bankgeschäfts“[15].

Trotz dieser besonderen Bedeutung und des häufigen Gebrauchs des Vertrauensbegriffs ist aber auch zu konstatieren, dass ein sicherer Umgang mit dem Thema „Vertrauen“ oder seine gekonnte Verankerung in eine Strategie für Betriebswirte weder selbstverständlich, noch einfach ist, da die Wurzeln der Vertrauensforschung in benachbarten verhaltenswissenschaftlichen Disziplinen liegen, die jeweils unterschiedliche theoretische sowie praktische Schwerpunkte setzen und zu abweichenden Ergebnissen und Erkenntnissen gelangen, wodurch weder ein auf breite Akzeptanz stoßender Ansatz über Vertrauen supponiert werden kann, noch eine einheitliche, allgemein gültige und klare begriffliche Definition aufzufinden ist. Deshalb erscheint es auch wenig überraschend, wenn Orion bei einer „Zusammenfassung der interdisziplinären Vertrauensliteratur“[16] auf 55 unterschiedliche Vertrauensdefinitionen stößt.

Welchen Beitrag möchte nun die vorliegende Arbeit leisten? Das übergeordnete Ziel der Arbeit besteht darin, zwischen der heterogenen Vertrauensforschung und der Bankbetriebstätigkeit eine Verbindung herzustellen, um dann einen praxisnahen Handlungsrahmen für Banken beim Umgang mit dem Thema Kundenvertrauen auszuarbeiten. Um diese Brücke schlagen zu können, muss auf der einen Seite aus dem schwer greifbaren Vertrauenskonstrukt ein auf das Verhältnis zwischen Kunde und Bank übertragbares Verständnis von Vertrauen abgeleitet werden und auf der anderen Seite bei Banken ein Anreiz vorliegen, sich mit der Vertrauensthematik ernsthaft auseinanderzusetzen.

Nach der Einleitung wird in Kapitel 2 das erste Zwischenziel also sein, zunächst einmal ein Vertrauenskonstrukt abzubilden. Ein solches Konstrukt ist allerdings so facettenreich, das eine vollständige Erfassung oder Ausarbeitung nicht möglich ist, weshalb hier

[13] Als Ursache kann bereits ein Gerücht über die Zahlungsunfähigkeit genügen. Dieses Muster wird als self-fulfilling prophecy bezeichnet. Die self-fulfilling prophecy ist eine zu Beginn falsche Definition der Situation, die ein neues Verhalten hervorruft, das die ursprüngliche falsche Sichtweise richtig werden lässt.

[14] Gischer und Stiele (2007), S. 1331.

[15] Diefenbacher und Teichert (2011), S. 226.

[16] Orion (2007), S. 117.

vielmehr eine Annäherung erreicht werden kann. Diese Annäherung soll aber so weit reichen, dass neben betriebswirtschaftlichen Arbeiten auch Forschungsergebnisse benachbarter Disziplinen wie der Psychologie und der Soziologie Berücksichtigung finden, um aus einer breit angelegten anfänglichen Betrachtung heraus ein auf das Kunde-Bank-Verhältnis übertragbares Verständnis von Vertrauen abzuleiten.

Nach der Herleitung des Vertrauensverständnisses der Arbeit zu Beginn des 3. Kapitels wird es darum gehen, die momentane Situation näher zu definieren, also zu klären, warum Banken als Vertrauensnehmer von den Kunden als Vertrauensgeber nicht als vertrauenswürdige Kooperationspartner wahrgenommen werden.[17] Die Analyse wird an der Anlageberatung ansetzen, weil sie als eine kontaktintensive und vom Kunden schwer zu beurteilende Leistung im Grunde ganz besonderen Wert hierauf legen müsste.

Nach der Erfassung der Gründe für den Vertrauensverlust werden die regulatorischen Eingriffe der letzten Jahre beurteilt, die mit der Zielsetzung eingeführt wurden, das Vertrauen der Gesellschaft in die Banken wiederherzustellen. Zu den Maßnahmen gehören das Beratungsprotokoll, das Melderegister für Anlageberater und das Produktinformationsblatt. Auch die Forderung nach einem stärkeren Ausbau der Honorarberatung wird dabei Gegenstand der Diskussion sein.

Anschließend wird die Frage aufgeworfen, inwieweit Banken nach der Entwicklung der letzten Jahre von sich aus ein stärkeres Interesse daran haben könnten, als vertrauenswürdige Kooperationspartner angesehen zu werden. Diese Überlegung zum Abschluss des 3. Kapitels wird zu der These führen, dass Banken durchaus einen Anreiz haben können, in ihre Vertrauenswürdigkeit zu investieren, weil die Vertrauenswürdigkeit einer Bank ein Wettbewerbsvorteil sein kann.

In der ersten Hälfte des 4. Kapitels wird dann die These von der Eignung der Vertrauenswürdigkeit als Wettbewerbsvorteil einer theoretischen Überprüfung unterzogen, indem ausgehend von einem planungsorientierten Strategieverständnis der Market-based View und der Resource-based View als theoretische Bezugsgrößen für Wettbewerbsvorteile herangezogen werden und überprüft wird, inwieweit die Vertrauenswürdigkeit

[17] Kooperation als übergeordneter Begriff bezeichnet in der Arbeit je nach Abstraktionsgrad entweder eine Zusammenarbeit zwischen einem Vertrauensgeber und einem Vertrauensnehmer oder die Geschäftsbeziehung zwischen dem Kunden und der Bank.

einer Bank die Kriterien, die diese Ansätze an Wettbewerbsvorteile stellen, erfüllen kann. In der zweiten Hälfte des 4. Kapitels wird es dann darum gehen, ein praxisbezogenes Handlungsfeld zu zeichnen, an dem sich Banken orientieren können, die ihre Vertrauenswürdigkeit – im Idealverlauf zu einem Wettbewerbsvorteil – ausbauen möchte.

2 Vertrauen – Annäherung an ein interdisziplinäres und vielschichtiges Phänomen

Wie in der Einleitung angedeutet, ist Vertrauen ein „term with many meanings"[18] und der Versuch einer Begriffsbestimmung kann schnell zu einem „confusing potpourri of definitions"[19] führen. Um dies zu vermeiden, soll dieser Abschnitt weniger für eine terminologische Auseinandersetzung genutzt werden. Ausgehend von der allgemeinen Definition, dass Vertrauen als Erwartungsäußerung immer dann zum Einsatz kommen kann, wenn Unsicherheit über die Handlungsmöglichkeiten eines Kooperationspartners vorliegt,[20] soll dieses Kapitel vielmehr dazu dienen, ein tiefergehendes theoretisches Fundament zu legen, um an Erklärungsmuster über die Genese und Wirkung von Vertrauen zu gelangen.

Dieses Vorgehen ist allerdings nicht einfach, denn spätestens beim Blick in die wissenschaftliche Literatur wird deutlich, dass sich zahlreiche Disziplinen mit dem Thema „Vertrauen" beschäftigen. Dabei herrschen naturgemäß Unterschiede im Untersuchungsgegenstand und in der Methodik, wodurch eine Zusammenführung der heterogenen Ergebnisse kaum möglich oder wenig sinnvoll erscheint. Deshalb eine Beschränkung auf die betriebswirtschaftliche Literatur vorzunehmen würde dazu führen, wichtige Beiträge benachbarter Disziplinen unberücksichtigt zu lassen. Daher sollen hier neben ökonomischen Arbeiten auch psychologische und sozialwissenschaftliche Ausführungen Berücksichtigung finden.

Psychologen, die als Gegenstand ihrer Tätigkeit das Erkennen und Begründen individuellen Verhaltens haben, nehmen an, dass die Vertrauensbereitschaft durch eine generelle Prädisposition des Entscheiders mitbestimmt wird. Ihre Ausprägung hängt nach Erikson von der frühkindlichen Entwicklung, nach Rotter hingegen von den Erfahrungen ab. Beide Modelle werden in Kapitel 2.1. vorgestellt.

Soziologen beobachten und interpretieren soziales Handeln. Darunter versteht Weber „ein solches Handeln … welches seinem von dem oder den Handelnden gemeinten Sinn nach auf das Verhalten a n d e r e r bezogen wird und daran in seinem Ablauf orientiert

[18] Williamson (1993a), S. 453.
[19] Shapiro (1987), S. 625.
[20] Vgl. bspw. Nuissl (2002), S. 89.

ist"[21]. Wie Vertrauen zu einem Merkmal einer sozialen Gruppe wird, damit beschäftigen sich die Arbeiten von Luhmann und Giddens, auf die in Kapitel 2.2. Bezug genommen wird.

Die sozialpsychologische Forschung nimmt gewissermaßen eine Zusammenführung beider Ansätze vor und untersucht individuelle Entscheidungen unter interaktionstheoretischen Gesichtspunkten. Die Entscheidung für Vertrauen wird dabei mit Kooperation und für Misstrauen mit Defektion gleichgesetzt. Wie es zu der jeweiligen Entscheidung kommt, wird in Kapitel 2.3. anhand der Arbeiten von Coleman und Deutsch gezeigt. Ökonomische Arbeiten zum Thema Vertrauen sind eng mit der Entwicklung der Neuen Institutionenökonomik (NIÖ) verbunden. Die NIÖ stellt heute kein geschlossenes Theoriegebilde dar, sondern besteht aus mehreren Ansätzen, die sich gegenseitig ergänzen oder überschneiden, teilweise aber auch unterscheiden. Die Vielfalt der Ansätze lässt sich in die drei Teilströme Transaktionskostentheorie, Prinzipal-Agent-Theorie und Property-Rights-Theorie einordnen.[22] Innerhalb der NIÖ zeichnen sich Markttransaktionen durch Abhängigkeit und Risiko aus, wodurch Vertrauen schnell als effizienzsteigerndes Mittel bei der Koordination ökonomischer Aktivitäten in Stellung gebracht wird.[23] Williamson lehnt allerdings eine Berücksichtigung von Vertrauen im ökonomischen Kontext ab. Ripperger modelliert die Vertrauensbeziehung schließlich als impliziten Vertrag zwischen Vertrauensgeber und Vertrauensnehmer und integriert das Vertrauenskonstrukt über diese Interpretation in die NIÖ. Eine kurze Einleitung in die NIÖ, Williamsons Verständnis von Vertrauen und Rippergers Ausführungen werden Gegenstand von Kapitel 2.4. sein.

Die bis hierhin aufgezählten Arbeiten werden zeigen, wie Vertrauen aus psychologischer, sozialwissenschaftlicher und ökonomischer Sicht entstehen kann und legen konsequenterweise den Schwerpunkt ihrer Betrachtung auf die Vertrauensgeberseite. Weil dabei die Vertrauensnehmerseite, mehrperiodische Vertrauensbeziehungen und Rückkopplungseffekte weniger im Mittelpunkt stehen, werden im letzten Unterabschnitt 2.5. auch dynamische Modelle betrachtet. Dabei werden auf die mit dem „Academy of Ma-

[21] Weber (1988), S. 542.

[22] Vgl. Picot et al. (2015), S. 57 und die dort aufgeführte Literatur. Während die Property-Rights-Theorie die Gestaltung und Verteilung von Handlungs- und Verfügungsrechten an einem Gut analysiert, untersuchen die miteinander eng verwandten Ansätze der Prinzipal-Agent-Theorie und die Transaktionskostentheorie die Gestaltungsmöglichkeiten von Austauschbeziehungen zwischen Wirtschaftssubjekten.

[23] Vgl. bspw. Göbel (2004), S. 483 ff. oder Loose und Sydow (1997), S. 164 ff.

nagement Review Frame-Breaking, Innovative Theory Award" ausgezeichnete Arbeit von Mayer, Davis und Schoorman und zwei dynamische Vertrauensmodelle von Zand vorgestellt.

2.1 Vertrauen als Persönlichkeitsvariable

Psychologische Arbeiten stellen eine Verbindung zwischen der Persönlichkeit eines Vertrauensgebers und seiner Vertrauensbereitschaft her. Die Entwicklung der für die Vertrauensvergabe maßgeblichen Persönlichkeitsstruktur folgt nach Erikson einem biologischen Reifeprozess, der bereits im frühesten Kindesalter beginnt. Rotter hingegen distanziert sich von einer biologisch determinierten Erklärung und setzt auf Lernprozesse im Rahmen von sozialen Interaktionen. Die wichtigsten Aussagen beider Modelle werden nachfolgend in ihren Grundzügen ausgearbeitet.

2.1.1 Vertrauensäußerung auf Basis der Urerfahrung nach Erikson

Erikson setzt mit seiner Forschung bei seinem Lehrmeister Freud an („Freud ist für mich eine Selbstverständlichkeit; die Psychoanalyse ist immer der Ausgangspunkt."[24]) und verbindet die psychosexuelle Theorie Freuds mit einer psychosozialen Entwicklungstheorie.[25] Vereinfacht heißt das, dass Erikson einerseits anders als die klassische Psychoanalyse, die von einer Festlegung der Persönlichkeit in der frühen Kindheit ausgeht, einen lebenslang andauernden prozesshaften Charakter in der Entwicklung unterstellt und andererseits ihre Entwicklung nicht allein aus dem Individuum heraus erklärt, sondern auch auf kulturelle und soziale Einflüsse abstellt, wodurch seine Theorie als Bindeglied zwischen der Entwicklungs- und Sozialisationstheorie angesehen wird.[26]

Innerhalb dieses Forschungsrahmens hängt die Vergabe von Vertrauen von der Persönlichkeitsstruktur des Individuums ab. Eine gesunde Persönlichkeitsstruktur ermöglicht dem Einzelnen nicht nur, seine Umwelt aktiv zu meistern und eine gewisse Einheitlichkeit im Verhalten zu zeigen, sondern beheimatet auch ein Vertrauensverständnis, das im

---

[24] Erikson (zitiert nach Keniston) (1983), S. 31.

[25] Erikson (2008), S. 58f.: „Unsere Darstellung beabsichtigt nämlich, eine Brücke zu schlagen zwischen der Theorie der infantilen Sexualität und unserer Kenntnis des physischen und sozialen Wachstums des Kindes innerhalb seiner Familie und der Sozialstruktur."

[26] Erikson (2003), S. 19: „Der Prozeß „beginnt" irgendwo in der ersten echten „Begegnung" von Mutter und Säugling, als zweier Personen, die einander berühren und erkennen können, und „endet" nicht, bis die Kraft eines Menschen zur wechselseitigen Bestätigung schwindet." Das Wechselspiel zwischen Individualität und den sozialen wie kulturellen Einflüssen auf die Identitätsbildung bezeichnet Erikson als „psychologische Relativität".

Idealfall gesunde Vertrauensbeziehungen zu anderen Menschen ermöglicht und die Basis für das Vertrauen jedes einzelnen Menschen zu sich selbst bildet.[27] Die Persönlichkeit hängt wiederum von der Entwicklung einer Identität ab. Der ursprünglich aus der Philosophie stammende Begriff der Identität bezeichnet dort „das Phänomen der Selbigkeit, des Sich-selbst-Gleichbleibens eines Gegenstandes, Sachverhaltes oder Begriffes"[28]. In der Psychologie wird die Identität des Menschen als „die Summe seiner charakteristischen, überdauernden Eigenschaften betrachtet, die ihn als unverwechselbares Wesen kennzeichnen"[29].

Die Entwicklung einer Identität folgt nach Erikson der Abfolge eines epigenetischen Prinzips. Epigenese steht für das schrittweise Wachstum von etwas Einfacherem zu etwas Kompliziertem nach einem biologischen Reifeprozess. Es wird also angenommen, dass alles was wächst – also nicht nur der Organismus, sondern eben auch die Identität – einem universellen Grundplan folgt, aus dem die Teile erwachsen, wobei jedes Teil einen Zeitraum besitzt, in dem seine Entwicklung dominiert, bis alle Teile zu einem funktionierenden Ganzen herangewachsen sind.[30] Die gesamte Entwicklung erfolgt in acht Stufen[31] – Erikson spricht von Komponenten – wobei in jeder psychosozialen Entwicklungsstufe eine phasenspezifische Thematik Konflikte verursacht, die der Mensch lösen muss.[32]

Grundsätzlich kommt es im Kindes- und Jugendalter zu Konflikten, weil sich sexuelles, körperliches und geistiges Wachstum nicht mit den Möglichkeiten und den Anforderungen der sozialen Umwelt decken, im Erwachsenenalter, weil die Herausforderungen der sozialen Umwelt eine Änderung der bis dahin erworbenen geistigen Orientierung und Handlungskompetenzen erfordern.[33] „Jede [Krise] kommt zu ihrem Höhepunkt, tritt in ihre kritische Phase und erfährt ihre bleibende Lösung gegen Ende des betreffenden Stadiums"[34]. Gelingt eine Lösung der Krise nicht vollständig, kommt es zu psychoso-

---

27 Vgl. Erikson (2008), S. 57.
28 Conzen (1996), S. 55.
29 Conzen (1996), S. 55.
30 Vgl. Noack (2010), S. 43.
31 Später stellen Erikson und Erikson auch ein Modell mit neun Phasen vor, in dem sich die relevanten Aussagen für die vorliegende Arbeit nicht ändern. Vgl. Erikson und Erikson (1997).
32 Erikson (2008), S. 56: „Denn der Mensch muß, um im psychologischen Sinne am Leben zu bleiben, unaufhörlich solche Konflikte lösen, genauso wie sein Körper unaufhörlich gegen die physische Dekomposition kämpfen muss."; Vgl. auch als weiterführende Primärliteratur Erikson (1983), Erikson (2005) und Erikson (2012), als Sekundärliteratur Conzen (1996) und Conzen (2010).
33 Vgl. Abels und König (2010), S. 138.
34 Erikson (2008), S. 60.

zialen Störungen.[35] Der für die Vertrauensvergabe relevante Konflikt erfolgt in der ersten Entwicklungsphase und wird als Urvertrauen gegen Urmisstrauen bezeichnet (vgl. Abbildung 1)

Entwicklungsphase	Vorherrschende Thematik							
	1	2	3	4	5	6	7	8
VIII								Intengrität gegen Verzweiflung
VII							Schöpferische Tätigkeit gegen Stagnation	
VI						Intimität gegen Isolierung		
V					Identität gegen Identitäts-verwirrung			
IV				Tätigkeit gegen Minderwertigkeits-gefühle				
III			Initiative gegen Schuldgefühle					
II		Autonomie gegen Scham und Zweifel						
I	Vertrauen gegen Misstrauen							

Abbildung 1: Phasen der psychosozialen Entwicklung nach Erikson.[36]

Urvertrauen gegen Urmisstrauen

Die erste Stufe der Identitätsentwicklung beginnt, wenn das Kind von der Symbiose mit dem Mutterleib getrennt ist. Diese Phase gilt als „Eckstein der gesunden Persönlichkeit"[37] und ist verantwortlich für die Bildung eines Vertrauensgefühls. Ein Konflikt in dieser Phase entsteht, weil der bisherige sichere chemische Versorgungvorgang im Mutterleib mit der Geburt durch einen störanfälligen sozialen Tausch mit der Mutter ersetzt wird.[38] Die Entwicklung von Vertrauen als „ein Gefühl des Sich-Verlassen-Dürfens.., und zwar in bezug auf die Glaubwürdigkeit anderer wie die Zuverlässigkeit seiner selbst"[39] hängt nun von der Mutter ab. Ihre Fähigkeit, zwischen sich als Bezugsperson und dem Säugling eine verlässliche emotionale Beziehung aufzubauen, bestimmt, ob

[35] Vgl. Erikson (2008), S. 149.
[36] Vgl. Erikson (2012), S. 72 f. und Erikson (2005), S. 268.
[37] Erikson (2008), S. 63.
[38] Vgl. Conzen (1996), S. 119.
[39] Erikson (2008), S. 62.

beim Kind eine vertrauensvoll-optimistische oder eher misstrauisch-resignative Grundeinstellung dem Leben gegenüber aufgebaut wird.

Die Erfahrung eines Urvertrauens in dieser ersten Phase der Identitätsentwicklung gilt also als Voraussetzung für die Entwicklung einer gesunden Identität und damit einer gesunden Persönlichkeit. Eine gesunde Persönlichkeit versetzt jeden Einzelnen in die Lage, Vertrauensbeziehungen einzugehen, während Verletzungen zu Urmisstrauen führen und verantwortlich für Persönlichkeitspathologien sind, die im Erwachsenenalter zu einem sozialen Rückzug der Betroffenen führen können.[40]

2.1.2 Vertrauensäußerung als Folge von Lernprozessen nach Rotter

Während der „Psychologe des Urvertrauens“[41] Erikson Vertrauen als ein Gefühl begreift, das sich auf die Glaubwürdigkeit anderer sowie die eigene Zuverlässigkeit bezieht und eine gesunde Ausprägung im Erwachsenenalter aus einer gesunden frühkindlichen Entwicklung ableitet, vertritt Rotter die Ansicht, dass „die Neigung zu Vertrauen oder Mißtrauen im Leben eines Menschen über einen längeren Zeitraum hinweg erlernt wird und aus den gesammelten Erfahrungen entsteht“[42]. Zugleich versucht Rotter – anders als Erikson, dessen Theorie sich einer empirischen Überprüfbarkeit entzieht – seine Theorie durch Fallstudien nachzuweisen. Um den Zugang zum Vertrauensverständnis von Rotter zu erleichtern, wird zunächst die von ihm mitentwickelte Theorie des sozialen Lernens in ihren Grundzügen vorgestellt. Anschließend erfolgt eine kurze Darstellung seiner empirischen Vorgehensweise und der für diese Arbeit relevanten Ergebnisse.

Im Kern erforscht und interpretiert die soziale Lerntheorie das Verhalten eines Individuums in Interaktionen mit seiner sozialen Umwelt.[43] Der Verhaltensbegriff wird im weitesten Sinne verstanden und umfasst jegliche Handlungen, die eine Reaktion (motorisch, non-verbal, emotional usw.) auf einen Reiz darstellen und beobachtet oder gemessen werden können.[44] Das Verhalten selbst gilt als teilweise stabil und teilweise dynamisch, denn einerseits bestimmen frühere Erfahrungen das Verhalten in neuartigen Situationen, andererseits führen neue Erfahrungen zu einer ständigen Beeinflussung und

[40] Vgl. Erikson (2008), S. 63.
[41] Conzen (1996), S. 118.
[42] Rotter (1981), S. 23.
[43] Für tiefergehendes Hintergrundwissen siehe Rotter et al. (1972).
[44] Vgl. Rotter und Hochreich (1979), S. 107.

Anpassung des Verhaltens.[45] Deshalb wird ein gegenwärtiges Verhalten auch als „Endprodukt der Erfahrungen“[46] bezeichnet. Festzuhalten gilt, dass die soziale Lerntheorie das Verhalten nicht isoliert betrachtet, sondern stets in Bezug zur Umwelt setzt und eine gegenseitige Beeinflussung unterstellt.[47]

Gleichzeitig wird das menschliche Verhalten als zielgerichtet und durch Verstärker beeinflussbar angenommen. Verstärker können Handlungen, Zustände oder Ereignisse sein, wobei positive die Eintrittswahrscheinlichkeit eines bestimmten Verhaltens in ähnlichen Situationen erhöhen, negative hingegen – so die Annahme – zu einer abnehmenden Eintrittswahrscheinlichkeit eines Verhaltens in vergleichbaren Situationen führen.[48] Präziser prädiktieren lässt sich ein bestimmtes Verhalten einer Person in einer spezifischen Situation anhand von vier Variablen:

Das Verhaltenspotential (*VP*) drückt die Wahrscheinlichkeit für ein bestimmtes Verhalten in einer spezifischen Situation unter Berücksichtigung einer ganz bestimmten Verstärkung aus und lässt sich nur im Vergleich mit anderen Verhaltenspotentialen beschreiben. Bspw. kann ein Kandidat für eine Prüfung gut vorbereitet sein oder versuchen zu täuschen. Jede Verhaltensweise besitzt für ihn ein gewisses Potential und er könnte bspw. aussagen, dass das Verhaltenspotential „Lernen“ stärker wiegt als das Verhaltenspotential „Täuschen“. Als Verstärker könnten die mit einer erfolgreichen Prüfungsbewältigung einhergehenden zusätzlichen Berufsaussichten wirken.[49]

Die Erwartung (*E*) wird vom Individuum unter Berücksichtigung seiner bisherigen Erfahrungen gebildet und bezeichnet die subjektive Wahrscheinlichkeit, mit einem bestimmten Verhalten eine bestimmte Verstärkung zu erfahren. Ein Verhalten hängt also nicht nur von dem Verstärker ab, sondern auch von der subjektiven Wahrscheinlichkeit, die das Individuum dem Eintritt eines Zieles zuschreibt. Ein Schüler, der bspw. das Abitur ablegen möchte, aber aufgrund seiner bisherigen schulischen Erfahrungen zu der Erkenntnis gekommen ist, dass er auch nach intensivem Lernen seine Prüfungen nicht bestehen wird – die subjektive Wahrscheinlichkeit für eine erfolgreiche Prüfung also

---

[45] Vgl. Rotter und Hochreich (1979), S. 105.
[46] Rotter und Hochreich (1979), S. 105.
[47] Vgl. Schneewind (1996), S. 89.
[48] Vgl. Rotter und Hochreich (1979), S. 105 f.
[49] Vgl. Rotter und Hochreich (1979), S. 106 f.

niedrig ist –, wird sich trotz des starken Wunsches nach dem Abitur nicht sonderlich anstrengen.[50]

Der Verstärkungswert (VW) steht für das „Ausmaß der Bevorzugung eines Verstärkers vor anderen möglichen Verstärkern“[51]. Besitzen für den Entscheider mehrere Verstärker die gleiche Eintrittswahrscheinlichkeit, wird das Verhalten durch den Wert, der dem Verstärker zugeschrieben wird, bestimmt.[52] Letztlich ist der Verstärkungswert Ausdruck einer individuellen Präferenzbildung, die sich aus den persönlichen Bedürfnissen ableitet.[53] Die soziale Lerntheorie teilt die Bedürfnisarten in sechs Klassen ein: 1. Anerkennung und Status, 2. Dominanz, 3. Unabhängigkeit, 4. Schutz und Abhängigkeit, 5. Zuneigung und Liebe, 6. physisches Wohlbefinden.[54]

Die psychologische Situation (s) berücksichtigt individuelle Differenzen in der Wahrnehmung und Beurteilung von Situationen. Die Variable soll zum Ausdruck bringen, dass Individuen aus ihren Erfahrungen gelernt haben, in bestimmten Situationen leichter eine Bedürfnisbefriedigung zu erzielen als in anderen.[55]

Formallogisch lassen sich die oben vorgestellten Variablen wie folgt darstellen:

$$VP_{x,s_1V_a} = \mathrm{f}\,(E_{x,V_as_1} \,\&\, VW_{a,s_1})$$

In der Situation s_1 ergibt sich das Potential (Wahrscheinlichkeit) für das Verhalten x mit der Aussicht auf den Verstärker V_a aus einer Funktion, welche die Erwartung E über den tatsächlichen Eintritt des Verstärkers und den Wert, den dieser Verstärker für das Individuum besitzt, beinhaltet. Vereinfacht ausgedrückt ermöglicht die Funktion eine Wahrscheinlichkeitsangabe über ein Verhalten in einer spezifischen Situation unter Berücksichtigung eines Verstärkers. Dadurch ist sie jedoch einzelfallbezogen und erlaubt

[50] Vgl. Rotter und Hochreich (1979), S. 107 f.
[51] Angleitner (1980), S. 210.
[52] Vgl. Rotter und Hochreich (1979), S. 109.
[53] Vgl. Eberl (2003), S. 122.
[54] Vgl. Rotter und Hochreich (1979), S. 113 f.
[55] Vgl. Rotter und Hochreich (1979), S. 110 f.

keine situationsübergreifenden Aussagen. Um Aussagen genereller Art treffen zu können, ist das Basismodel in folgende Verhaltensgleichung umzuwandeln:[56]

Bedürfnispotential = f (Bewegungsfreiheit & Bedürfniswert)

Das Bedürfnispotential drückt die Eintrittswahrscheinlichkeit eines Verhaltens aus, das zur Befriedigung eines Bedürfnisses gewählt wird. Sie ist eine Funktion aus der Bewegungsfreiheit und dem Bedürfniswert. Die Bewegungsfreiheit gibt die Erfolgsaussichten eines Verhalts an, also inwieweit ein bestimmtes Verhalten tatsächlich zu der gewünschten Befriedigung führt. Der Bedürfniswert gibt den Wert an, der einem Bedürfnis zugeschrieben wird, wodurch die Bedürfnisse eine individuelle Rangordnung erhalten.[57]

Liegen nun für ein bestimmtes Bedürfnis eine niedrige Bewegungsfreiheit und ein hoher Bedürfniswert vor – bspw. für einen jungen Mann, der sich sehnlichst die Aufmerksamkeit des weiblichen Geschlechts wünscht (hoher Bedürfniswert), aber sehr geringe Erfolgsaussichten auf diesem Feld hat (niedrige Bewegungsfreiheit) –, fragt die soziale Lerntheorie nach der Problemlösungsfähigkeit des Menschen. Wenn unterstellt wird, dass Menschen unterschiedliche Bedürfnisprioritäten besitzen und unterschiedlich auf Verstärker reagieren, dann unterscheiden sie sich auch in ihrem Problemlösungsverhalten und in ihren Erwartungen.[58] Erwartungen, die bei der Problemlösung gebildet werden, resultieren annahmegemäß aus den Erfahrungen. Dabei werden Erwartungen über die bisherige Beschreibung hinaus nach dem Grad ihrer Generalität unterschieden. Auf der einen Seite des Kontinuums gibt es spezifische Erwartungen, die sich auf eine ganz bestimmte Situation beziehen, auf der anderen Seite generalisierte Erwartungen, die in verschiedensten Situationen zum Ausdruck kommen und das Resultat gesammelter Erfahrungen sind, die von einer Situation auf andere, ähnlich erlebte Situationen generalisiert werden.[59] Solche generalisierten Erwartungen des Menschen liefern nach Rotter

[56] Vgl. Rotter und Hochreich (1979), S. 111 f.
[57] Vgl. Rotter und Hochreich (1979), S. 113.
[58] Vgl. Rotter und Hochreich (1979), S. 117.
[59] Vgl. Rotter und Hochreich (1979), S. 108.

die entscheidenden Informationen über sein Verhalten.[60] Eine dieser generalisierten Erwartungen bezieht sich auf das „zwischenmenschliche Vertrauen“[61], verstanden als grundsätzliche Vertrauensbereitschaft einer Person.[62] Die generalisierte Erwartung darüber, ob der Mensch „im allgemeinen anderen glauben und sich auf andere verlassen“[63] kann, beeinflusst nach Rotter jede Art von sozialer Interaktion und folglich auch das Problemlösungsverhalten.[64] Definiert wird die Vertrauensbereitschaft als „an expectancy held by an individual or a group that the word, promise, verbal or written statement of another individual can be relied upon"[65].

Um die Vertrauensbereitschaft einer Person zu operationalisieren und empirisch zu untersuchen, entwickelte Rotter einen Fragebogen mit vorgegebenen Antwortmöglichkeiten entlang einer fünfstufigen Likert-Skala, die von „völliger Zustimmung“ zu den aufgestellten Behauptungen bis zu „völliger Ablehnung“ reichten.[66] Die Auswahl der Fragen im sog. „Interpersonal Trust Scale“ zielte darauf ab, einen möglichst breiten Bereich von sozialen Objekten zu erfassen.[67] Insgesamt wurden 25 Fragen konzipiert (vgl. Abbildung 2). Die Vertrauensbereitschaft wurde additiv ermittelt, 12 Zustimmungen signalisierten eine hohe, 13 Zustimmungen eine niedrige Vertrauensbereitschaft.[68]

Die Teilnehmer der Studie, 83 Frauen und 73 Männer aus jeweils zwei weiblichen und männlichen Studentenvereinigungen der Universität von Colorado, wurden nach dem Fragebogen aufgefordert, jeweils einen Kommilitonen auszuwählen, der starkes Vertrauen in andere Studenten setzt und einen weiteren, der anderen Studenten grundsätz-

---

[60] Rotter (1972), S. 261 f.: „Expectancies generalize from a specific situation to a series of situations which are perceived as related or similar. Consequently, a generalized expectancy for a class of related events has functional properties and makes up one of the important classes of variables in personality description."

[61] Rotter und Hochreich (1979), S. 118.

[62] Eberl bemerkt zu Recht, dass die von Rotter gewählte Begrifflichkeit „zwischenmenschliches Vertrauen“ (im Original „interpersonal trust“) irreführend und vielmehr die Vertrauensbereitschaft gegenüber anderen Menschen gemeint ist. Vgl. Eberl (2003), S. 124. Weitere generalisierte Erwartungen sind „Suche nach Alternativen“ und die „innere bzw. äußere Kontrolle der Verstärkung“. Vgl. Rotter und Hochreich (1979), S. 118.

[63] Rotter und Hochreich (1979), S. 118.

[64] Vgl. Rotter und Hochreich (1979), S. 118.

[65] Rotter (1967), S. 651.

[66] Vgl. Rotter (1967), S. 653 ff.

[67] Vgl. Stemmler et al. (2011) S. 413 f.; Eberl kategorisiert die Fragen in vier Gruppen: a) Einstellungen gegenüber der Gesellschaft und der Zukunft im Allgemeinen, b) Einstellung zu politischen und sozialen Institutionen, c) Einschätzung der Glaubwürdigkeit von Medien und d) Einschätzung der Verlässlichkeit spezifischer Gruppen. Vgl. Eberl (2003), S. 126.

[68] Vgl. Rotter (1967), S. 654.

lich misstraut.[69] Die Idee war, dass das, was der Test messen sollte, nämlich die generalisierte Vertrauensbereitschaft, auch beobachtbar sein müsste.[70] Darüber hinaus sollten die Teilnehmer Studenten bestimmen, die sie unter anderem als vertrauenswürdig ansahen.

Tatsächlich stellte sich heraus, dass vertrauensvolle bzw. misstrauische Personen von ihrer Umwelt auch als solche eingestuft wurden. Gleichzeitig konnte eine hohe positive Korrelation zwischen der Festlegung „vertrauensvolle Person“ und der Variablen „Vertrauenswürdigkeit“ ausgemacht werden.[71]

Später führte Rotter zahlreiche ähnliche Experimente durch und stellte deutliche Unterschiede zwischen vertrauensvollen und misstrauischen Menschen fest. Eines seiner zentralen Ergebnisse bezüglich der Vertrauensbereitschaft ist, dass vertrauensvolle Menschen so lange vertrauen, bis sie vom Gegenteil überzeugt sind, misstrauische Menschen hingegen erst dann vertrauen, wenn sie überzeugt sind, dass der Andere vertrauenswürdig ist.[72]

---

[69] Vgl. Rotter (1967), S. 659.
[70] Vgl. Eberl (2003), S. 126.
[71] Vgl. Rotter (1967), S. 661 ff.; Rotter (1981), S. 24: „Wir stellten nun fest, daß Personen, die hohe Vertrauenswerte auf der Skala erreichten, bei anderen als vertrauensvoll galten wie auch als vertrauenswürdig.“
[72] Vgl. Rotter (1981), S. 29.

1. Die Heuchelei nimmt in unserer Gesellschaft zu.
2. Dieses Land hat eine dunkle Zukunft, wenn wir nicht bessere Leute in die Politik bringen.
3. Ohne die Kontrolle der Lehrer während der Prüfungen würde wahrscheinlich das Mogeln zunehmen.
4. Die Vereinten Nationen (UNO) werden niemals eine wirksame Kraft bei der Erhaltung des Weltfriedens sein.
5. Die meisten Leute wären entsetzt, wenn sie wüssten, wie viele Nachrichten, die man sieht oder hört, verfälscht sind.
6. Trotz der vielen Berichte in Zeitungen, Radio und Fernsehen ist es schwer, eine objektive Darstellung von öffentlichen Ereignissen zu erhalten.
7. Wenn wir wirklich wüssten, was in der internationalen Politik vor sich geht, dann hätten wir viel mehr Grund zur Sorge, als dies heute der Fall ist.
8. Viele bedeutende nationale Sportwettkämpfe sind in der einen oder anderen Weise manipuliert.
9. Bei den meisten Leuten kann man sich darauf verlassen, dass sie das tun werden, was sie ankündigen.
10. Im Umgang mit Fremden ist man besser so lange vorsichtig, bis sie bewiesen haben, dass sie vertrauenswürdig sind.
11. Die Leute werden eher durch Furcht vor sozialer Missbilligung oder Bestrafung als von einem Gewissen davon abgehalten, Gesetze zu übertreten.
12. Bei Eltern kann man sich normalerweise darauf verlassen, dass sie ihr Versprechen halten.
13. Das Gericht ist der Ort, wo wir alle eine unvoreingenommene Behandlung erfahren können.
14. Man kann, trotz anderslautender Aussagen, davon ausgehen, dass die meisten Leute hauptsächlich an ihrem eigenen Wohlergehen interessiert sind.
15. Die Zukunft scheint vielversprechend zu sein.
16. Die meisten gewählten Volksvertreter meinen es bei ihren Wahlversprechen wirklich ehrlich.
17. Bei den meisten Fachleuten kann man sicher sein, dass sie wahrheitsgemäß die Grenzen ihres Wissens zugeben.
18. Bei den meisten Eltern kann man sich darauf verlassen, dass sie angedrohte Strafen auch ausführen.
19. In der heutigen, vom Konkurrenzdenken geprägten Zeit muss man auf der Hut sein, wenn man nicht ausgenutzt werden will.
20. Die meisten Idealisten sind aufrichtig und tun gewöhnlich auch selber das, was sie anderen predigen.
21. Die meisten Kaufleute sind bei der Beschreibung ihrer Waren ehrlich.
22. Die meisten Schüler würden in der Schule nicht schummeln, selbst wenn sie sicher wären, damit durchzukommen.
23. Die meisten Kundendienstmechaniker berechnen nicht zuviel, selbst wenn sie glauben, dass man sich in ihrem Spezialgebiet nicht auskennt.
24. Ein großer Teil von Schadensersatzansprüchen, die gegen Versicherungsgesellschaften erhoben wer-den, beruht auf Schwindel.
25. Die meisten Leute beantworten Meinungsumfragen ehrlich.

Abbildung 2: Vertrauensfragen von Rotter.[73]

[73] Aus der deutschen Übersetzung von Petermann (2013), S. 23 f.

2.2 Vertrauen als Beziehungsvariable

In den psychologischen Ansätzen wird die grundsätzliche Vertrauensbereitschaft einer Person als Variable ihrer Persönlichkeit definiert. Das Zustandekommen von Vertrauensbeziehungen ist dann nur möglich, wenn Akteure aufgrund einer entsprechenden Persönlichkeitsprädisposition dazu bereit sind. Nach Erikson entwickelt sich diese in der frühesten Kindheit und wird wesentlich durch das Verhalten der Mutter gegenüber dem Säugling beeinflusst, bei Rotter hingegen erfolgt die Entwicklung fortlaufend und wird durch die Erfahrungen bestimmt. Eine soziale Ebene, auf der durch interaktionsbezogene Aspekte Vertrauensbeziehungen entstehen können, wird dabei ausgeblendet.

Sozialwissenschaftliche Arbeiten betrachten nun genau diese Ebene. Luhmann erklärt die selbstverständliche Gegebenheit einer sozialen Ordnung für unwahrscheinlich und sucht nach einem theoretischen Erklärungsmuster bei der Bildung sozialer Systeme.[74] Vertrauen und Misstrauen nehmen dabei eine ganz zentrale Rolle ein. Die Theorie von Giddens setzt an der Entwicklung der Vormoderne zur Moderne an und versucht „die Veränderungen der Vertrauensqualitäten im Zuge gesellschaftlicher Entwicklungsprozesse differenzierter einzufangen“[75]. Während in tribalistischen Strukturen keine Grundlage für Vertrauensbeziehungen besteht, die über den eigenen Stamm oder die lokale Gemeinschaft hinausgeht, ermöglicht die Globalisierung und Modernisierung neben neuen Formen des gesellschaftlichen Zusammenlebens die Entzerrung und Loslösung von Vertrauensbeziehungen aus dem lokalen Kontext und die Entstehung neuer Vertrauensverhältnisse.[76] Beide Theorien werden nachfolgend in ihren Grundzügen nachgezeichnet.

2.2.1 Vertrauen als Antwort auf soziale Komplexität nach Luhmann

Der Sozialwissenschaftler Luhmann erfasst Vertrauen als einen Mechanismus, der zur Reduktion der den Menschen umgebenden sozialen Komplexität dient und systembildend im Sinne des Aufbaus einer sozialen Ordnung wirkt. Allgemein betrachtet hängt das Ausmaß der Komplexität in einem System von der Zahl seiner Elemente, der möglichen Beziehungen und der Verschiedenartigkeit dieser Beziehungen ab. Je höher die

[74] Einen umfassenden Überblick über Luhmanns Leben und Werke bietet Vester (2010), S. 85 ff.
[75] Eberl (2003), S. 141.
[76] Vgl. Prisching (2009), S. 170.

jeweilige Anzahl, desto höher die Komplexität.[77] In sozialen Systemen stellen interagierende Individuen die Elemente dar und die sich ergebende Komplexität gilt als Folge der doppelten Kontingenz.[78] Doppelte Kontingenz entsteht, wenn bei sich anbahnenden Interaktionen Akteur A sein Handeln von der Handlungswahl des Akteurs B abhängig macht und umgekehrt B sein Handeln von A und beide sich bewusst sind, dass jeder doch anders als erwartet handeln kann.[79] Das Problem der Unberechenbarkeit löst in riskanten Situationen bei beiden Akteuren Handlungsdruck und die Suche nach einem Mechanismus aus, der einen Umgang mit dieser sozialen Komplexität ermöglicht.[80] An dieser Stelle setzt Luhmann auf Vertrauen sowie auf das funktional äquivalente Misstrauen: „Eine der wichtigsten Folgen doppelter Kontingenz ist die Entstehung von *Vertrauen* bzw. *Mißtrauen.* Sie tritt auf, wenn das Sich-Einlassen auf Situationen mit doppelter Kontingenz als besonders riskant empfunden wird. Der andere kann anders handeln, als ich erwarte; und er kann, gerade wenn und gerade weil er weiß, was ich erwarte; anders handeln als ich erwarte. Er kann über seine Absichten im Unklaren lassen oder täuschen. Wenn diese Möglichkeit immer zum Verzicht auf soziale Beziehungen zwänge, käme es kaum und nur in einem sehr engen, kurzfristigen Sinne zur Bildung sozialer Systeme…Soll die Bildung sozialer Systeme eine immer präsente Angstschwelle überwinden, sind entsprechende „trotzdem"- Strategien erforderlich. Dabei kann es sich um Vertrauen oder um Mißtrauen handeln.; und die erste Erleichterung besteht darin, daß dies zur Wahl steht und daß man nicht auf nur eine Verhaltensgrundlage angewiesen ist."[81]

Sobald also ein Akteur eine Handlung vornimmt, erfolgt durch den anderen Akteur eine unmittelbare Selektion in Form von Ablehnung oder Annahme, wodurch eine neue soziale Situation entsteht, an die sich eine neue Handlung anschließt. Die jeweiligen Selektionsprozesse führen zur Entstehung einer sozialen Ordnung. Weil die Handlungsfolgen sich nicht berechnen oder prognostizieren lassen, wird die gesamte Entwicklung eines sozialen Systems von Luhmann als emergent angesehen, wodurch die damit ver-

---

77 Vgl. Luhmann (1980), Spalte 1065 f.

78 Vgl. Neidhardt (1980), Spalte 2078; Eberl (2003), S. 146.

79 Parsons et al. (1951), S. 16: „There is a *double contingency* inherent in interaction. On the one hand, ego`s gratification are contingent on his selection among alternatives. But in turn, alter`s reaction will be contingent on ego`s selection and will result from a complementary selection on alter`s part."

80 Luhmann (1991), S. 171: „In der Metaperspektive der doppelten Kontingenz ergibt sich dann eine *durch Voraussage erzeugte Unbestimmbarkeit.*" Vgl. auch Luhmann (2014), S. 7 ff.

81 Luhmann (1991), S. 179.

bundene Vertrauensvergabe ebenfalls letztlich unbegründet bleibt.[82] Die Vertrauensvergabe erfolgt vielmehr aus der Notwendigkeit bzw. aus dem Handlungsdruck heraus, weil die „immer präsente Angstschwelle“[83] eine Handlung in Form von Vertrauen oder Misstrauen sozusagen erzwingt.

Beide Handlungsalternativen reduzieren die soziale Komplexität und werden von Luhmann als funktionale Äquivalente behandelt.[84] Während Misstrauen die „stärker einschränkende Strategie“[85] darstellt, ist Vertrauen „die Strategie mit der größeren Reichweite. Wer Vertrauen schenkt, erweitert sein Handlungspotential beträchtlich. Er kann sich auf unsichere Prämissen stützen und dadurch, daß er dies tut, deren Sicherheitswert erhöhen; denn es fällt schwer, erwiesenes Vertrauen zu täuschen (was natürlich nicht mehr gilt, wenn es sich nach sozialen Standards um bodenlose Leichtfertigkeit handelt)“[86].

Damit unterstellt Luhmann, dass die Vertrauensvergabe einen supererogatorischen Charakter besitzt.[87] Supererogatorisch ist eine Handlung, wenn sie weder bindend noch verpflichtend ist, sondern freiwillig erfolgt, aber dennoch beim Gegenüber eine Verpflichtung auslöst, obwohl sie keine Verpflichtung darstellt.[88] Dadurch gelingt Luhmann nicht nur eine Erklärung für die Entstehung von Vertrauen, sondern auch gleichzeitig eine Erklärung für die Erhaltung.[89]

Insgesamt entwickelt sich nach Luhmann ergo eine Vertrauensbeziehung sequentiell und erfolgt leichter, wenn die Vertrauensvergabe gegenseitig erfolgt: „Man fängt mit kleinen Risiken an und baut auf Bewährung auf, und es erleichtert die Vertrauensge-

[82] Vgl. Luhmann (1991), S. 160 ff.
[83] Luhmann (1991), S. 179.
[84] Luhmann (2014), S.93: „Wer sich nur weigert, Vertrauen zu schenken, stellt die ursprüngliche Komplexität der Geschehensmöglichkeiten wieder her und belastet sich damit. Solches Übermaß an Komplexität überfordert aber den Menschen und macht ihn handlungsunfähig. Wer nicht vertraut, muß daher, um überhaupt eine praktisch sinnvolle Situation definieren zu können, auf funktional äquivalente Strategien der Reduktion von Komplexität zurückgreifen. Er muss seine Erwartungen ins Negative zuspitzen, muß in bestimmten Hinsichten mißtrauisch werden.“
[85] Luhmann (1991), S. 180.
[86] Luhmann (1991), S. 180.
[87] Vgl. Luhmann (2014), S. 55.
[88] Vgl. Heyd (1982), S. 115.
[89] Luhmann (2014), S. 56: „Die Funktion des Supererogatorischen scheint mithin darin zu liegen, daß es *Entstehungsbedingungen in Erhaltungsbedingungen umformt.*“

währ, wenn sie auf beiden Seiten erforderlich wird, so daß das Vertrauen des einen am Vertrauen des anderen Halt finden kann."[90]

2.2.2 Vertrauen als Fundament moderner Gesellschaften nach Giddens

Das Vertrauenskonzept nach Giddens setzt an der Entwicklung der Moderne an und untersucht die aus der Institutionenbildung resultierenden neuen Formen von Vertrauensbeziehungen.[91] Die Moderne zeichnet sich nach Giddens durch die Trennung zwischen Raum und Zeit aus. Während in den vormodernen Kulturen Zeitangaben nicht ohne einen entsprechenden Bezug auf einen gesellschaftlichen Raum möglich waren, führte die Erfindung der mechanischen Uhr, eines weltweit standardisierten Kalenders und die Erfassung der Erde auf einer Weltkarte zu einer Trennung zwischen Zeit- und Raumangabe. Gleichzeitig ermöglichte die Globalisierung eine Trennung zwischen Ort und Raum.[92] Durch die Dislozierung des Raums vom Ort konnten örtlich weit voneinander entfernte Menschen mithilfe moderner Informations- und Kommunikationstechnologien räumlich sehr nah sein und Orte starken Einflüssen entfernter Regionen unterliegen.[93] Die neu entstandenen Orte beschreibt Giddens als „etwas Phantasmagorisches…Sie bringen nicht bloß ortsgebundene Praktiken und Bindungen zum Ausdruck, sondern sie sind mit sehr viel weiter entfernten Einflüssen durchsetzt. Zum Beispiel erhält heute wahrscheinlich auch der kleinste Laden seine Waren aus aller Herren Länder"[94].

Darüber hinaus führte die Trennung zwischen Raum und Zeit zu einer Entbettung („Disembedding") sozialer Systeme, wodurch neue Vertrauensformen entstanden.[95] Unter Entbettung versteht Giddens „das „Herausheben" sozialer Beziehungen aus ortsgebundenen Interaktionszusammenhängen und ihre unbegrenzte Raum-Zeit-Spannen übergreifende Umstrukturierung"[96]. Dabei differenziert er zwischen zwei Entbettungsmechanismen, den symbolischen Zeichen und den Expertensystemen.

[90] Luhmann (1991), S. 181.
[91] Vgl. Eberl (2003), S. 160.
[92] Vgl. Giddens (1995), S. 28 ff.
[93] Giddens (1995): S. 137: „Mit anderen Worten, das Lokale und das Globale sind mittlerweile unentwirrbar miteinander verflochten."
[94] Giddens (1995), S. 137.
[95] Vgl. Giddens (1995), S. 33 ff. oder im englischsprachigen Original Giddens (1990), S. 21 ff.
[96] Giddens (1995), S. 33.

Symbolische Zeichen sind „Medien des Austauschs, die sich „umherreichen“ lassen, ohne daß die spezifischen Merkmale der Individuen oder Gruppen, die zu einem bestimmten Zeitpunkt mit ihnen umgehen, berücksichtigt werden müßten“[97]. Naheliegendes und von Giddens umfangreich erörtertes Beispiel ist Geld, das Transaktionen zwischen räumlich weit voneinander entfernten und unbekannten Akteuren ermöglicht, solange sie der Zahlungsmittelfunktion des Geldes vertrauen.[98]

Mit dem Vertrauen in ein Expertensystem ist das Vertrauen in gesellschaftliche Institutionen oder Unternehmen gemeint, mit denen Akteure in regelmäßigen Abständen in Interaktionen treten. Dabei richtet sich das Vertrauen auf die „technische Leistungsfähigkeit oder professionelle Sachkenntnis“[99] von Systemen, in die Experten mit ihrem Wissen integriert sind. Das Vertrauen gegenüber Expertensystemen hat zwei Grundlagen:

Der erste Fall entspricht dem interpersonellen Vertrauen, das „zwischen Einzelpersonen besteht, die einander gut kennen und auf der Basis langfristiger Bekanntschaft jene Glaubwürdigkeitsbeweise erbracht haben, durch die die eine Person in den Augen der anderen zuverlässig wirkt“[100]. Die zweite Ausformulierung betrifft das Vertrauen in abstrakte Systeme, bei denen eine individuelle Begegnung zunächst nicht stattfindet. Als Beispiel nennt Giddens das Funktionieren des Flugverkehrssystems. Obwohl keine unmittelbare Beziehung zu den Piloten, den Fluglotsen oder den Servicetechnikern vorausgeht, vertraut jeder einzelne Passagier auf einen möglichst reibungslosen und sicheren Ablauf.[101] Bei dem hierbei zum Ausdruck kommenden Systemvertrauen wird das Vertrauen auf „institutionell abgesicherte…Entscheidungs- und Verantwortungsstrukturen“[102] projiziert. Da die Angehörigen eines Systems selbst potentielle Vertrauensobjekte darstellen, darf eine mögliche Konfundierung mit personalen Vertrauensaspekten nicht unbeachtet bleiben. Giddens betont daher die Wichtigkeit einzelner Akteure für das Vertrauen in das System. Einzelne Mitglieder des Systems stellen an sog. Zugangspunkten („access points“) eine Verbindung zwischen dem System und den einzelnen

[97] Giddens (1995), S. 34.
[98] Giddens (1995), S. 39: „Doch es sind nicht nur, ja nicht einmal in erster Linie die Personen, mit denen bestimmte Transaktionen ausgeführt werden, denen hier Vertraut entgegengebracht wird, sondern es ist das Geld als solches.“
[99] Giddens (1995), S. 40.
[100] Giddens (1995), S. 107.
[101] Vgl. Giddens (1995), S. 110.
[102] Bachmann (2001), S. 115.

Akteuren her, verleihen dem System dadurch ein Gesicht und gelten als „Transporteure der Vertrauenswürdigkeit der gesamten Institutionen“[103] – zu denken ist bspw. an Flugbegleiter, die mit ihrem sicheren und entspannten Auftreten einen routinemäßigen Ablauf vermitteln –, wodurch zugleich eine Rückbettung entbetteter Beziehungen („Reembedding“) erfolgt, mit dem Unterschied, dass die Vertrauensbeziehungen sich nicht mehr auf den lokalen Kontext beschränken oder auf das Verwandtschaftsnetz richten, sondern auf die Institutionen der Moderne mit ihren Mitgliedern.[104]

Aus den ausgearbeiteten Sachverhalten leitet Giddens schließlich folgende Definition von Vertrauen ab: „Der Begriff des Vertrauens läßt sich bestimmen als Zutrauen zur Zuverlässigkeit einer Person oder eines Systems im Hinblick auf eine gegebene Menge von Ergebnissen oder Ereignissen, wobei dieses Zutrauen einen Glauben an die Redlichkeit oder Zuneigung einer anderen Person bzw. an die Richtigkeit abstrakter Prinzipien (technisches Wissen) zum Ausdruck bringt.“[105]

2.3 Vertrauen als kalkulierte Handlung

Sozialwissenschaftliche Arbeiten lösen das Vertrauenskonstrukt von der Persönlichkeit eines Akteurs und definieren seine Existenz über einen sozialen Raum. Während Luhmann Vertrauen als konstitutive Voraussetzung für soziale Interaktionen interpretiert, untersucht Giddens die Auswirkungen der Moderne auf die Vertrauensbeziehungen. Obwohl die Arbeiten dazu beitragen, ein tiefergehendes Verständnis für die Vertrauensthematik aufzubauen, fehlt ein Ansatz darüber, wie individuelle Vertrauensentscheidungen letztlich zustande kommen. In der Theorie von Luhmann steht der Akteur vor der Wahl, zwischen Vertrauen und Misstrauen zu wählen, seine Entscheidung bleibt aber letztlich immer unbegründet und gewissermaßen erzwungen. Auch für Giddens spielt der Entstehungsprozess von Vertrauen keine allzu große Rolle, da er seinen Fokus vielmehr darauf legt, die Auswirkungen der Moderne auf Vertrauensbeziehungen auszuarbeiten. Aus seiner Definition geht zwar hervor, dass Vertrauen auf Zutrauen aufbaut, diese Feststellung allein erscheint aber unzureichend, wenn die konkrete Frage nach einer individuellen Entscheidung für oder gegen Vertrauen zu beantworten ist.

---

[103] Schweer und Thies (2003), S. 43; Dazu Giddens (1995), S. 107: „Die Zugangspunkte abstrakter Systeme bilden den Bereich, in dem gesichtsabhängige und gesichtsunabhängige Bindungen miteinander in Berührung kommen.“

[104] Vgl. Giddens (1995), S. 113.

[105] Giddens (1995), S. 49.

Ansätze, die den individuellen Entscheidungsweg behandeln, zeichnen sich dadurch aus, dass sie die Entstehung von Vertrauen mit Kosten- und Nutzenüberlegungen in Zusammenhang zu bringen und als kalkulierte Handlung auffassen. Coleman interpretiert Vertrauen als berechenbare Größe nutzenmaximierender Individuen, wobei sein Verständnis von Vertrauen in die von ihm wesentlich mitgeprägte Sozialtheorie eingebettet ist. Eine kurze Einleitung in die Sozialtheorie und die Ausgestaltung von Vertrauen als „Rational Choice" ist Gegenstand des ersten Teils dieses Abschnittes. Ein ebenfalls auf Kalkulation ansetzendes Verständnis von Vertrauen bietet der Sozialpsychologe Deutsch, der dabei auf die Spieltheorie zurückgreift. Seine Ideen über die Entstehung von Vertrauen werden im zweiten Teil dieses Abschnittes näher betrachtet.

2.3.1 Vertrauen als „Rational Choice" in der Sozialtheorie Colemans

Der Rational-Choice-Ansatz ist ein zentrales sozialwissenschaftliches Forschungskonzept, dessen Ursprung in den 1980er Jahren in Amerika liegt und das mittlerweile bei zahlreichen Fragestellungen innerhalb der Ökonomie herangezogen wird. Auch wenn der Rational-Choice-Ansatz keinem einzelnen Protagonisten zugeordnet werden kann und eher als eine übergeordnete gemeinsame Forschungsrichtung anzusehen ist, gilt das dreibändige Werk „Foundations of Social Theory" („Grundlagen der Sozialtheorie") Colemans als mindestens grundlegend, weil sein „komplexes, kompliziertes wie auch sprödes Buch"[106] der abzweigungsreichen Rational-Choice-Bewegung eine gewisse Richtung und Einheit verleiht.[107]

In seinem opus magnum entwickelt Coleman die Grundlagen für eine „robuste Sozialtheorie"[108], die er bei der Gestaltung sozialer Institutionen in einer sich wandelnden Gesellschaft für unerlässlich hält.[109] Dafür stellt er zunächst ein metatheoretisches Kon-

106 Vester (2010), S. 69.

107 Dazu Berger (1998), S. 64: „Wer versucht, sich einen Überblick über die wichtigsten Publikationen in der Nachkriegszeit zu verschaffen, wird lange suchen müssen, bis er auf ein Werk trifft, das es an Tiefgang, Gründlichkeit und Spannweite der Fragestellungen mit den „Foundations of Social Theory" aufnehmen kann. Bei diesem Buch handelt es sich zweifelsohne um ein Meisterwerk, das den Vergleich auch mit Arbeiten von Klassikern unseres Faches nicht zu scheuen braucht." Einen umfassenden Überblick über Colemans Leben und Werk bietet Vester (2010), S. 69 ff.

108 Coleman (1991), Vorwort.

109 Coleman (1991), Vorwort: „So wie die Wälder und Felder des physikalischen Umfeldes von Straßen und Wolkenkratzern verdrängt werden, werden die ursprünglichen Institutionen, um die herum Gesellschaften aufgebaut werden, durch eine zielgerichtet konstruierte soziale Organisation ersetzt. Im Hinblick auf diesen Wandel mögen wir uns fragen: Gehen wir dahin, wohin wir gehen wollen? Können wir die Richtung ändern? Wie wählen wir die Richtung? Doch bevor wir diese Fragen stellen können, müssen wir wissen, wohin wir gehen, und dafür brauchen wir eine robuste Sozialtheorie. Eine solche Theorie erfordert eine feste Grundlage, und eine solche will dieses Buch liefern."

zept unter Bildung bestimmter Prämissen über das menschliche Verhalten vor, das anschließend auf zentrale sozialwissenschaftliche Fragestellungen wie die Entstehung von Herrschaftsbeziehungen, das Verhalten von Kollektiven, das Bedürfnis nach Normen oder die Abwicklung sozialer Tauschhandlungen angewendet wird. Dabei entwickelt er auch eine Theorie über Vertrauen, die sich über mehrere Kapitel erstreckt und nachfolgend näher vorgestellt wird. Zum besseren Verständnis erfolgt zunächst eine kurze Einführung in die Sozialtheorie.

2.3.1.1 Einführung in die Sozialtheorie

Coleman`s metatheoretisches Konzept lässt sich grafisch als eine Zwei-Ebenen-Struktur bzw. als eine Makro-Mikro-Makro-Heuristik nachzeichnen (vgl. Abbildung 3).

Um an adäquate Erkenntnisse über die Makroebene zu gelangen, setzt Coleman an den Prozessen auf der Mikroebene an und untersucht die Ziele, Präferenzen und Entscheidungen einzelner Individuen.[110] Die Rechtfertigung für eine solche Vorgehensweise sieht er darin, dass schließlich „das Systemverhalten aus dem Verhalten seiner Bestandteile hervorgeht“[111]. Ein solcher Ansatz, bei dem auf die Handlungsmotivation und Entscheidung der Individuen rekurriert wird, um daraus Ereignisse oder Strukturen auf der Makroebene zu erklären, wird als methodologischer Individualismus bezeichnet und bildet eine der Kernannahmen innerhalb der Rational-Choice-Forschung.

Bei der anschließenden Untersuchung auf der Individualebene unterstellt Coleman den Akteuren zielgerichtetes Handeln in einer durch Knappheit gekennzeichneten Umwelt. Er versetzt sie dadurch in die Lage, verschiedene Handlungen oder Waren mit unterschiedlichem Nutzen zu verbinden und diejenige Aktion auszuwählen, die ihren Nutzen maximiert.[112] Der Nutzenbegriff selbst folgt einem breiten Verständnis und kann neben materiellen Vorteilen auch immaterieller Natur sein und bspw. psychisches Wohlergehen implizieren. Hauptsächlich geht es um die Herausstellung eines rationalen Verhaltens der Akteure, die, angetrieben durch das Postulat der Nutzenmaximierung, darauf

---

[110] Coleman (1991), S. 2 f.: „Eine weitere Methode zur Erläuterung des Verhaltens sozialer Systeme beinhaltet die Untersuchung von Prozessen, die innerhalb des Systems ablaufen, wobei die Bestandteile oder Einheiten, die berücksichtigt werden, eine Ebene unterhalb des Systems liegen. Im prototypischen Fall sind die Bestandteile Individuen, die dem sozialen System angehören. In anderen Fällen können die Bestandteile Institutionen innerhalb des Systems oder Untergruppen des Systems sein. In allen diesen Fällen bewegt sich die Analyse auf einer Ebene, die unterhalb der Systemebene liegt und erklärt das Verhalten des Systems über das Verhalten seiner Bestandteile.“

[111] Coleman (1991), S. 4.

[112] Vgl. Coleman (1991), S. 17.

bedacht sind, ein optimales Verhältnis zwischen Kosten und Nutzen in Bezug auf ihre Präferenzen unter Berücksichtigung der – positiv ausgedrückt – Opportunitäten und – negativ ausgedrückt – Restriktionen zu erreichen. Vertrauensbeziehungen kommen dabei auf der individuellen Handlungsebene, beim Übergang von der Mikro- zur Makroebene und auf der Makroebene vor.

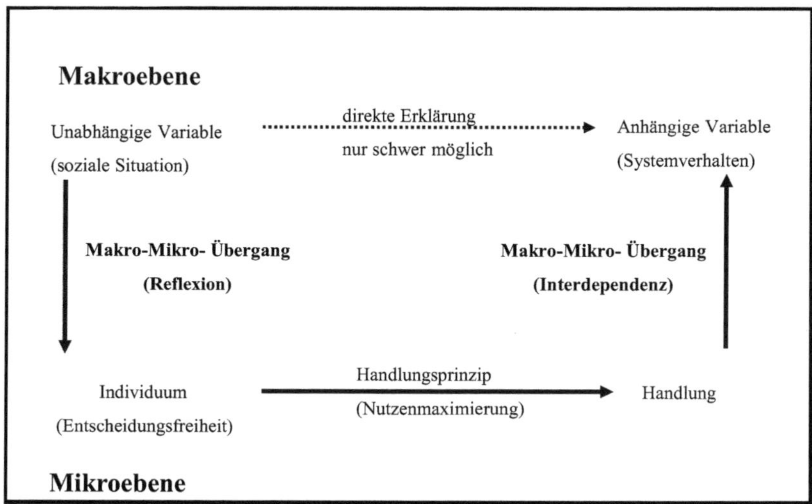

Abbildung 3: Makro-Mikro-Makro-Heuristik nach Coleman.[113]

2.3.1.2 Vertrauen auf der Mikroebene

Auf der individuellen Handlungsebene wird einerseits zwischen den bereits oben vorgestellten Akteuren, die spezifische Interessen verfolgen, und Dingen, die zur Erfüllung der Interessen notwendig sind, unterschieden. Dinge können Ressourcen oder Ereignisse darstellen.[114] Unter Ressourcen versteht Coleman private Güter.[115] Verfügen die Akteure die Kontrolle über die privaten Güter, ist die Sachlage trivial und sozial bedeutungslos. Fehlt ihnen allerdings aufgrund von Knappheit die vollständige Kontrolle über die interessenerfüllenden Ressourcen, erfordert ihr utilitaristisches Verhalten Interaktionen mit anderen Akteuren, wodurch ein soziales System mit Interdependenzen entsteht. Eine mögliche Transaktion zur Interessenrealisierung besteht in der gegenseitigen Über-

[113] Vgl. Coleman (1991), S. 1 ff oder Wolf (2005), S. 19.
[114] Vgl. Coleman (1991), S. 34 ff.
[115] Vgl. Coleman (1991), S. 40.

tragung von Kontrolle über Dinge. In diesem Fall tauschen Akteure die Kontrolle über die ihnen zur Verfügung stehende, aber für ihr jeweiliges Interesse bedeutungslose Ressource gegen die Kontrolle über die für ihre Zielerreichung relevante Ressource.

Eine weitere Handlungsform besteht in der einseitigen Übertragung von Ressourcen an einen anderen Akteur. Ein solcher Transfer findet dann statt, wenn ein Akteur glaubt, dass die Ausübung von Kontrolle über die eigenen Ressourcen durch einen anderen Akteur ihn näher an seine Interessen bringt als die eigene Kontrolle. Typisch dabei ist die zeitliche Asymmetrie zwischen der Übertragung und der Gegenleistung. Die fehlende zeitliche Übereinstimmung im Leistungsaustausch impliziert für die Partei, die mit ihrer Ressource in Vorleistung tritt ein Risiko, denn ihr fehlt die Sicherheit über die Leistung bzw. Kooperationsbereitschaft des Gegenübers. Die Kalkulation dieses Risikos versteht Coleman als Vertrauen: „Normalerweise wird bei der Entscheidung für oder gegen die Beteiligung an der Handlung das Risiko mit einkalkuliert. Dieses lässt sich allgemein unter den Begriff des „Vertrauens“ fassen. Situationen, in denen Vertrauen eine Rolle spielt, bilden eine Untergruppe der Situationen, die ein gewisses Risiko beinhalten. Es sind Situationen, in denen das Risiko, das man eingeht, von der Leistung eines anderen Akteurs abhängt.“[116]

Die durchzuführende Kalkulation des potentiellen Vertrauensgebers – von Coleman als Treugeber bezeichnet – entspricht der mathematischen Modellierung einer Entscheidungssituation unter Risiko eines nutzenmaximierenden Akteurs. Ist das Verhältnis der Gewinnchance zur Verlustchance größer als das Verhältnis des Ausmaßes des möglichen Verlustes zum Ausmaß des möglichen Gewinns, wird ein rationaler Akteur Vertrauen vergeben. Formallogisch lässt sich das folgendermaßen darstellen:

[116] Coleman (1991), S. 115.

Vertrauensvergabe ja wenn:

$$(1)\frac{p}{1-p} > \frac{L}{G}$$

Vertrauensvergabe unentschieden wenn:

$$(2)\frac{p}{1-p} = \frac{L}{G}$$

Vertrauensvergabe nein wenn:

$$(3)\frac{p}{1-p} < \frac{L}{G}$$

p = Gewinnchance entspricht der Wahrscheinlichkeit der Vertrauenswürdigkeit des Vertrauensnehmers

L = möglicher Verlust falls Vertrauensnehmer das Vertrauen missbraucht

G = möglicher Gewinn falls Vertrauensnehmer das Vertrauen bestätigt.[117]

Mit dieser Formel gelingt es Coleman auch, Fälle zu erklären, bei denen die Vertrauensvergabe zunächst unverständlich oder irrational erscheint. Hochstapler bspw. versprechen einen sehr hohen Gewinn, der über dem potentiellen Verlust liegt, wodurch der Quotient L/G besonders klein wird. Auch wenn die Wahrscheinlichkeit p niedrig ist, wird einem Hochstapler vertraut, solange der in Aussicht gestellte Gewinn hoch genug ist.[118]

Bei der vorgestellten Kalkulation berücksichtigt Coleman auch die Informationssuche des Treugebers. Ist die Summe des möglichen Gewinns und des möglichen Verlustes gering, wird ein Akteur seine Entscheidung weniger umsichtig treffen und die Informationssuche weniger intensiv betreiben als in einer Situation, in der ein hoher möglicher Gewinn bzw. Verlust der Fall ist.[119]

Der Vertrauensnehmer – von Coleman als Treuhänder bezeichnet – steht ebenfalls vor der Wahl und muss entscheiden, ob er das Vertrauen rechtfertigt oder enttäuscht. In

[117] Vgl. Coleman (1991), S. 126.
[118] Vgl. Eberl (2003), S. 65.
[119] Vgl. Coleman (1991), S. 130 ff.

seine Entscheidung fließen zwei Überlegungen ein. Besteht zwischen Treugeber und Treuhänder eine fortdauernde Beziehung, aus der für den Treuhänder zukünftige Gewinne erwachsen können, wird er eher vertrauenswürdig sein, denn anderenfalls hätte er Verluste in Zukunft zu erwarten, weil dann davon auszugehen ist, dass der Treugeber keine weiteren Kooperationen mit ihm eingeht. Zweitens wird sich der Treuhänder umso vertrauenswürdiger verhalten, je umfassender die Kommunikation zwischen dem Treugeber und den anderen Akteuren ist, von denen der Treuhänder erwarten kann, dass sie ihm in Zukunft vertrauen werden.[120] Ergo geht es bei der Entscheidung des Treuhänders um eine Abwägung zwischen aktuellen zusätzlichen Gewinnen aus Vertrauensbruch gegen die dadurch entgehenden zukünftigen Gewinne.

2.3.1.3 Vertrauen beim Übergang von der Mikro- zur Makroebene

Während auf der Mikroebene die Vertrauensbeziehung zwischen zwei Akteuren im Mittelpunkt steht, untersucht Coleman beim Übergang von der Mikro- zur Makroebene Vertrauenssysteme und ihre dynamischen Eigenschaften. Dabei differenziert er zwischen drei Vertrauenssystemen: In der ersten Variante geht es um gegenseitiges Vertrauen, also um Fälle, bei denen ein Treugeber gleichzeitig auch Treuhänder wird und umgekehrt. In der zweiten Ausformulierung werden Vertrauensintermediäre in die Überlegung einbezogen und schließlich wird die Bedeutung von Vertrauen in eine dritte Partei oder Instanz genauer untersucht.

1. Gegenseitiges Vertrauen

Eine symmetrische Vertrauensbeziehung basiert auf der Idee einer positiven Rückkopplung. Wenn in einer Vertrauensbeziehung beide Akteure Vertrauensgeber und Vertrauensnehmer sind, ist Vertrauensbestätigung eher zu erwarten, weil bei einer Vertrauensenttäuschung der andere Akteur ebenfalls das Vertrauen enttäuschen kann. Reziprozität und die daraus resultierende Möglichkeit, Vertrauensmissbrauch zu sanktionieren, sorgen dafür, dass vertrauenswürdiges Verhalten an Attraktivität gewinnt und die Fortführung der Vertrauensbeziehung mit einem höheren Gewinn und ein Abbruch der Beziehung mit einem höheren Verlust einhergehen. Die Abbildung 4 fasst die folgenden Überlegungen zusammen. Wenn in einer wechselseitigen Beziehung beide Parteien eher vertrauenswürdig agieren als der Treuhänder in einer einseitigen Vertrauensbeziehung,

[120] Vgl. Coleman (1991), S. 138.

besteht für den Treugeber der Anreiz, eine asymmetrische Vertrauensbeziehung in einer symmetrische umzuwandeln. Coleman rät daher dem Treugeber dazu, Situationen zu schaffen, in denen er zum Treuhänder wird, falls sich solche Gelegenheiten nicht bereits von selbst ergeben, oder den Nutzen des Treuhänders so stark zu erhöhen, dass „der andere vor einem Aufgaben der Beziehung zurückschreckt“[121].

Falls der Treuhänder beabsichtigt, durch Vertrauensrechtfertigung eine Bindung des Treugebers zu erzeugen, kann er dies erreichen, indem er die Erwartung des Treugebers übertrifft. In diesem Fall müsste der Treuhänder möglicherweise zunächst ein Verlustgeschäft einkalkulieren, das er aber durch wahrscheinlicher werdende künftige Geschäfte ausgleichen kann.[122]

Handlung	Anreize in einer asymmetrischen Beziehung	Zusätzliche Anreize in einer Beziehung gegenseitigen Vertrauens
Rechtfertigen oder Enttäuschen von Vertrauen	Entgangener Gewinn wegen zukünftiger Vertrauensverweigerung des anderen	Anderer wird als Treuhändler auch Vertrauen enttäuschen, wenn ich es tue
Schenken oder Verweigern von Vertrauen	Gewinnerwartung (*pG*) aus Vertrauenswürdigkeit des anderen ist größer als Verlusterwartung ([1-*p*]*L*)	*p* nimmt zu durch eigene Sanktionsgewalt in Form von Vertrauensbruch, wenn der andere Vertrauen ent-täuscht: *G* nimmt bei zu-künftigen Gewinn durch anderen als Treuhändler zu

(*p* = Wahrscheinlichkeit der Vertrauenswürdigkeit; *L* = Verluste; *G*= Gewinne)

Abbildung 4: Anreize für Vertrauensgeber und Vertrauensnehmer in asymmetrischen und symmetrischen Vertrauensbeziehungen.[123]

2. Vertrauensintermediäre

Bei den Vertrauensintermediären unterscheidet Coleman drei verschiedene Typen: den Berater, den Bürgen und den Unternehmer. Ein Berater wird herzugezogen, wenn dem Treugeber Erfahrungswerte über einen Treuhänder fehlen. Dann vertraut der Treugeber dem Urteil des Beraters und falls der Treuhänder das Vertrauen enttäuscht, verliert der Berater seine Vertrauenswürdigkeit. Ein Bürge hingegen ermöglicht Transaktionen, die

---

[121] Coleman (1991), S. 230.

[122] Vgl. Coleman (1991), S. 231. Coleman spricht vom „Überbezahlen“ beim Einlösen einer Verpflichtung, wodurch eine Verpflichtung für den Treugeber entsteht.

[123] Coleman (1991), S. 229.

ohne seine Anwesenheit nicht hätten stattfinden können. Naheliegendes Beispiel ist die Mutter, die ihrer Tochter durch die Bürgschaft einen Kredit ermöglicht. Die Bank vertraut der Mutter und die Mutter ihrer Tochter. Enttäuscht die Tochter das Vertrauen, erleidet ihre Mutter nicht wie beim Bürgen den Verlust ihrer Vertrauenswürdigkeit, dafür aber einen finanziellen Schaden. Der Unternehmer als Intermediär bündelt die Ressourcen unterschiedlicher Treugeber und übergibt sie einem oder mehreren Treuhändern in der Erwartung, einen Mehrwert für die ursprünglichen Treugeber zu erzielen.[124] Eine Zusammenfassung bietet Abbildung 5.

Coleman stellt heraus, dass der Berater „kein hundertprozentiger Intermediär“[125] ist, denn trotz seiner Beratungstätigkeit ist das Vertrauen des Treugebers in den Treuhänder erforderlich. Beim Bürgen und dem Unternehmer muss der Treugeber hingegen nur dem Intermediär vertrauen.[126]

3. Drittparteien-Vertrauen

Eine weitere Vertrauensbeziehung bildet das Vertrauen in eine dritte Partei oder Instanz. Diese ist zwar zentral für das Zustandekommen einer Transaktion, nimmt dennoch eine passive Rolle ein. Auch bei Coleman stellt Geld das klassische Beispiel dar, denn ein Akteur wird auch dann Geld entgegennehmen, wenn er seinem Gegenüber nicht vertraut. Entscheidend ist auch hier sein Vertrauen in die Zahlungsmittelfunktion des Geldes.[127]

124 Vgl. Coleman (1991), S. 233.
125 Coleman (1991), S. 234.
126 Vgl. Coleman (1991), S. 235.
127 Vgl. Coleman (1991), S. 239 ff.

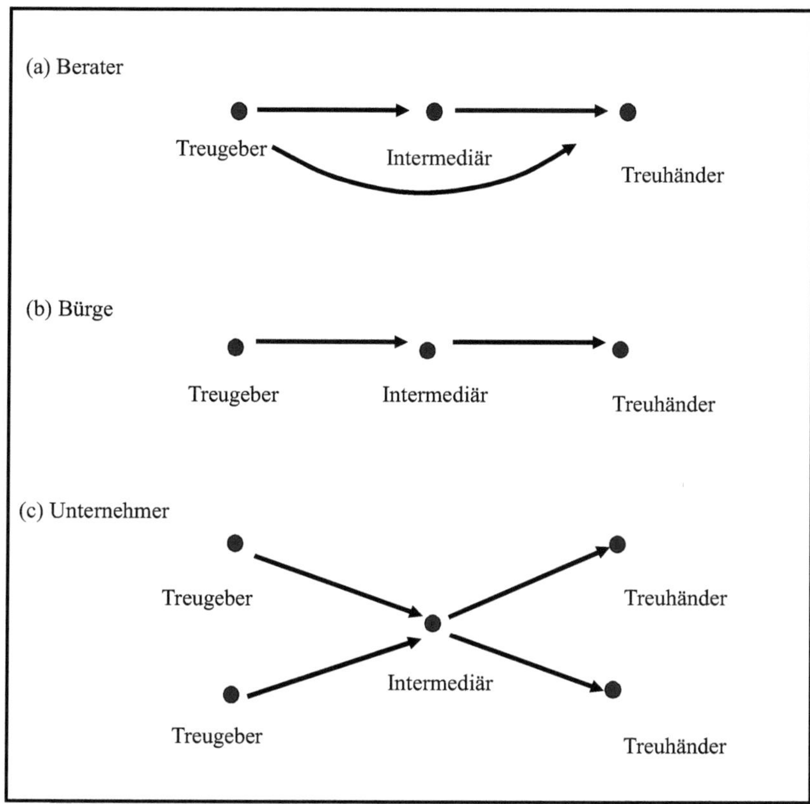

Abbildung 5: Drei Typen von Vertrauensintermediären.[128]

2.3.1.4 Vertrauen auf der Makroebene

Auf der Makroebene formuliert Coleman zwei größere Systeme: die Gemeinschaft mit gegenseitigem Vertrauen und Systeme mit beratenden Intermediären. Beide Modelle setzen an den bisherigen Überlegungen an und berücksichtigen eine Vielzahl von Individuen. Eine Gemeinschaft mit gegenseitigem Vertrauen tritt auf, „wenn sich eine Anzahl von Akteuren … an einer Aktivität beteiligen, an deren Ergebnis alle gleichermaßen interessiert sind“[129]. Im Grunde gilt dieses System als Ausbau des oben dargelegten Zwei-Akteuren-Systems mit gegenseitigem Vertrauen zu einem System mit mehr als zwei Akteuren mit der Besonderheit, dass nun alle Akteure an der gleichen Aktivität

[128] Vgl. Coleman (1991), S. 234.
[129] Coleman (1991), S. 242.

beteiligt sind und darauf vertrauen müssen, dass die anderen Akteure ebenfalls ihre Leistungen erbringen. In der Konsequenz handelt jeder Akteur gleichzeitig als Treugeber und Treuhänder. Gefördert werden soll das vertrauenswürdige Verhalten der Akteure durch soziale Normen, die mit Sanktionen einhergehen. Mögliche Bestrafungen eines Vertrauensbrechers können von der Einschränkung bei zukünftigen Austauschhandlungen bis zum Ausschluss aus der Gemeinschaft reichen.[130]

Bei großen Systemen mit beratenden Intermediären führt das Vertrauen in das Urteil der Intermediäre im Idealverlauf dazu, dass im Laufe der Zeit alle Mitglieder dem Treuhänder vertrauen (vgl. Abbildung 6). Wenn Akteur A dem Urteil von Akteur B vertraut und B dem Treuhänder T, führt das dazu, dass auch A dem T vertraut. Vertraut nun Akteur C A, wird er ebenfalls dem Treuhänder vertrauen. Bemerkt nun B, dass auch C dem Treuhänder vertraut, dann findet eine positive Rückkopplung statt, wodurch das Vertrauen von B in T gestärkt wird. Im Idealverlauf, also bei jeweiliger positiver und sich selbst verstärkender Rückkopplung, entwickeln alle Mitglieder des Systems Vertrauen in den Treuhänder.[131]

Zum Abschluss seiner Ausführungen über Vertrauensbeziehungen formuliert Coleman drei Thesen über die Auswirkungen einer Zu- und Abnahme von Vertrauen, die einer Zusammenfassung seiner bisherigen Ausführungen entsprechen:

1. Eine Zunahme des Vertrauens vergrößert den Handlungsspielraum derjenigen, denen vertraut wird. Ein Vertrauensentzug wirkt diametral.

2. Eine Zunahme des Vertrauens stimuliert eine weitere Zunahme, eine Verminderung zieht eine Verminderung nach sich – Vertrauensbeziehungen sind ergo durch eine inhärente Instabilität gekennzeichnet.

3. Der Entzug von Vertrauen schafft ein Bedürfnis beim Treugeber, es anderweitig zu vergeben.[132]

[130] Vgl. Coleman (1991), S. 243.
[131] Vgl. Coleman (1991), S. 244.
[132] Vgl. Coleman (1991), S. 253.

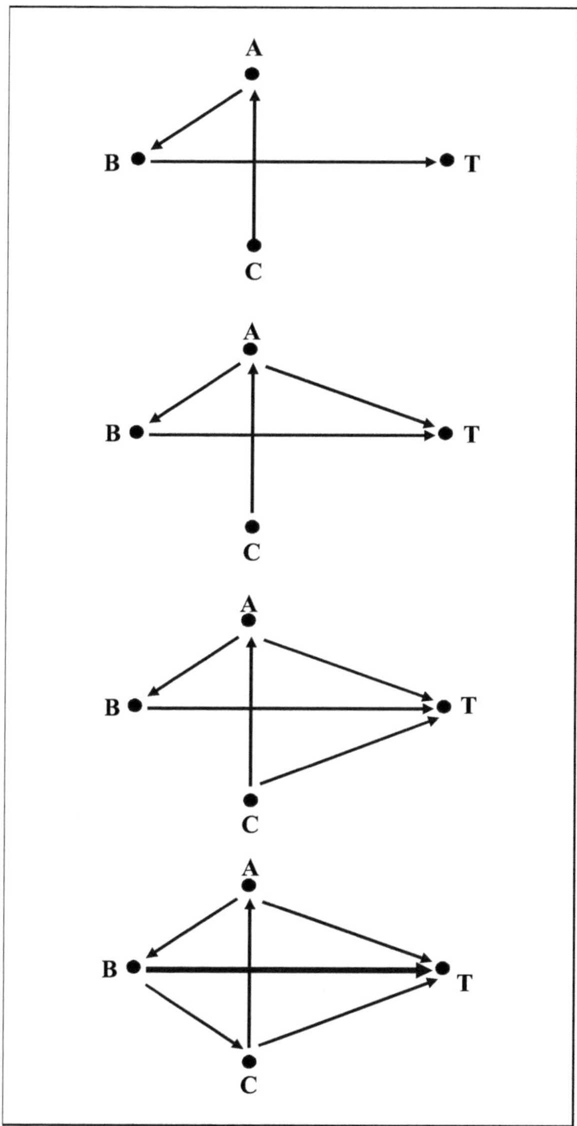

Abbildung 6: Ausweitung eines Vertrauenssystems durch Vertrauen in das Urteil von Intermediären.[133]

[133] Vgl. Coleman (1991), S. 245.

2.3.2 Vertrauensäußerung als spieltheoretische Modellierung nach Deutsch

Ein ebenfalls auf Kalkulation beruhendes Verständnis von Vertrauen bietet der Sozialpsychologe Deutsch, der zunächst eine Reihe von Umständen aufzählt, die den Menschen zu einer Vertrauensäußerung veranlassen. Dazu zählen Verzweiflung, soziale Anpassung, Arglosigkeit, Impulsivität, Tugend, Masochismus, Glaube, Risikoverhalten und Zuversicht.[134] Seine weiteren Ausführungen fokussiert er dann auf die aus Zuversicht resultierende Vertrauensvergabe und beginnt seine theoretischen Arbeiten mit elf „grundlegenden Definitionen"[135] über Vertrauen, die er auf neun „grundlegenden psychologischen Voraussetzungen"[136] aufbaut und beendet sie mit 19 Hypothesen über die Vertrauensentscheidung, die er anschließend durch den Rückgriff auf das aus der Spieltheorie bekannte Gefangenendilemma einer experimentellen Verifikation unterzieht.

Die Basis seiner Ausführung bildet zunächst die Annahme über den Vertrauensgeber, denn nach Deutsch hängt die nicht-neurotische Bereitschaft und Fähigkeit, Vertrauen bzw. Misstrauen zu äußern, primär von einer gesunden und positiven Einstellung des Vertrauensgebers zu sich selbst ab.[137] Deutsch nimmt an, dass eine sog. „Pathologie des Vertrauens oder des Misstrauens"[138] gegenüber anderen das Resultat einer Pathologie in Bezug auf sich selbst darstellt. Damit wird eine überzogene negative Selbsteinschätzung des Vertrauensgebers bezeichnet. Eine solche negative Selbsteinschätzung mündet in einem mangelhaften Selbstvertrauen, das entweder zu einem leichtgläubigen überoptimistischen pathologischen Vertrauen führt oder zu einer omnipotenten Form des überoptimistischen pathologischen Vertrauens. Beide Ausprägungen zeichnen sich durch Blindheit und einer mangelnden Fähigkeit aus, auf veränderte Umstände adäquat zu reagieren.[139]

Bei der leichtgläubigen Art des überoptimistischen Verhaltens übersieht der sich selbst als schwach und hilflos ansehende Vertrauensgeber die negativen Eigenschaften des Vertrauensnehmers oder versucht in jeder Schwäche vehement eine Stärke zu erkennen. Das Objekt seines Vertrauens erscheint für ihn mächtig, fähig und zuverlässig und ob-

---

[134] Vgl. Deutsch (1976), S. 136 ff.
[135] Deutsch (1976), S. 139.
[136] Deutsch (1976), S. 141.
[137] Vgl. Deutsch (1976), S. 156.
[138] Deutsch (1976), S. 157.
[139] Vgl. Deutsch (1976), S. 156.

wohl seine Erwartungen unerfüllt bleiben oder sogar negative Erfahrungen die Beziehung bestimmen, fehlt ihm die Fähigkeit und Stärke, eine Korrektur seiner Erwartungen vorzunehmen. Stattdessen erfolgt die eigene Anklage, die Nichterfüllung des Vertrauens gilt als Bestätigung der eigenen Hilflosigkeit und Wertlosigkeit. Das Bild des Beschützers bleibt aber makellos, wodurch er weiter glaubt, sich beschützt zu fühlen.[140]

Typisch für die omnipotente Form des ungerecht vergebenen Vertrauens ist hingegen die Überzeichnung der eigenen Macht, mit der ein Vertrauensgeber glaubt, sein mangelndes Selbstvertrauen kaschieren zu können. Der omnipotent pathologisch Vertrauende sieht sich allmächtig und glaubt dadurch, den Vertrauensnehmer kontrollieren und so das gewünschte Verhalten erzwingen zu können.[141] Während also der leichtgläubige eine verzerrte Wahrnehmung über die äußere Realität besitzt, weil er konsequent an einer Entwicklung in seinem Sinne festhält, besitzt der Vertrauensgeber im omnipotenten Fall ein falsches Bild von sich selbst.[142]

Verfügt der Vertrauensgeber über eine gesunde Selbsteinschätzung und ist in der Lage, auf verändernde Umstände adäquat zu reagieren, lässt sich Mortons Theorie über Vertrauen folgendermaßen nachzeichnen:[143] Ausgangspunkt ist ein „ambiguous path“[144], der einen intrapsychischen Konflikt auslöst, weil in einer gegebenen Situation Ereignisse mit positiver und negativer Valenz für den Menschen möglich sind. Deutsch kennzeichnet die positive bzw. negative Bedeutung mit Begriffen wie „motivational significance“[145], „motivational relevance“[146] oder „motivational consequence“[147]. Ihm geht es weniger um eine materielle oder monetäre Betrachtung, sondern vielmehr um die Herausstellung einer emotionalen Komponente, die positiven bzw. negativen Nutzen auf das Wohlergehen des Vertrauensgebers ausübt. „An event is of positive motivational consequence when it increases or prevents a decrease in the welfare of the individual; an event is of negative motivational consequence when it decreases or prevents an increase in the welfare of the individual.“[148]

[140] Vgl. Deutsch (1976), S. 159 f.
[141] Vgl. Deutsch (1976), S. 160 f.
[142] Vgl. Deutsch (1976), S. 161.
[143] Zum besseren Verständnis wird mit dem amerikanischen Original gearbeitet.
[144] Vgl. Deutsch (1973), S. 149.
[145] Deutsch (1973), S. 149.
[146] Deutsch (1958), S. 265.
[147] Deutsch (1958), S. 266.
[148] Deutsch (1958), S. 266, Fn. 4.

Durch Vertrauensäußerung oder Misstrauensbekundung ist der Mensch dann in der Lage, diesen Konflikt zu lösen. Vertrauen selbst definiert Deutsch wie folgt: „An individual may be said to have trust in the occurrence of an event if he expects its occurrence and his expectation leads to behavior which he perceives to have greater negative motivational consequences if the expectation is not confirmed than positive motivational consequences if it is confirmed…One can make the definitions of trust and suspicion advanced above applicable to social situations by substituting for the inclusive "an event" some such phrase as "an event produced by another person" or "behavior by another person."[149]

Deutsch spricht von Vertrauen nur, wenn der Verlust, den der Vertrauensgeber bei einem Vertrauensmissbrauch erleidet, folgenschwerer ist als der Gewinn, den er bei Nichtmissbrauch erzielen würde. Coleman hingegen kannte eine solche Eingrenzung nicht und schloss in seiner Definition auch Fälle ein, bei denen der mögliche Gewinn größer war als der mögliche Verlust.[150] Diese Fälle bezeichnet Deutsch hingegen als „risk taking or gambling choice“[151]. „In the present terminology, one gambles when one has much to gain or little to lose and one trusts when one has much to lose or little to gain. Hence, one does not need much confidence in a positive outcome to gamble but one needs considerable confidence in a positive outcome to trust."[152]

Inbegriff des Vertrauensverständnisses von Deutsch ist eine Mutter, die ihr Kind einem Babysitter anvertraut. Wenn der Babysitter das Vertrauen missbraucht, sind die negativen Konsequenzen für die Mutter wesentlich größer als sämtliche vorstellbare positive Folgen bei einer vertrauensvollen Aufsicht ihres Kindes.[153] Dass es trotz der möglichen Gefahr einer hohen Wohlfahrtseinbuße zu einer Vertrauensäußerung kommt – also die Mutter ihr Baby doch einem Babysitter anvertraut –, liegt an der höher bemessenen subjektiven Wahrscheinlichkeit für den positiven Ausgang, die maßgeblich durch die eigenen und fremden Erfahrungen in ähnlichen Situationen zustande kommt.[154]

---

[149] Deutsch (1958), S. 266 und 276.

[150] Vgl. Coleman (1991), S. 126.

[151] Deutsch (1973), S. 149:„The choice of an ambiguous path, when V_{a+} [positive motivational significance] is less than V_{a-} [negative motivational significance], is a trusting choice…The choice of an ambiguous path, when V_{a+} is greater than V_{a-}, is a risk taking or gambling choice."

[152] Deutsch (1960), S. 124.

[153] Vgl. Deutsch (1958), S. 266 oder Deutsch (1960), S. 124.

[154] Vgl. Deutsch (1976), S. 142 f.

Experimentell überprüft Deutsch seine Hypothesen anhand einer Modifikation des klassischen Gefangenendilemmas aus der Spieltheorie.[155] In der Spieltheorie werden Verhaltensweisen nutzenmaximierender Parteien in strategischen Entscheidungssituationen experimentell untersucht, um daraus modelltheoretische Erklärungen abzuleiten und Empfehlungen für die Praxis auszusprechen. Bei einer strategischen Entscheidung berücksichtigen rationale Akteure die möglichen Entscheidungen anderer in ihrer Wahl, weil ihre Zielgröße neben Umwelteinflüssen auch von den Aktionen anderer Akteure abhängt.[156] Nutzenmaximierung bedeutet für rationale Spieler die Abwägung unterschiedlicher Handlungsmöglichkeiten und die Wahl derjenigen Option, welche die größte Zielerreichung verspricht. Welche konkreten Ziele dabei verfolgt werden, ist für die Spieltheorie unerheblich.[157] Wenn die gegenseitigen Interdependenzen allen Entscheidern bewusst sind, entstehen Interessenkonflikte, weil sich individuelle und kollektive Rationalität widersprechen können.[158]

Das Gefangenendilemma selbst geht in seiner ursprünglichen Version auf zwei Verbrecher zurück, die gefasst und in Einzelhaft genommen werden.[159] Die Staatsanwaltschaft geht von einer gemeinsamen schweren Straftat aus, kann dies aber aufgrund fehlender Beweise nicht belegen. Daher macht sie den beiden Gefangenen getrennt voneinander folgendes Angebot: Wenn beide die Tat abstreiten, werden sie aufgrund mangelnder Beweise jeweils zu einer relativ geringen Strafe (1 Jahr) verurteilt. Gesteht allerdings nur einer der Gefangenen und offenbart den genauen Tatablauf während der andere schweigt, greift die Kronzeugenregelung, wodurch der Kronzeuge straffrei bleibt (0 Jahre), der andere Gefangene aber in voller Höhe bestraft wird (10 Jahre). Wenn beide Gefangenen gestehen, verspricht die Staatsanwaltschaft eine Strafe unter der Höchststrafe (8 Jahre). Beide Gefangene müssen ihre Entscheidung gleichzeitig und ohne Kenntnis der Wahl des Anderen treffen. Das Dilemma bzw. der Interessenkonflikt besteht darin, dass sich für jeden Einzelnen die Alternative „gestehen“ als vorteilhaft er-

---

155 Einen umfassenden Überblick über die Entwicklungsgeschichte der Spieltheorie bietet Bieta (2015), S. 787 ff.

156 Vgl. Holler und Illing (2009), S. 1.

157 Vgl. Jost (2001), S. 11.

158 Den Grundstein für die Spieltheorie legten John von Neumann und Oskar Morgenstern mit ihrem Werk „Theory of Games and Economic Behaviour“ im Jahre 1944. Zunächst galt das Interesse den Nullsummenspielen, also Spielen, bei denen der Gewinn eines Spielers äquivalent zum Verlust eines anderen Spielers ist. Später entwickelte John Nash Situationen, in denen beide Teilnehmer zugleich gewinnen oder verlieren konnten.

159 Vgl. Luce und Raiffa (1957), S. 94 f.

weist, zusammengenommen das Geständnis von beiden aber im Vergleich zum beiderseitigen Nicht-Geständnis suboptimal ist.

In einer solchen einmaligen Situation gewinnt also keiner der Spieler, wenn er rational handelt und versucht, den höchsten individuellen Nutzen zu erzielen. Ein kollektives Nicht-Geständnis, also eine Kooperation der Spieler ließe sich nach Deutsch erst nach einer Wiederholung des Spiels und dem Aufbau eines wechselseitigen Vertrauens realisieren. Um an die Bedingungen für das Zustandekommen einer auf Vertrauen aufbauenden Kooperationsstrategie zu gelangen, also um die Frage nach der Generierung von subjektiven Wahrscheinlichkeiten, die einer kooperativen Verhaltensweise des Gegenübers einen höheren Wert beimessen als einem defektiven Verhalten, beantworten zu können, führte Deutsch auf der Idee des Gefangenendilemmas Experimente mit seinen Studenten durch (vgl. Abbildung 7).

Spieler I hat die Wahl zwischen den Handlungsoptionen X und Y, Spieler II die Wahl zwischen A und B. Die zuerst genannten Werte stehen für den Gewinn oder Verlust des Spielers I und die an zweiter Stelle stehenden Werte entsprechend für Spieler II.

Die Zahlen stehen für einen fiktiven Geldbetrag, der gewonnen oder verloren werden kann. Für Spieler I erscheint in Anbetracht der Auszahlungsmatrix Y immer besser als X, da +10> +9 und -9< - 10. Analog stellt sich für Spieler II B immer vorteilhafter als A dar. Folglich resultiert die Kombination YB, die jedoch kollektiv gesehen nicht rational ist, da Kombination XA beide Spieler wesentlich besser stellen würde.

Um herauszufinden, wann ein Spieler vertraut und bereit ist, sich einer Situation mit einem kleineren Gewinn (+9) bei gleichzeitiger Möglichkeit des maximalen Verlusts (-10) auszusetzen, wurden folgende Größen in die experimentelle Untersuchung eingebaut. Die Variable „motivational orientation“[160] mit den Merkmalsausprägungen kooperativ, individualistisch und konkurrierend sollte dafür sorgen, dass kooperative Spieler neben ihrer eigenen Vorteilsverfolgung auch dem anderen Spieler einen Gewinn ermöglichen, Individualisten ausschließlich ihre eigenen Interessen berücksichtigen ohne den anderen Spieler weiter zu beachten und konkurrierende nicht nur darauf bedacht sind, selbst den höchsten Gewinn einzustreichen, sondern auch, dass der andere Spieler einen großen Verlust erleidet. Eine entsprechende Zuweisung erhielten die Spieler vor Beginn

160 Deutsch (1958), S. 270.

des Spiels.[161] Eine zweite Größe bildeten die vier „experimental conditions“[162]. Neben der Nichtkommunikation und Kommunikation zwischen den Spielern existierten zwei weitere Bedingungen. Bei der Nichtsimultanität erfuhr ein Spieler vor seiner Entscheidung von außen von der Wahl des anderen Spielers. Kommunikationsmöglichkeiten zwischen den Spielern bestanden nicht. Die Reversibilitätsbedingung war analog zur Nichtkommunikation mit der Ergänzung, dass beide vor ihrer Wahl von der Entscheidung des anderen Spielers erfuhren und innerhalb von 30 Sekunden eine Revision vornehmen konnten.[163]

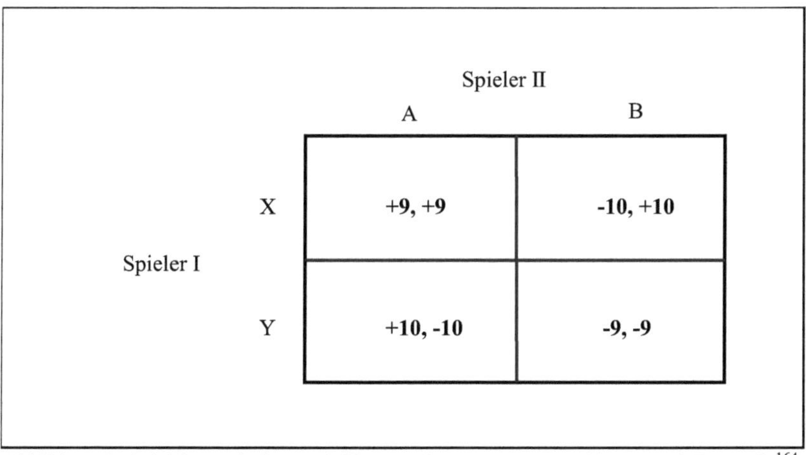

Abbildung 7: Spieltheoretische Modellierung des Vertrauensproblems nach Deutsch.[164]

Im Ergebnis stellte Deutsch fest, dass kooperative Spieler auch dann ein kooperatives Verhalten zeigten, wenn die Spielregeln dies nicht unbedingt förderten, weil bspw. die Kommunikationsmöglichkeiten nicht gegeben waren. Konkurrierende Spieler verzichteten auch bei günstigen Bedingungen wie Kommunikation oder Reversibilität auf Zusammenarbeit. Bei individualistisch orientierten Spielern hingen die Ergebnisse nicht von der persönlichen Einstellung ab, sondern von den situativen Gegebenheiten. Bei Nichtsimultanität wurde ein auf Konkurrenz ausgerichtetes Verhalten festgestellt, bei Kommunikation und Reversibilität ein kooperatives Verhalten.

[161] Vgl. Deutsch (1958), S. 270.
[162] Deutsch (1958), S. 271.
[163] Vgl. Deutsch (1958), S. 271.
[164] Vgl. Deutsch (1958), S. 269.

Für Individualisten scheint Vertrauen bzw. kooperatives Verhalten also nicht ein fester Charakterzug zu sein, sondern eine situationsabhängige Variable.[165] In weiteren Experimenten ging Deutsch dann den genauen Einflüssen situativer Bedingungen nach und kam zu dem Schluss, dass bei individualistischer Ausrichtung der Akteure stabile Vertrauensbeziehungen dann entstehen, wenn 1. die Erwartung an das Verhalten des anderen Spielers 2. die eigene Intention, 3. die Sanktionsmechanismen bei Erwartungsenttäuschung und 4. das Verfahren zur Absolution, um zu einer Kooperation zurückgelangen zu können, klar kommuniziert werden.[166]

2.4 Vertrauen in der Neuen Institutionenökonomik

In der Ökonomie ist das Interesse an dem Vertrauenskonstrukt eng mit der Entwicklung der NIÖ verbunden.[167] Während die neoklassische Markttheorie davon ausgeht, dass alle Akteure vollständig und symmetrisch informiert sind und sich die Koordination der Entscheidungen am Markt einzig und allein über den Preis definieren lässt, entzieht die NIÖ den Akteuren ihre allwissende Eigenschaft und versucht zu erklären, wie aufgrund von Spezialisierung und Ressourcenknappheit aufeinander angewiesene Wirtschaftssubjekte trotz begrenzter Rationalität, Moral und Informationen sinnvolle Transaktionen abwickeln können.[168] Die realitätsnahen Annahmen der NIÖ führen dazu, dass die Teilnahme am Marktgeschehen für die Akteure mit Unsicherheit und Erwartungsbildung einhergeht, was viele Autoren dazu veranlasst, dass Vertrauenskonstrukt in das Gebilde der NIÖ zu integrieren. Große Beachtung erhielt dabei die Ausführung von Ripperger, auf die im letzten Teil dieses Abschnitts eingegangen wird. Vorher wird auf das Vertrauensverständnis von Williamson einzugehen sein, der eine ökonomisch orientierte Verwendung von Vertrauen ablehnt. Den Einstieg in diesen Abschnitt soll eine kurze Darlegung der Kernthesen der NIÖ erleichtern.

---

[165] Vgl. Deutsch (1958), S. 272 f.

[166] Deutsch (1958), S. 273: „In sum, the following elements appear to be involved in a stable cooperative system: (1) expectation, (2) intention, (3) retaliation, and (4) absolution."

[167] Vgl. Albach (1980), S. 3 ff.; Gilbert (2007), S. 61 ff; Gilbert (2009), S. 185 f.

[168] Vgl. Jansen (2004), S. 597; Gilbert (2007), S. 66; Vollständig bedeutet, dass die Akteure alle Handlungsalternativen, Umweltzustände, Eintrittswahrscheinlichkeiten und Ergebnisse kennen; Symmetrisch, dass bei Transaktionen alle Beteiligten über die gleichen Informationen verfügen. Vgl. Schauenberg (2005), S. 34.

2.4.1 Kennzeichnung der Neuen Institutionenökonomik

Ausgangspunkte der NIÖ sind der bereits im Rahmen der Sozialtheorie Colemans vorgestellte methodologische Individualismus und das Streben der Akteure nach Nutzenmaximierung. Als zentrale Verhaltensannahmen gelten Opportunismus und begrenzte Rationalität. Die Opportunismusprämisse besagt, dass ein Akteur bei der Durchsetzung seiner Interessen die mögliche Schädigung anderer Akteure bewusst in Kauf nimmt, indem er nicht davor zurückschreckt, diese mit Arglist und ohne moralische Skrupel zu verfolgen.[169] Eine solche Annahme unterstellt, dass Akteure nicht nur divergierende Nutzenfunktionen besitzen, sondern kompetitive bzw. konfliktäre. Das Konzept der begrenzten Rationalität geht auf Simon zurück, der als einer der Ersten festhielt, dass Menschen den Willen haben, rational zu handeln, ihre kognitiven Fähigkeiten, Informationen aufzunehmen und zu verarbeiten aber begrenzt sind, wodurch ihre Entscheidungsfindung nur im Hinblick auf die ihnen zur Verfügung stehenden Informationen als rational gilt. Vielmehr ist dann die Rede von begrenzter Rationalität, womit zum Ausdruck kommen soll, dass Entscheidungsträger zwar dazu intendieren, rational zu handeln, dies aber aufgrund genuiner Einschränkungen bei der Informationsaufnahme und Informationsverarbeitung letztlich nur begrenzt umsetzen können.[170]

Im Mittelpunkt aller Überlegungen der NIÖ stehen die Auswirkungen von Institutionen auf das menschliche Verhalten und die Möglichkeiten ihrer effizienten Gestaltung. Institutionen dienen handelnden Akteuren als Wegweiser bei der Aufstellung und Realisierung ihrer Pläne und erteilen bei Missachtung Sanktionen.[171] Definiert werden können sie als „set of rights and obligations affecting people in their economic life"[172]. Dieses Set wird sehr weit gefasst und besteht aus Gesetzen, Normen, Regeln und korporati-

169 Vgl. Williamson (1993a), S. 458.

170 Vgl. Simon (1979), S. IX und S. 118: „The central concern of administrative theory is with the boundary between the rational and the nonrational aspects of human social behavior. Administrative theory is peculiarly the theory of intended and bounded rationality – of the behavior of human beings who satisfice because they have not the wits to maximize."

171 Vgl. Voigt (2009), S. 26 f.

172 Matthews (1986), S. 905.

von Gebilden, die Einfluss auf die Koordination und Motivation der Wirtschaftssubjekte nehmen.[173]

Insgesamt stellt die NIÖ heute kein geschlossenes Theoriegebilde dar, sondern besteht aus mehreren Ansätzen, die sich gegenseitig ergänzen oder überschneiden, teilweise aber auch unterscheiden.[174] Die Vielfalt der Ansätze lässt sich in die drei Bereiche „Transaktionskostentheorie", „Prinzipal-Agent-Theorie" und „Property-Rights-Theorie" einordnen. Während die „Property-Rights-Theorie" die Gestaltung und Verteilung von Handlungs- und Verfügungsrechten an einem Gut analysiert, untersuchen die miteinander eng verwandten Ansätze der „Prinzipal-Agent-Theorie" und der „Transaktionskostentheorie" die Gestaltungsmöglichkeiten von Austauschbeziehungen zwischen Wirtschaftssubjekten.[175]

Die Prinzipal-Agent-Theorie

Gegenstand der Prinzipal-Agent-Theorie ist die Beziehung zwischen einem Auftraggeber (Prinzipal) und einem Auftragnehmer (Agent).[176] Untersucht wird, wie der Prinzipal seine Ziele erreichen kann, obwohl ihm aufgrund von Arbeitsteilung die Fähigkeiten, das Wissen oder sonstige Ressourcen fehlen und er einen Agenten engagieren muss, von dem er vermutet, dass er die Eigenschaften besitzt, um seine Ziele zu erreichen. Aus Sicht des Prinzipals offenbart diese Konstellation zwei unerwünschte Sachverhalte: Sie drückt zunächst seine Abhängigkeit vom Agenten aus und verdeutlicht zudem, dass er mit Unsicherheit konfrontiert ist.[177] Die Unsicherheit des Prinzipals kann zu unterschiedlichen Zeitpunkten vorliegen.[178] Zunächst kann er nicht sicher sein, ob der ausgewählte Agent die erforderliche Qualität besitzt (Qualitätsunsicherheit). Er kann auch nicht über die nötigen Informationen oder Kenntnisse verfügen, um im weiteren Verlauf

---

[173] Vgl. Picot und Schuller (2004), S. 515. Die Bedeutung von Institutionen haben bereits die Klassiker der Ökonomie wie Adam Smith oder John Stuart Mill in ihre Überlegungen einbezogen. Gesetze und Regeln ermöglichten für sie erst die volle Funktionsfähigkeit des Marktes. Allerdings wurden diese Überlegungen durch die auf formalen Modellen aufbauende Neoklassik, die mit Hilfe ihrer vereinfachenden Prämissen die Wirtschaftswelt mathematisch exakt beschreiben und optimieren konnte und zu einer großen Faszination der Wissenschaftler führte, teilweise verdrängt. An den realitätsfernen Annahmen wurde aber auch immer wieder Kritik geübt, so zum Beispiel von Hayek (1976), S. 126: „Es kann offensichtlich nicht das Normale sein, dass jede Person, die sich am Markt beteiligt, vollkommene Kenntnis von allem besitzt, das den Markt beeinflusst." Daher die Unterscheidung in alte und neue Institutionenökonomik. Vgl. Göbel (2002), S. 48.

[174] Vgl. Picot et al. (2003), S. 44.

[175] Zur Property-Rights-Theorie siehe Alchian und Demsetz (1973), S. 16 ff.

[176] Vgl. Jensen und Meckling (1976), S. 308.

[177] Vgl. Gilardi und Braun (2002), S. 147.

[178] Vgl. Hartmann-Wendels et al. (2015), S. 99.

der Beziehung zu beurteilen, ob der Agent das Richtige und Notwendige tut, damit er seinen Zielen näher kommt (Verhaltensunsicherheit).[179] Schließlich dient auch das Ergebnis nicht als geeigneter Indikator, denn dieses kann neben dem Fleiß des Agenten auch vom Zufall abhängen (Ergebnisunsicherheit).[180] Aus der grundsätzlich wünschenswerten und vorteilhaften Arbeitsteilung und Spezialisierung resultieren also ein Informationsnachteil des Auftraggebers und ein Informationsvorsprung des Auftragnehmers.[181]

Diese Informationsimparität kann den besser informierten Agenten dazu verleiten, den schlechter informierten Prinzipal auszunutzen, ohne dass dieser etwas dagegen unternehmen kann. Ahnt der schlechter informierte Prinzipal allerdings diese Gefahr, wird er Geschäfte mit dem Agenten vermeiden, wodurch auch mögliche sinnvolle Transaktionen unterbleiben. Deshalb haben beide Seiten ein Interesse an einer Nivellierung der Informationen.[182]

Die Gefahr, den falschen Agenten auszuwählen (Adverse Selection), lässt sich durch Ansätze wie Screening und Signalling reduzieren. Als Screening werden alle Aktivitäten bezeichnet, die vom Prinzipal ausgehen und das Ziel verfolgen, ihm genauere Informationen über die relevanten Qualitätsmerkmale des Agenten bereitzustellen. Beim Signalling sendet der Agent dem Prinzipal Informationen, die seine Eignung unterstreichen sollen.[183] Im Gegensatz zur Auswahl des falschen Agenten kann das Problem des moralischen Risikos (Moral Hazard) erst im Verlauf der Prinzipal-Agent-Beziehung auftreten. Moralisches Risiko ist das Resultat von Opportunismus. Es beruht auf der unvollständigen und verzerrten Weitergabe von Informationen (Hidden Information) und umfasst verborgene Handlungen (Hidden Action) des Agenten nach Vertragsschluss, die gegen Geist und Inhalt des Vertrags verstoßen und zu Lasten des schlechter informierten Akteurs gehen. Diese Gefahr ist umso größer, je breiter die Verhaltensspielräume des Agenten sind. Das Problem der nachvertraglichen Verhaltensunsicherheit kann der Prinzipal durch Monitoring oder Anreizsysteme reduzieren. Monitoring ist der Versuch des Auftraggebers, diskretionäre Verhaltensspielräume des Agenten einzu-

[179] Vgl. Gilardi und Braun (2002), S. 147 f.
[180] Vgl. Hartmann-Wendels et al. (2015), S. 102.
[181] Vgl. Wolff (2009), S. 122.
[182] Vgl. Börner (2008), S. 15.
[183] Vgl. Heyd und Beyer (2011), S. 34.

engen und sich Transparenz über seine Handlungen zu verschaffen.[184] Anreizsysteme können definiert werden als eine Menge von Anreizen (Belohnungen und Bestrafungen) und eine Menge von Kriterien (Leistungsmaßen, Bemessungsgrundlagen), die zueinander in Relation gesetzt werden. Sie sollen den Agenten motivieren, die Ziele des Prinzipals zu verfolgen.[185]

Alle genannten Maßnahmen verfolgen das Ziel, den Prinzipal vor der Auswahl eines falschen Agenten und dessen opportunistischen Verhaltensweisen zu schützen. Allerdings haben alle Instrumente auch einen gemeinsamen Nachteil: Sie sind mit Kosten verbunden. Die Summe der Kosten wird in der Prinzipal-Agent-Theorie als „Agency Costs" definiert und in „Monitoring Costs", „Bonding Costs" und „Residual Loss" unterteilt. „Monitoring Costs" fallen beim Prinzipal an und umfassen seine Kosten für die Maßnahmen zur Überwachung des Agenten. Alle Kosten des Agenten, die zu einer Senkung der Informationsasymmetrie beitragen sollen, werden unter „Bonding Costs" subsumiert. Auch wenn der Prinzipal hohe Kontrollkosten und der Agent hohe Signalisierungskosten in Kauf nehmen, kommt es dennoch zu keiner vollständigen Eliminierung von ungleich verteilten Informationen. Weiterhin besteht eine Abweichung zwischen dem Ergebnis, welches bei vollkommener Informationsausstattung der Akteure existieren würde und dem Resultat, welches nach größtmöglichen Minimierungsversuchen der Informationsasymmetrie vorliegt. Diese Differenz ist der verbleibende Wohlfahrtsverlust und wird als „Residual Loss" betitelt.[186]

Die Transaktionskostentheorie

Den Kern der Transaktionstheorie bilden die Austauschbeziehungen zwischen den spezialisierten Akteuren arbeitsteiliger Wirtschaftssysteme. Der Begriff des Akteurs setzt zunächst an einem Individuum an, umfasst aber auch organisierte Gebilde wie Unternehmen oder Staaten.[187] Williamson sieht Transaktionskosten als das ökonomische Gegenstück zu Reibungsverlusten beim Betrieb einer Maschine.[188] Wenn Wirtschaftssub-

[184] Vgl. Hochhold und Rudolph (2009), S. 139.
[185] Vgl. Winter (1997), S. 616; Mensch (1999), S. 687.
[186] Vgl. Jensen und Meckling (1976), S. 308 ff.
[187] Vgl. Picot et al. (2015), S. 70.
[188] Vgl. Williamson (1985), S. 1. Oliver Williamson wurde im Jahre 2009 für seine wegweisenden Arbeiten zur Transaktionskostentheorie der Nobelpreis für Wirtschaftswissenschaften zuerkannt. Vgl. nobelprize.org oder für eine umfangreiche Hintergrundinformationen Lorz (2009) oder Groth (2009). Auch der Begriff „the new institutional economics" geht auf Oliver E. Williamson zurück. Vgl. Coase (1998), S. 72.

jekte miteinander interagieren, entstehen ebenfalls Reibungen, die Transaktionskosten verursachen.[189]

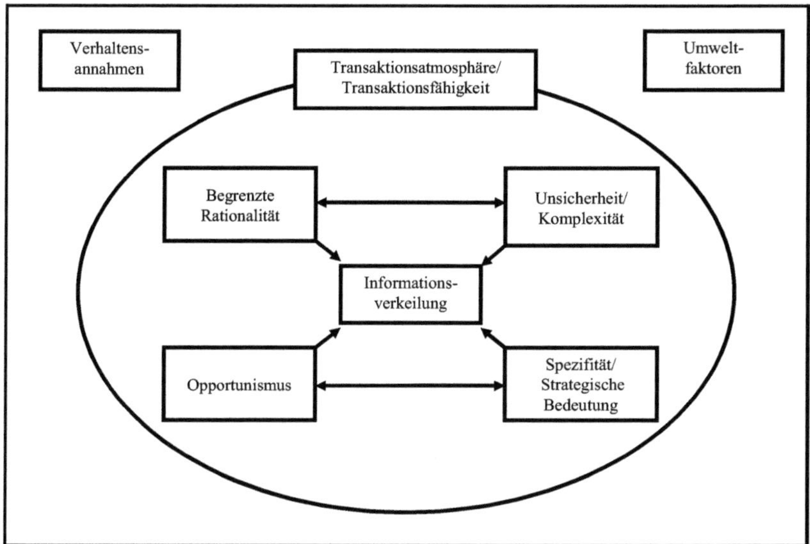

Abbildung 8: Einflussgrößen auf die Transaktionskosten.[190]

In Abhängigkeit der Phase einer Transaktion werden verschiedene Arten von Kosten unterschieden. Dabei sind neben monetär greifbaren Beträgen auch schwer quantifizierbare Nachteilskomponenten wie Mühe und Zeit in die Überlegungen zu integrieren.[191] Ebenso dürfen Opportunitätskosten nicht außerhalb der Betrachtung bleiben.[192] Die Höhe der Transaktionskosten orientiert sich an dem von Williamson entwickelten „Organizational Failures Framework“[193], welches die Einflussgrößen identifiziert und zueinander in Beziehung setzt (vgl. Abbildung 9).

2.4.2 Das Vertrauensverständnis von Williamson

Williamson betont in seinen früheren Ausführungen die Bedeutung von Vertrauen („To be sure, trust is important and businessmen rely on it much more extensively than is

---

[189] Während Williamson Transaktionskosten als „costs of contracting“ bezeichnet, definiert sein Lehrer Arrow sie als „costs of running the economic system”. Williamson (1996), S. 5; Arrow (1969) S. 48.
[190] Vgl. Williamson (1975), S. 40.
[191] Vgl. Picot et al. (2012), S. 71.
[192] Vgl. Kaas und Fischer (1993), S. 688.
[193] Williamson (1975), S. 40.

commonly realized“[194]), ohne es jedoch in sein „Framework“ zu integrieren. In späteren Arbeiten rezipiert er Vertrauen allerdings nicht mehr im ökonomischen Kontext, sondern ist der Ansicht, dass „trust, if it obtains at all, is reserved for very special relations between family, friends, and lovers”[195].

Diese ablehnende Haltung von Williamson gegenüber Vertrauen im ökonomischen Kontext mag zunächst verwirren, erscheint aber vor dem Hintergrund seiner Opportunismusauslegung letztlich konsequent. Für ihn stellt Opportunismus eine radikale Form des individuellen Nutzenstrebens dar: „Opportunism, however, is more than simple self-interest seeking. It is self-interest seeking with guile: agents who are skilled at dissembling realize transactional advantages”.[196] Nach Williamson versuchen ökonomische Akteure, eigene Interessen mit List, Tücke und Täuschung durchzusetzen. Moralische Grenzen verschwinden und vertragliche Verpflichtungen werden nicht beachtet.[197] Eine derart radikalisiert solipsistische Interessenverfolgung wird aufgrund unterschiedlicher Sozialisation der Akteure nicht durchgehend anzutreffen sein.[198] Die Schwierigkeit liegt allerdings darin, zu erkennen, welche Akteure in starkem Maße egoistisch handeln werden. Das Identifikationsproblem führt dazu, dass Opportunismus als Handlungsmaxime unterstellt wird.[199] Wenn als Handlungsmaxime Opportunismus angenommen wird, folgt daraus permanentes Misstrauen gegenüber dem Vertragspartner. Wie dennoch ökonomische Austauschbeziehungen erfolgen, erklärt Williamson ausschließlich mithilfe der drei Variablen Preis (P), Sicherheiten (S) und das Risiko (K) (vgl. Abbildung 9).

Typ A stellt einen einfachen Tauschvorgang ohne Risiko ($K = 0$) dar, bei dem Leistung und Gegenleistung gleichzeitig erfolgen. Liegt kein Risiko vor, existiert auch kein Ansatzpunkt für Vertrauen.[200] Der Anbieter wird in der Situation den kostendeckenden Preis P1 verlangen.[201]

---

194 Williamson (1975), S. 108.
195 Williamson (1993a), S. 484.
196 Williamson (1975), S. 255.
197 Williamson (1985), S. 47.
198 Vgl. Williamson (1993b), S. 98.
199 Vgl. Williamson (1984), S. 199; Williamson (1985), S. 64.
200 Williamson (1993a), S. 468: „Node A poses no risk, hence trust is unneeded.”
201 Vgl. Williamson (1993a), S. 467.

Typ B beinhaltet ein gewisses Risiko ($K > 0$) und keine Sicherheiten($S = 0$). Das Risiko einer Leistung kann aus seiner Spezifität resultieren.[202] Wenn keine Sicherheiten vorliegen, wird der Anbieter für seine Leistung einen hohen Preis $\bar{P} > P_1$ fordern, weil er das Risiko nur dann eingeht, wenn er im Gegenzug Aussicht auf einen hohen Gewinn hat. Der hohe Preis entspricht einer Prämie für mögliches opportunistisches Verhalten. Bei opportunistisch handelnden Vertragspartnern werden Verluste verbucht, bei nicht opportunistisch handelnden Austauschpartnern hohe Gewinne erzielt. Ob ein Geschäftsabschluss zustande kommt, hängt also allein vom Preis und der entsprechenden Kalkulation ab und nicht vom Vertrauen. Typ B ist nach Williamson tendenziell instabil und neigt entweder zum Typ A oder C.[203]

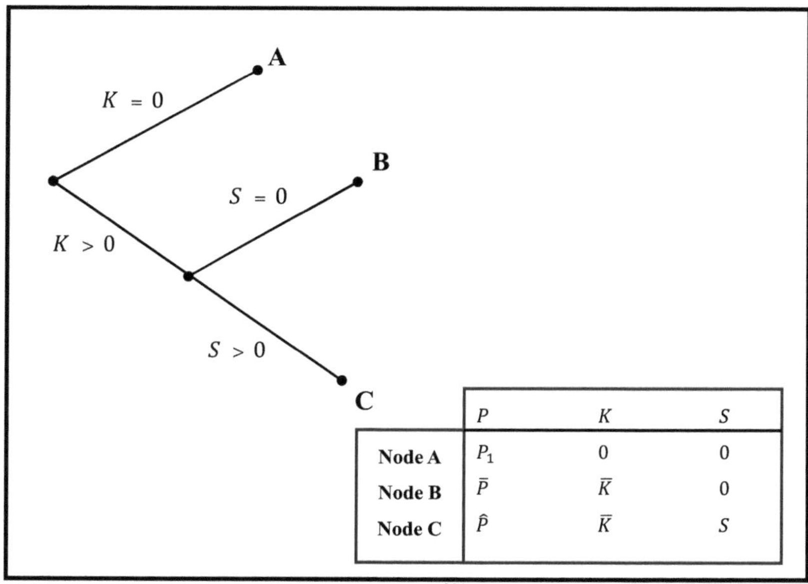

	P	K	S
Node A	P_1	0	0
Node B	$\bar{P}$	$\bar{K}$	0
Node C	$\hat{P}$	$\bar{K}$	S

Abbildung 9: Vertragsschema nach Williamson.[204]

---

[202] Die Spezifität drückt die für eine bestimmte Transaktion getätigte Investition aus. Mit zunehmender Spezifität einer Leistung erhöhen sich die gegenseitigen Abhängigkeiten und Absicherungsbedürfnisse, weil im Extremfall nur ein einziger Anbieter und nur ein einziger Nachfrager sich gegenüberstehen. Vgl. Kaas und Fischer (1993), S. 688; Williamson (1991), S. 16; Vogt (1997), S. 21 ff.

[203] Vgl. Williamson (1985), S. 34.

[204] Williamson (1993a), S. 468.

Bei Typ C existieren Sicherheiten ($S > 0$), wodurch die Gefahr für opportunistisches Verhalten sinkt und deshalb ein niedrigerer Preis als bei Typ B verlangt wird. Auch hier bedarf es nach Williamson keinem Vertrauen, sondern einer Kalkulation anhand der Sicherheiten und des Preises.[205] Bei den Sicherheiten nimmt er keine Unterscheidung in explizite und implizite Sicherheiten vor, wie sein Beispiel über die Diamantenhändler in New York, die ihre Geschäfte nur mithilfe eines einfachen Handschlags besiegeln, zeigt. Eine explizite Vereinbarung wird nicht benötigt, weil die Gefahr, bei opportunistischer Verhaltensweise mit einer stark ausgeprägten sozialen Sanktion zu rechnen, als implizite Sicherheit greift.[206] Auch hier geht es nach Williamson also letztlich nicht um Vertrauen, sondern um Kalkulation in Form einer Abwägung zwischen möglichem kurzfristigen Profit und drohendem langfristigen Ausschluss aus der Gemeinschaft.

Williamson unterstellt also, dass es den Akteuren mithilfe rationaler Kalkulation entlang der Variablen Preis, Risiko und Sicherheit gelingt, Verträge so zu gestalten, dass das Problem der Verhaltensunsicherheit behoben und damit der Bedarf an Vertrauen eliminiert wird. Jeder Tausch basiert nach Williamson letztlich auf einer rein rational kalkulierten Absicherung.[207]

2.4.3 Vertrauensbeziehung als implizite Vertragsbeziehung nach Ripperger

Im Gegensatz zu Williamson bringt Ripperger Vertrauen in Zusammenhang mit der NIÖ, indem sie die Vertrauensbeziehung selbst als Prinzipal-Agent-Beziehung modelliert und als „implizite Vertragsbeziehung“[208] auslegt, dessen Gegenstand die Erfüllung einer Vertrauenserwartung ist.[209] Dem Vertrauensgeber kommt dabei die Rolle des Prinzipals und dem Vertrauensnehmer die Rolle des Agenten zu (vgl. Abbildung 10). Die Entscheidung für Vertrauen erfolgt allerdings weder grundlos, noch kostenlos, sondern ist wie die konkrete Ausgestaltung von Kontrolle das Ergebnis eines

205 Vgl. Williamson (1993a), S. 469:„Indeed, I maintain that trust is irrelevant to commercial exchanges and that reference to trust in this connection promotes confusion.“

206 Vgl. Williamson (1993a), S. 465 und 471f.

207 Williamson (1993a), S. 461:„Accordingly, farsighted parties purposefully create bilateral dependency and support it with contractual safeguards, but only in the degree to which the associated investments are cost-effective. Because price, asset specificity, and contractual safeguards are all determined simultaneously, calculativeness is the solution to what would otherwise be a problem.“

208 Ripperger (1998), S. 72.

209 Vgl. Ripperger (1998), S. 72.

Kalkulationsprozesses und gründet auf einer Vertrauenserwartung und einer anschließenden Vertrauenshandlung, auf die nun näher eingegangen wird.

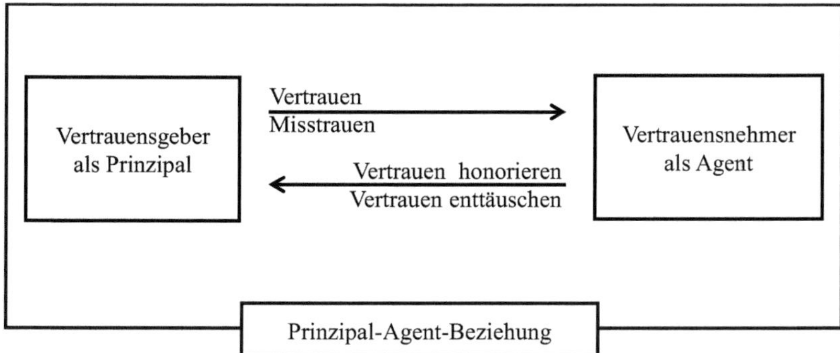

Abbildung 10: Die Vertrauensbeziehung als Prinzipal-Agent Beziehung.[210]

2.4.3.1 Die Vertrauenserwartung des Prinzipals

Der rationale Entscheidungsprozess der Vertrauensvergabe beginnt mit der Vertrauenserwartung des Prinzipals und entspricht der „subjektive[n] Wahrscheinlichkeit, die dieser der Absicht vertrauenswürdigen Verhaltens durch den Vertrauensnehmer beimißt“[211]. Die relevanten Einflussgrößen auf die Vertrauenserwartung lassen sich folgendermaßen abbilden (vgl. Abbildung 11):

Die Umweltzustände $z1$ bis zn beschreiben die möglichen Ereignisse, die Einfluss auf die Motivation des Agenten ausüben und vom Prinzipal antizipiert werden. Die subjektiv wahrgenommenen Eintrittswahrscheinlichkeiten der relevanten und sich gegenseitig ausschließenden Umweltzustände kommen in p_{z1} bis p_{zn} zum Ausdruck und addieren sich zu eins. Die Größen m_{z1} bis m_{zn} geben die geschätzte Stärke der Motivation des Agenten an, unter den entsprechenden Umweltzuständen nutzenstiftend für den Prinzipal zu handeln und resultieren aus seiner Nutzenfunktion.

[210] Vgl. Ripperger (1998), S. 71.
[211] Ripperger (1998), S. 130 f.

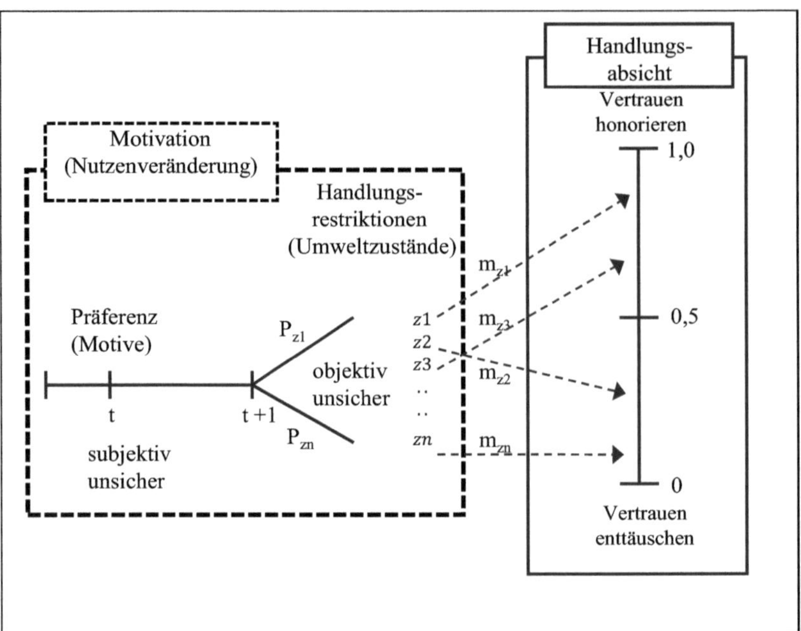

Abbildung 11: Variablen in der Vertrauenserwartung des Vertrauensgebers.[212]

Die Wahrscheinlichkeitswerte liegen ebenfalls zwischen null und eins. Die subjektive Einschätzung $E[A]$ des Prinzipals über die vertrauensvolle Absicht eines Agenten ergibt sich aus der Summe über die Produkte der jeweiligen Eintrittswahrscheinlichkeit eines Umweltereignisses und der zugehörigen geschätzten Motivation des Agenten:[213]

$$E\ [A] = \sum_{i=1}^{n} p_{zi} * m_{zi}$$

wobei gilt: $0 \leq p_{zi}\ , m_{zi}\ \leq 1$

Ist die Motivation mzi bei allen Umweltzuständen zi gleich, ist die Absicht des Agenten völlig stabil, d.h. die Varianz ist gleich Null und die Erwartung des Prinzipals sicher. Variiert hingegen die Motivation mzi stark mit unterschiedlichen Umweltzustän-

[212] Ripperger (1998), S. 115.
[213] Vgl. Ripperger (1998), S. 115 f.

den z_i, ist die Motivation des Agenten instabil und entsprechend unsicher die Erwartung des Prinzipals.[214]

Deshalb wird der Prinzipal Agenten vorziehen, bei denen er einen starken Einfluss auf die Handlungsabsichten ausüben kann und die nicht auf Ereignisse außerhalb der Kontrolle des Prinzipals fokussiert sind. Wären die Absichten des Agenten zu stark auf Ereignisse außerhalb des Einflussbereichs des Prinzipals gerichtet, dann bliebe ihm nur die Hoffnung auf den Eintritt der für ihn günstigen Umweltzustände. Deshalb spricht Ripperger von „ wirklichem Vertrauen…, wenn die vertrauensvolle Erwartung des Vertrauensgebers mindestens 0,5 beträgt (ansonsten wäre sein Mißtrauen größer als sein Vertrauen) und die Varianz nicht allzugroß ist (ansonsten würde das hoffnungsvolle Element zu viel Raum einnehmen und das Moment des Vertrauens zu stark verdrängen)“[215].

2.4.3.2 Die Vertrauenshandlung des Prinzipals

Die oben dargestellte Vertrauenserwartung steht am Anfang eines Prozesses, an dessen Ende die Vertrauenshandlung stehen kann, aber nicht muss. Die Vertrauenshandlung äußert sich in Form von Ressourcenüberlassung oder Übertragung von Handlungsgewalt unter Verzicht auf Sicherungsmaßnahmen gegen opportunistisches Verhalten und stellt somit eine riskante Vorleistung dar, die ein Hold-up-Risiko begründet.[216] Die Höhe des Hold-up-Risikos hängt vom Wert und der Spezifität des Anvertrauten ab und konstituiert eine irreversible Investition, die den Prinzipal in ein einseitiges Abhängigkeitsverhältnis vom Agenten bringt.[217] Mit der Übertragung und der Annahme der Vorleistung entsteht eine Vertrauensbeziehung. Der Agent als Vertrauensnehmer muss dabei zwischen den beiden Optionen „Vertrauen bestätigen“ oder „Vertrauen enttäuschen“ wählen, wodurch er sein eigenes Nutzenniveau und das des Prinzipals steuert (vgl. Abbildung 10).Ein rationaler Agent wird sich vertrauenswürdig verhalten, wenn seine Kosten unter seinem erzielbaren Nutzen liegen.[218]

---

[214] Vgl. Ripperger (1998), S. 116.
[215] Ripperger (1998), S. 117.
[216] Ripperger (1998), S. 85: „Der Vertrauenseinsatz kann vielerlei materielle als auch immaterielle Formen einnehmen. Wesentlich ist, daß er für den Vertrauensgeber einen gewissen Wert besitzt und die Verfügungsgewalt des Vertrauensnehmers über diesen daher für ihn ein Risiko begründet.“
[217] Vgl. Ripperger (1998), S. 74 f.
[218] Vgl. Ripperger (1998), S. 77.

Für die Modellierung der Vertrauenshandlung setzt Ripperger an der Formel von Coleman an, wonach ein Vertrauensgeber vertraut, wenn die Wahrscheinlichkeit p eines Nutzengewinns G höher ist als die Wahrscheinlichkeit eines Nutzenverlusts L.

$$p \cdot \mathrm{G} > (1 - p) \cdot \mathrm{L}$$

Nach Ripperger bezieht sich die Vertrauenserwartung des Prinzipals zwar ausschließlich auf die Absicht des Agenten, seine Nutzenveränderung wird allerdings auch von exogenen Ereignissen, die außerhalb der Einflusssphäre des Agenten liegen, beeinflusst. Weil dem Prinzipal eine eindeutige Zuordnung nicht möglich ist, d.h. er ist nicht in der Lage festzustellen, „ob die Bewahrung des Anvertrauten tatsächlich auf vertrauenswürdigem Verhalten bzw. dessen Schädigung tatsächlich auf Vertrauensbruch im Sinne einer opportunistischen Ausnutzung der Hold up-Situation beruht, oder aber durch exogene Ereignisse außerhalb der Kontrolle des Vertrauensnehmers herbeigeführt wurde“[219], muss er in seine Erwartung auch mögliche Handlungen und Auswirkungen der Umwelt berücksichtigen.

Die geschätzte Eintrittswahrscheinlichkeit p eines nutzenstiftenden Ereignisses besteht dann aus der *„vertrauensvollen Erwartung“*[220] p^A, also der subjektiven Einschätzung der Handlungsabsicht des Vertrauensnehmers, und einer *„hoffnungsvollen Erwartung“*[221] p^N, worunter die außerhalb der Kontrolle des Agenten liegenden exogenen Umwelteinflüsse subsumiert werden.[222] Ein rational agierender Prinzipal wird dann eine Vertrauenshandlung vornehmen, wenn sein erwarteter Nutzen positiv ist:

$$E[U] = p^A * p^N * G + (1 - (p^A * p^N)) * L > 0$$

Ein positiver Nutzen allein reicht aber für die Erklärung einer Vertrauenshandlung nicht aus. Das mit der Vertrauenshandlung verbundene Risiko muss ebenfalls berücksichtigt werden. Als Ansatz für die Risikobewertung zieht Ripperger das Erwartungsnutzenkri-

219 Ripperger (1998), S. 119.
220 Ripperger (1998), S. 120.
221 Ripperger (1998), S. 120.
222 Vgl. Ripperger (1998), S. 120.

terium heran, wonach das Risiko aus der Streuung der tatsächlichen Werte um den Erwartungswert bemessen wird. Ein risikoaverser Akteur zieht dabei einen sicheren Erwartungsnutzen einem unsicheren vor, d.h. risikoscheue Akteure sind bestrebt, die Streuung einer Wahrscheinlichkeitsverteilung bei gegebenem Mittelwert zu minimieren. Der Preis, den sie bereit sind zu zahlen, um von einem unsicheren Nutzenzuwachs zu einem sicheren Nutzenzuwachs zu gelangen, ist die Risikoprämie. Wird die Risikoprämie vom unsicheren Erwartungsnutzen abgezogen, verbleibt das Sicherheitsäquivalent. Der Nutzen des Sicherheitsäquivalents entspricht dem erwarteten Nutzen des unsicheren Nutzenzuwachses. Mit zunehmender Risikoaversion wächst die Risikoprämie und umso geringer ist das verbleibende Sicherheitsäquivalent. Ein Akteur wird eine Vertrauenshandlung vornehmen, wenn der erwartete Nutzen seiner Handlung positiv ist – siehe oben – und solange seine Risikoprämie nicht seinen erwarteten Nutzen übersteigt, d.h. sein Sicherheitsäquivalent positiv bleibt.[223]

Letztlich steht der Prinzipal – und das ist der neue Blickwinkel, wenn die Vertrauensbeziehung selbst als Prinzipal-Agent-Beziehung modelliert wird – vor der Schwierigkeit, ex ante einen vertrauenswürdigen Vertrauensnehmer auszuwählen (Adverse Selektion), weil ihm private Informationen und Präferenzen verborgen sind (hidden characteristics, hidden intention), ex interim den Umgang mit den Ressourcen und den Einsatz des Agenten eindeutig zu beurteilen (Moral Hazard) und ex post endgültig zu erkennen, ob ein nutzenstiftendes oder schädigendes Verhalten auf vertrauenswürdiges oder vertrauensunwürdiges Verhalten zurückzuführen ist oder auf günstige respektive widrige exogene Umwelteinflüsse.

2.5 Dynamische Vertrauensmodelle

In den bislang ausgeführten psychologischen, soziologischen und ökonomischen Arbeiten lag der Schwerpunkt der Betrachtung auf Seiten des Vertrauensgebers. Für Erikson hing die Vertrauensvergabe von der frühkindlichen Entwicklung des Vertrauensgebers ab, für Rotter von seinen Erfahrungen und bei Luhmann griff der Akteur zu Vertrauen oder Misstrauen, um die soziale Komplexität in seinem Umfeld zu überleben. In späteren sozialpsychologischen Arbeiten wurde Vertrauen mit Kosten- und Nutzenüberlegungen in Verbindung gebracht und seine Vergabe als kalkulierte Handlung nutzenmaximierender Individuen begriffen.

---

[223] Vgl. Ripperger (1998), S. 121 f.

Was in den bisheriger Arbeiten allerdings keine Beachtung erfuhr ist die Frage, was einen guten Vertrauensnehmer auszeichnet, d.h. warum bestimmten Personen oder Personengruppen mehr Vertrauen entgegengebracht wird als anderen. Auch dynamische Prozesse, insbesondere die Bewertung einer Vertrauensvergabe und die Schlussfolgerungen des Vertrauensgebers, blieben bisher unberücksichtigt.

Um auch ein Verständnis für diese beiden wichtigen Aspekte des Vertrauenskonstrukts zu entwickeln, werden in diesem Abschnitt die mit dem „Academy of Management Review Frame-Breaking, Innovative Theory Award“ ausgezeichnete Arbeit von Mayer, Davis und Schoorman und zwei dynamische Vertrauensmodelle von Zand vorgestellt.[224]

2.5.1 Das Vertrauensmodell von Mayer, Davis und Schoorman

Mayer et al. ist mit ihrem Artikel „An integrative Model of Trust“ gelungen, unterschiedliche Aspekte einer Vertrauensbeziehung in einem Modell zu vereinen. So berücksichtigt ihr Modell die Existenz von Informationen, den Zusammenhang zwischen Risiko und Vertrauen sowie die Beurteilung der Vertrauensvergabe. Vertrauen selbst wird als „willingness of a party to be vulnerable to the actions of another party based on the expectation that the other will perform a particular action important to the trustor, irrespective of the ability to monitor or control the other party”[225] definiert.

Ausgangspunkt ihres Modells ist die Annahme einer bestimmten Vertrauensneigung („propensity to trust“) beim Vertrauensgeber. Sie gilt als Ausdruck einer generellen und grundsätzlichen Vertrauensbereitschaft, die bei jedem Menschen vorliegt und aufgrund seiner Erfahrungen, kulturellen Entwicklung und Persönlichkeit unterschiedlich ausgeprägt ist – womit eine klare Analogie zu dem Vertrauensverständnis in der Psychologie ausgemacht werden kann. Solange der Vertrauensgeber über keine weiteren Informationen verfügt, wird die Vertrauensvergabe von seiner Vertrauensneigung bestimmt.

Im nächsten Schritt gehen die Autoren der Frage nach, warum einigen Vertrauensnehmern mehr Vertrauen entgegengebracht wird als anderen und kommen zu dem Ergebnis, dass bestimmte Akteure als Vertrauensnehmer bevorzugt werden, weil sie eine höhere wahrgenommene Vertrauenswürdigkeit vorweisen als andere Akteure. Die wahr-

---

[224] Zur Auszeichnung von Mayer et al. siehe Kilduff (2006), S. 793.
[225] Mayer et al. (1995), S. 712.

genommene Vertrauenswürdigkeit setzt sich aus den Fähigkeiten (ability), dem Wohlwollen (benevolence) und der Integrität (integrity) zusammen. Definiert werden diese drei Eigenschaften von Mayer et al. wie folgt:

„Ability is the group of skills, competencies, and characteristics that enable a party to have influence within some specific domain."[226]

„Benevolence is the extent to which a trustee is believed to want to do good to the trustor, aside from an egocentric profit motive."[227]

„The relationship between integrity and trust involves the trustor´s perception that the trustee adheres a set of principles that the trustor finds acceptable."[228]

Sobald Informationen über die Vertrauenswürdigkeit vorliegen, wird die Vertrauensvergabe nicht mehr allein durch die ursprüngliche Vertrauensneigung bestimmt, sondern hängt dann zudem von der wahrgenommenen Vertrauenswürdigkeit ab („Trust for trustee will be a function of the trustee`s perceived ability, benevolence, and integrity and of the trustor`s propensity to trust“[229]).

Die Vertrauensneigung und die wahrgenommene Vertrauenswürdigkeit erscheinen den Autoren als Erklärung für eine Vertrauensvergabe allerdings unzureichend, so dass eine zusätzliche Erweiterung um eine Risikoneigung („risk propensity“) vorgenommen wird, in die situationsspezifische Gegebenheiten einfließen.[230] „However, our approach differs in that propensity to trust others viewed as a trait that is stable across situations, whereas [...] risk propensity is more situation specific, affected both by personality characteristics (i.e., risk preference) and situational factors (i.e., inertia and outcome history)."[231] Die Risikoneigung ist letztlich die ausschlaggebende Komponente und steuert die konkrete Vertrauenshandlung in einer bestimmten Situation gegenüber einem bestimmten Akteur. Mayer et al. nehmen also eine eindeutige Trennung zwischen einer grundsätzlichen Vertrauensneigung, die als Vertrauen („Trust“), und der konkreten Ver-

---

226 Mayer et al. (1995), S. 717.
227 Mayer et al. (1995), S. 718.
228 Mayer et al. (1995), S. 719.
229 Mayer et al. (1995), S. 720.
230 Rückblickend stellen die Autoren fest: „One of the difficult conceptual decisions that we faced as we developed our definition of trust was to break with the widely accepted approach, to that point, that trust was dispositional and "trait-like" and to argue that trust was an aspect of relationship." Mayer et al. (2007), S. 344.
231 Mayer et al. (1995), S. 716.

trauenshandlung, die als Risikoübernahme („Risk taking in relationship") bezeichnet wird: „There is no risk taken in the willingness to be vulnerable (i.e., to trust), but risk is inherent in the behavioral manifestation of the willingness to be vulnerable."[232]

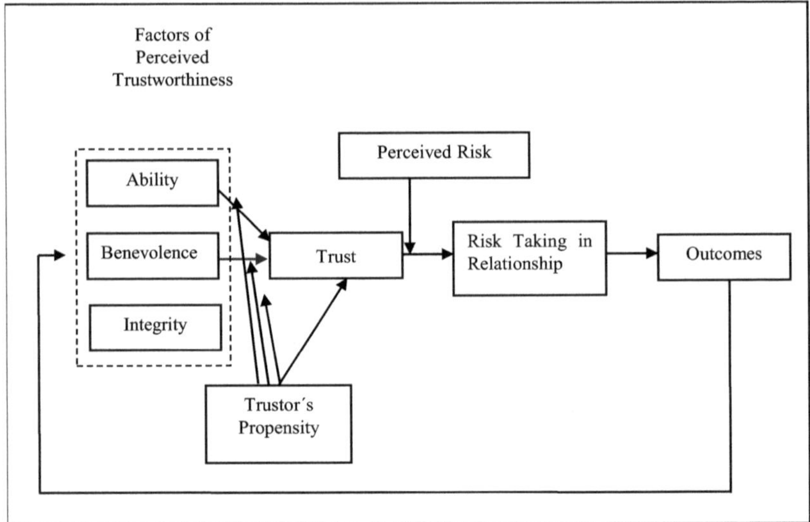

Abbildung 12: Vertrauensmodell von Mayer et al.[233]

Eine Vertrauenshandlung findet statt, wenn der Vertrauensgeber die Höhe seines Vertrauens mit der Höhe des wahrgenommenen Risikos in einer bestimmten Situation vergleicht und das Vertrauen einen persönlichen Schwellenwert übersteigt.[234] Das Ergebnis der Risikoübernahme wird den Vertrauensgeber schließlich dazu veranlassen, eine Aktualisierung seiner ursprünglichen Annahmen über die Vertrauenswürdigkeit des Vertrauensnehmers vorzunehmen. Dieser Rückkopplungsmechanismus entscheidet dann, ob eine erneute Vertrauensbeziehung mit dem Vertrauensnehmer zustande kommt oder nicht. Die Abbildung 12 fasst das Modell von Mayer et al. noch einmal zusammen.

232 Mayer et al. (1995), S. 724.

233 Mayer et al. (1995), S. 715.

234 Mayer et al. (1995), S. 726: „We propose that the level of trust is compared to the level of perceived risk in a situation. If the level of trust surpasses the threshold of perceived risk, then the trustor will engage in the RTR [risk taking in relationship]. If the level of perceived risk is greater than the level of trust, the trustor will not engage in the RTR."

2.5.2 Das Vertrauensmodell von Zand

Zand, der in seinen Untersuchungen den Zusammenhang zwischen der Vertrauensvergabe von Managern und dem Problemlösungsverhalten analysiert, kommt zu dem Ergebnis, dass niedrigere Zielerreichung bei einer Problemlösung mit einem niedrigen gegenseitigen Vertrauen zusammenhängt, höhere Zielerreichung hingegen auf ein stark ausgeprägtes gegenseitiges Vertrauen zurückzuführen ist. Bei der Begriffsbestimmung greift er auf die Definition von Deutsch zurück, wonach eine Vertrauensvergabe die Verwundbarkeit des Vertrauensgebers steigert, gegenüber einer Person erfolgt, die nicht seiner Kontrolle unterliegt und der Schaden bei Vertrauensmissbrauch schwerer wiegt als der Nutzen bei Nichtmissbrauch.[235] Ergänzt wird diese Definition um den Zusatz, dass Vertrauen einer bewussten Regulierung unterliegt, die je nach Aufgabe, Situation und Person variiert.[236]

Um den dynamischen und prozesshaften Charakter von Vertrauen zu konkretisieren, stellt Zand zwei Modelle vor, die sich in ihren Annahmen gleichen, aber unterschiedliche Schwerpunkte setzten. Das erste Modell („A model of the relationship of trust to information, influence, and control") bildet die Transformation eines inneren Vertrauens- bzw. Misstrauenszustandes in eine Vertrauens- bzw. Misstrauenshandlung ab und verdeutlicht die Auswirkungen auf den Informationsaustausch, die Akzeptanz von Einflussnahme und das Kontrollverhalten. Das zweite Modell („A model of the interactions of two persons with similar intentions and expectations regarding trust“) legt den Fokus auf die sich selbst verstärkende Dynamik von Vertrauen, die aus dem Zusammenspiel der Absichten, Erwartungen sowie den Wahrnehmungen der Akteure determiniert wird. Die Argumentationslinien beider Modelle werden nun in ihren Grundzügen vorgestellt. Das erste Modell geht davon aus, dass das anfängliche Verhalten eines Interaktionspartners von seinen „predisposing beliefs“[237] gesteuert wird.[238] Anfängliches fehlendes Vertrauen führt dazu, dass relevante Informationen zunächst zurückgehalten werden oder der Austausch von Ideen, Empfindungen oder Gedanken verhindert wird, um die eigene

---

[235] Vgl. Zand (1972), S. 230.

[236] Zand (1972), S. 230: „Thus trust, as the term we used in this paper, is not a global feeling of warmth or affection, but the conscious regulation of one`s dependence on another that will vary with the task, the situation, and the other person."

[237] Zand (1997), S.94.

[238] Zand (1997), S. 94: „These beliefs come from the leader`s view of whether the other people have strong opposing interests, her past experiences with the other people, and what she has heard about the reputation of the other people."

Verwundbarkeit zu begrenzen. Gleichzeitig werden den Versuchen einer Einflussnahme des Gegenübers ausgewichen und die Vorschläge zur Zielerreichung blockiert.

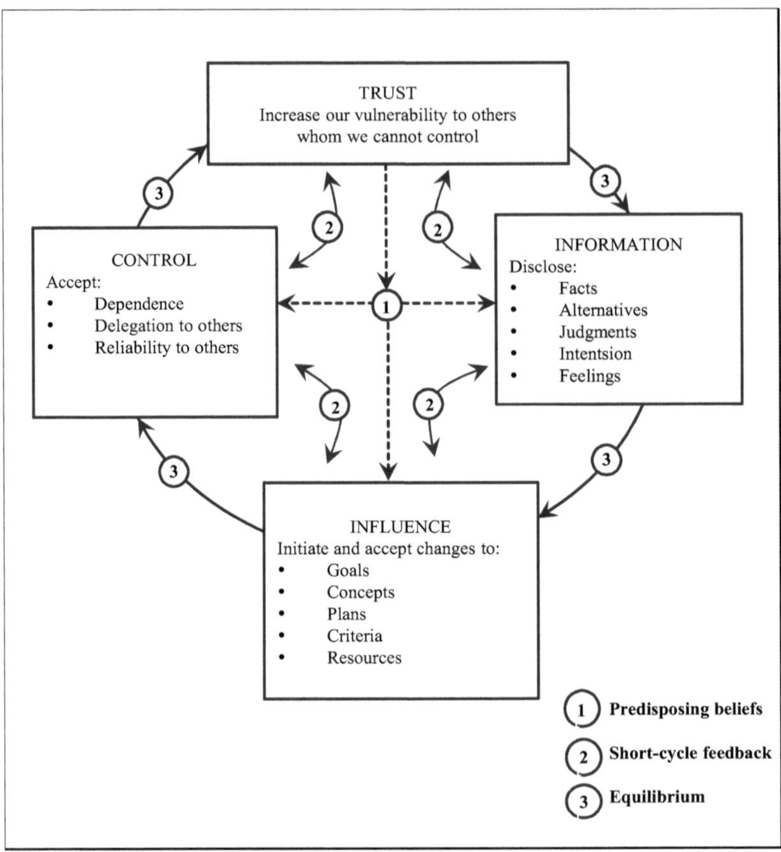

Abbildung 13: A Spiral Model of Trust.[239]

Vielmehr wird verstärkt das Verhalten des Gegenübers kontrolliert, statt in Koordination miteinander zu interagieren. Anfängliches vorhandenes Vertrauen hingegen hat den gegenteiligen Effekt auf den Informationsaustausch, die Kontrolle und die Einflussnahme.[240]

[239] Zand (1997), S. 93.
[240] Vgl. Zand (1972), S. 230 f.

Diese ursprüngliche Einstellung des Vertrauensgebers erhält im Laufe einer Interaktion Impulse, wodurch sie entweder eine Bestätigung erfährt oder widerlegt wird. Dieser „short cycle feedback“[241] führt entweder zu einer Änderung der anfänglichen Vorstellung oder zu einer Bestätigung und führt dazu, dass sich die Beziehung auf einem hohen oder einem niedrigen Vertrauenslevel einpendelt („equilibrium“).[242] Die nachfolgende Abbildung zeigt noch einmal die Auswirkungen eines anfänglichen Vertrauens auf den Informationsaustausch, die Akzeptanz von Einflussnahme und das Kontrollverhalten.

In dem zweiten Modell geht es darum, wie anfängliches gegenseitiges Vertrauen oder Misstrauen sich im Laufe einer Beziehung verstärkt. Wenn Akteur P in eine Interaktion mit der Absicht eingeht, Akteur O zu vertrauen und die gleiche Absicht beim Gegenüber nicht nur erwartet, sondern auch tatsächlich wahrnimmt, wird zwischen den Akteuren eine sich gegenseitig verstärkende Vertrauensspirale ausgelöst. Sie führt dann zur Offenlegung von Informationen, der Zulassung von Einflussnahme und der Reduzierung von Kontrollbemühungen. Analog zur positiven Verstärkung kann beiderseitiges fehlendes Vertrauen zu starkem gegenseitigen Misstrauen führen, wie folgende Abbildung veranschaulicht:

[241] Zand (1972), S. 230.
[242] Vgl. Zand (1997), S. 94 f.

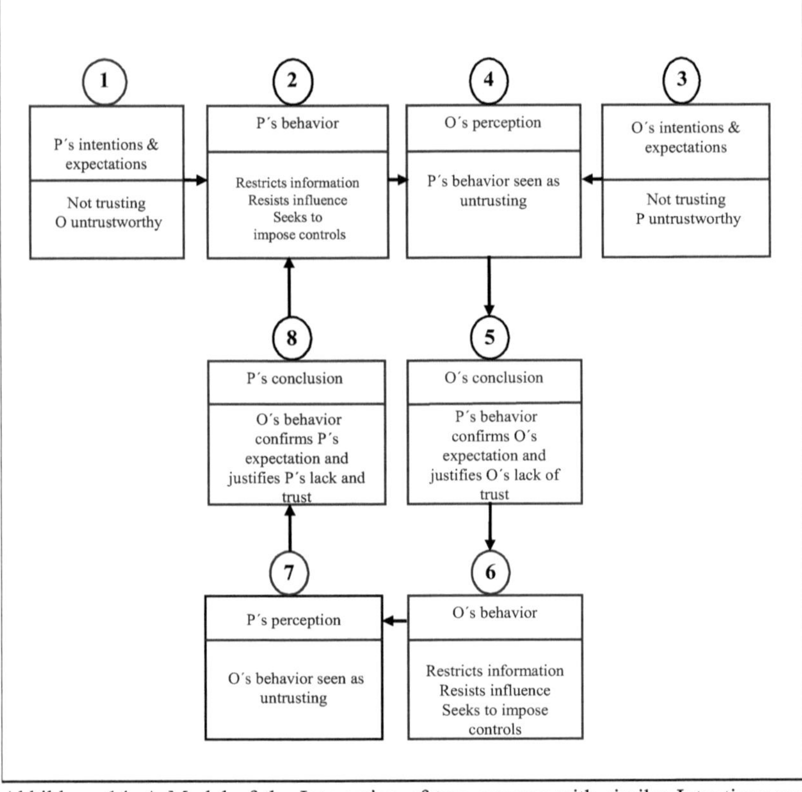

Abbildung 14: A Model of the Interaction of two persons with similar Intentions and Expectations regarding Trust.[243]

[243] Zand (1972), S. 232.

3 Konkretisierung des Vertrauensverständnisses und seine Einordnung in die Geschäftsbeziehung zwischen Kunde und Bank

Nach der breit angelegten interdisziplinären Annäherung an das Vertrauenskonstrukt geht es in diesem Kapitel um die Festlegung des Vertrauensverständnisses und um seine Einordnung in die Geschäftsbeziehung zwischen Kunde und Bank. Diese Umsetzung soll in vier Schritten erfolgen. In Kapitel 3.1. wird zunächst das Vertrauensverständnis der Arbeit aus den bisherigen Ausführungen in Kapitel 2 abgeleitet. Dabei wird Vertrauen als eine Möglichkeit beim Umgang mit der Verhaltensunsicherheit in Kooperationen interpretiert. Da beim Umgang mit der Verhaltensunsicherheit in einer Zusammenarbeit die Vergabe von Vertrauen nicht die einzige Möglichkeit ist, sondern Kontrolle und Verträge ebenfalls Optionen darstellen, wird anschließend das Verhältnis von Vertrauen zu Kontrolle und Verträgen bestimmt. Danach wird eine Abgrenzung zu den verwandten Begriffen Zuversicht, Hoffnung, Vertrautheit und Misstrauen vorgenommen, die wie Vertrauen eine Erwartungshaltung darstellen, bei näherer Betrachtung aber Unterschiede aufweisen. Vertrautheit und Reputation stellen nicht unmittelbar eine Erwartungshaltung dar, stehen allerdings in einem engen Verhältnis zu Vertrauen und werden deshalb ebenfalls einer näheren Betrachtung unterzogen. Zum Abschluss des ersten Abschnittes werden die Bestimmungsgründe für die Entstehung einer Vertrauensbeziehung aus der Sicht eines Vertrauensgebers und eines Vertrauensnehmers untersucht, um festzustellen, wodurch die Vergabe bestimmt wird, warum bestimmten Akteuren mehr Vertrauen entgegengebracht wird als anderen und vor welcher Entscheidungssituation ein Vertrauensnehmer steht.

In Kapitel 3.2. wird der Frage nachgegangen, warum Banken als Vertrauensnehmer von den Kunden als Vertrauensgeber aktuell nicht als vertrauenswürdige Kooperationspartner wahrgenommen werden. Dabei wird die Anlageberatung in den Fokus gerückt, weil sie als eine kontaktintensive und von den Kunden schwer zu beurteilende Leistung im Grunde ganz besonderen Wert hierauf legen müsste. Ziel dieses Abschnittes wird es sein, die Anreize zu untersuchen, die verantwortlich für diese Entwicklung sind.

In Kapitel 3.3. werden die regulatorischen Vorgaben der letzten Jahre beurteilt, denn sie sind nicht zuletzt mit dem übergeordneten Ziel, das Vertrauen der Gesellschaft in die Banken wiederherzustellen, eingeleitet worden. Zu den regulatorischen Maßnahmen gehören das Beratungsprotokoll, das Melderegister für Anlageberater und das Produktinformationsblatt. Auch die Forderung nach einer stärkeren Förderung der Honorarberatung wird dabei Gegenstand der Diskussion sein.

In Kapitel 3.4. wird dann die Frage aufgeworfen, ob Banken nicht von sich aus ein stärkeres Interesse daran haben könnten, als vertrauenswürdige Kooperationspartner wahrgenommen zu werden, als den in Kapitel 3.2. ausgearbeiteten Anreizen zu unterliegen.

3.1 Herleitung des Vertrauensverständnisses der Arbeit

In diesem ersten Unterabschnitt wird das Vertrauensverständnis der Arbeit festgelegt, sein Verhältnis zu Verträgen und zu Kontrolle definiert und eine Abgrenzung zu den verwandten Begriffen Zuversicht, Hoffnung, Vertrautheit, Misstrauen sowie Reputation vorgenommen. Abgerundet wird dieser Abschnitt mit der Ausarbeitung der Überlegungen eines Vertrauensgebers und Vertrauensnehmers beim Zustandekommen einer Vertrauensbeziehung.

3.1.1 Vertrauensvergabe als Möglichkeit beim Umgang mit der Verhaltensunsicherheit in Kooperationen

In einer hochspezialisierten arbeitsteiligen Gesellschaft zeichnen sich eine Vielzahl von Tauschvorgängen dadurch aus, dass vereinbarte Leistung und Gegenleistung zeitlich nicht zusammenfallen, sondern ein Akteur in Vorleistung tritt und die Gegenleistung zu einem späteren Zeitpunkt erbracht wird und die Qualität einer Leistung nicht ohne Weiteres beurteilt werden kann. Für den Akteur, der eine Vorleistung abgibt, besteht deshalb große Unsicherheit, denn ihm fehlt Wissen darüber, ob und wie der Kooperationspartner seinen Teil der Vereinbarung erbringen wird. Obwohl jedes freiwillig eingegangene Tauschgeschäft bei vereinbarungsgetreuer Abwicklung prinzipiell zum beiderseitigen Vorteil ist – sonst hätten beide Seiten von Vornherein kein Interesse an einem Tausch – hat derjenige, der die Vorleistung empfängt, einen Anreiz, die vereinbarte Leistung einzuschränken oder zu unterlassen.[244] Damit dennoch sinnvolle Kooperationen stattfinden, ist Vertrauen notwendig und elementar. Der Akteur, der eine Vorleistung erbringt, geht deshalb auch in eine Vertrauensbeziehung mit dem Empfänger der

[244] Bei einem einfachen Tauschvorgang, bei dem Leistung und Gegenleistung räumlich und zeitlich zusammenfallen und klar erkennbar und bewertbar sind, besteht diese Unsicherheit nicht, denn dann kann ein Akteur, sobald sein Gegenüber von der vereinbarten Leistung abweicht ebenfalls praktisch zeitgleich seine Gegenleistung einschränken oder ganz zurückziehen. Vgl. Eilfort und Raddatz (2009), S. 259 f.

Vorleistung ein, d.h. er äußert zugleich sein Vertrauen, das die Gegenseite ihre Freiräume bei der Leistungserstellung nicht ausnutzen wird.

Das Zustandekommen einer Vertrauensbeziehung ist in der Ökonomie mit bestimmten Prämissen verbunden. Eine grundlegende stellt dabei die Annahme der begrenzten Rationalität dar. Das Konzept der begrenzten Rationalität geht ursprünglich auf Simon zurück, der als einer der Ersten festhielt, dass Menschen den Willen haben, rational zu handeln, ihre kognitiven Fähigkeiten, Informationen aufzunehmen und zu verarbeiten, aber begrenzt sind, wodurch ihre Entscheidungsfindung nur im Hinblick auf die ihnen zur Verfügung stehenden Informationen als rational gilt. Vielmehr ist dann die Rede von begrenzter Rationalität, womit zum Ausdruck kommen soll, dass Entscheidungsträger zwar dazu intendieren, rational zu handeln, dies aber aufgrund genuiner Einschränkungen bei der Informationsaufnahme und Informationsverarbeitung letztlich nur begrenzt umsetzen können.[245] Für die Vertrauensthematik bedeutet begrenzte Rationalität, dass einem Akteur vollständige Informationen über die tatsächlichen Handlungsabsichten eines möglichen Interaktionspartners fehlen, wodurch er mit Unsicherheit über sein Verhalten konfrontiert wird. Begrenzte Rationalität und Unsicherheit lösen Komplexität aus, die bereits als kausale Verknüpfung mehrerer unsicherer Ereignisse definiert wurde. Ihr Ausmaß wächst mit der Anzahl möglicher unsicherer Ereignisse, die ein Akteur bei seiner Entscheidung berücksichtigen muss, ihren möglichen Beziehungen und der Verschiedenartigkeit dieser möglichen Beziehungen.[246]

Die Vertrauensäußerung stellt für den mit begrenzter Rationalität handelnden Akteur einen sinnvollen Mechanismus dar, denn durch die Vertrauensvergabe grenzt er bestimmte Verhaltensweisen des Vertrauensnehmers bewusst aus seinem Erwartungshorizont aus und erlangt dadurch eine Handlungsoption in einer durch Unsicherheit und Komplexität gekennzeichneten Umwelt.[247] Deshalb gilt Vertrauen auch als „functional alternative to rational prediction for the reduction of complexity“[248]. Die Vergabe von Vertrauen bleibt aber zugleich eine riskante Vorleistung, weil die Freiräume des Vertrauensnehmers weiterhin bestehen bleiben und die Gefahr eines Vertrauensmissbrauchs

245 Vgl. Simon (1979), S. XXIV.
246 Vgl. Luhmann (1980), Spalte 1064 f.
247 Dazu passend Bhattcharya et al.: „Trust an expectancy of positive (or nonnegative) outcomes that one can receive based on the expected action of another party in an interaction characterized by uncertainty.“
248 Lewis und Weigert (1985), S. 969.

weiterhin gegeben ist. Ein Vertrauensgeber ist sich diesem Enttäuschungspotential bewusst und geht dennoch eine Beziehung ein. Vertrauen zu vergeben ermöglicht also einerseits Handlungsfähigkeit in einer komplexen Umwelt, bedeutet aber andererseits, sich verletzbar zu machen.

3.1.2 Verhältnis von Vertrauen zu Verträgen und Kontrolle

Beim Umgang mit der Verhaltensunsicherheit in einer Kooperation ist die Vergabe von Vertrauen allerdings nicht die einzige Möglichkeit, denn Verträge und Kontrollen stellen ebenfalls Optionen beim Umgang mit den Freiräumen des Kooperationspartners dar. Deshalb ist als nächstes das Verhältnis zwischen Vertrauen und Vertrag bzw. Kontrolle zu klären.

Verträge sind Ausdruck freier Willenserklärungen von mindestens zwei Akteuren und lassen sich in der Ökonomie anhand des Grades ihrer Ausdrücklichkeit bzw. Formalisierung und nach der Art und Möglichkeit ihrer Durchsetzung klassifizieren.[249] Die schriftliche Fixierung von Abläufen, Rechten und Pflichten in einem Vertrag verursacht Transaktionskosten, dient aber wie die Vertrauensvergabe der Stabilisierung unsicherer Erwartungen über das Verhalten eines Kooperationspartners. Das Verhältnis zwischen Vertrauen und vertraglicher Gestaltung kann als komplementär angesehen werden, weil Verträge von begrenzt rational handelnden Akteuren prinzipiell als unvollständig gelten, da sie nicht „alle Handlungsmöglichkeiten, Zustände oder Konsequenzen für alle relevanten Perioden festlegen“[250] können und somit die Freiräume des Kooperationspartners zwar eingrenzen, aber nicht vollständig ausschließen, wodurch immer ein Rückgriff auf Vertrauen notwendig ist, wenn die verbleibende restliche Verhaltensunsicherheit eine Kooperation trotz Vertrag nicht verhindern soll. Vertrauen ergänzt also vertragliche Gestaltung und gewinnt entsprechend bei zunehmender Komplexität und steigender Unsicherheit einer vertraglichen Vereinbarung, die sich bspw. ergeben kann, weil sich eine Transaktion über einen unüberschaubaren Zeithorizont erstreckt, an Bedeutung.[251] Dazu Milgrom und Roberts: „In a world of costly and incomplete contracting, *trust* is crucial to realizing many transactions.“[252]

---

[249] Vgl. Ripperger (1998), S. 28.
[250] Hartmann-Wendels et al. (2015), S. 106.
[251] Vgl. Nooteboom (2002) S. 83; Dasgupta (1988), S. 53.
[252] Milgrom und Roberts (1992), S. 139.

So wie Vertrauen eine Vertragsbeziehung komplettiert und Kooperationen ermöglicht, ist auch der umgekehrte Fall, bei dem ein Vertrag eine Vertrauensbeziehung ergänzt, denkbar. Wenn Verträge die genaue Koordination zwischen zwei Parteien regeln und somit das Aufkommen von Missverständnissen verhindern, kann sich dies förderlich auf den Aufbau einer Vertrauensbeziehung auswirken. Nicht unerwähnt sollte in diesem Zusammenhang auch der Fall bleiben, bei dem ein Vertrag bewusst kurz gehalten wird, um symbolwirksam das in den anderen Akteur gesetzte Vertrauen zu signalisieren.[253]

Verträge und Vertrauen stellen also Mechanismen beim Umgang mit der Verhaltensunsicherheit dar, wobei der Unterschied darin liegt, dass Verträge Transaktionskosten verursachen und im Gegenzug die Verhaltensunsicherheit reduzieren, während Vertrauen sich nicht schriftlich ausformulieren lässt und auch die Verhaltensunsicherheit nicht reduziert, sondern darin zum Ausdruck kommt, dass das Beziehungsrisiko bewusst eingegangen wird. Allerdings darf hier nicht der Eindruck entstehen, dass die Vergabe von Vertrauen grundlos oder uneingeschränkt erfolgt. Die genauen Bestimmungsgründe bei der Vergabe von Vertrauen werden weiter unten thematisiert, wenn es darum geht festzustellen, warum bestimmten Kooperationspartnern mehr Vertrauen entgegengebracht wird als anderen.

Das Verhältnis zwischen Vertrauen und Vertrag ist aber nicht uneingeschränkt als komplementär auszulegen. Werden Verträge ausschließlich dazu konzipiert, das Beziehungsrisiko einzudämmen, kann der Aufbau einer Vertrauensbeziehung die vertragliche Ebene überflüssig erscheinen lassen und als transaktionskostengünstigeres Substitut wirken. Hemmend im Hinblick auf die Entstehung einer Vertrauensbeziehung können Verträge dann sein, wenn sie so umfassend ausgestaltet sind, dass kaum Möglichkeiten für Erwartungsbildungen bestehen, denn Erwartungen, die Bestätigung erfahren, bilden die Grundlage dauerhafter Vertrauensbeziehungen. Je mehr Handlungen aber durch einen detaillierten Vertrag festgelegt werden, desto weniger Raum für die Ausgestaltung einer Vertrauensbeziehung verbleibt. Unter dem Aspekt des Vertrauensaufbaus wirken Verträge dann einschränkend. Gleichzeitig besteht die Gefahr, dass der Vertrauensnehmer eine zu strikte vertragliche Festlegung als Zeichen des Misstrauens interpretiert,

[253] Vgl. Mauelshagen (2007), S. 67.

was dann seinerseits Misstrauen hervorruft und so zur selbst erfüllenden Prophezeiung wird.[254]

Eine weitere Möglichkeit mit der Verhaltensunsicherheit in Kooperationen umzugehen, besteht in der Kontrolle des Interaktionspartners. Allerdings scheitert auch hier analog zur vertraglichen Gestaltung aufgrund begrenzter Rationalität die vollständige Kontrolle oder verursacht prohibitiv wirkende Kosten. Damit trotz Kontrolle die weiterhin existierenden Freiräume des Kooperationspartners eine Kooperation nicht verhindern, ist ebenfalls Vertrauen nötig. Allerdings ist erneut eine differenzierte Betrachtung vorzunehmen, um die gegenseitigen Einflüsse zwischen Vertrauen und Kontrolle zu klären. Kontrolle, verstanden als Vergleich zwischen dem Soll- und dem Ist-Zustand, kann sich auf das Verhalten des Kooperationspartners richten oder auf das Ergebnis seiner Handlung.[255]

Richtet sich die Kontrolle in einer Kooperation allein auf das Verhalten des Kooperationspartners, ist sie insoweit problematisch, weil sie den Kontrollierenden zu der Überzeugung verleiten könnte, dass das gezeigte Verhalten nur unter Kontrollbedingungen gezeigt wird und nur so aufrechtzuerhalten ist. Konsequenterweise würde der Kontrollierende dem Kooperationspartner keine ausreichende Vertrauenswürdigkeit attestieren.[256] Gleichzeitig kann eine Verhaltenskontrolle Misstrauen signalisieren und somit die Bereitschaft des Gegenübers, sich überhaupt auf eine Vertrauensbeziehung einzulassen, deutlich senken. Strikte Verhaltenskontrolle und Vertrauen können deshalb in einem Spannungsverhältnis zueinander stehen.

Die Ergebniskontrolle erscheint hingegen sakrosankt, wenn es darum geht festzustellen, ob die Vertrauensvergabe Bestätigung erfuhr oder missbraucht wurde und liefert die Rechtfertigung für oder gegen zukünftige Kooperationen und Vertrauensbeziehungen. Wird hingegen die Verhaltenskontrolle nicht wie oben unterstellt als Kontrolle der aufgabenbezogenen Handlungen verstanden, sondern als eine ungerichtete allgemeine „Vertrauenskontrolle“[257], die sich auf das gesamte Handeln und alle erkennbaren Merkmale des Kooperationspartners bezieht, können fortlaufend gewonnene Informationen über den Vertrauensnehmer mit vorab festgelegten Grenzwerten abgeglichen und

---

[254] Vgl. Mauelshagen (2007), S. 67 f.
[255] Vgl. Eberl (2012), S. 98.
[256] Vgl. Eberl (2012), S. 101.
[257] Sjurts (1998), S. 284.

bei einer negativen Abweichung das Vertrauen – soweit die Möglichkeit gegeben ist – bereits während der laufenden Beziehung entzogen werden.[258] Kontrolle ist dann vielmehr „die Beobachtung von Indizien, die als Symptome eines Vertrauensbruchs bzw. als bestätigende Zeichen von Vertrauenswürdigkeit zu bewerten sind“[259].

Zusammenfassend lässt sich sagen, dass Verträge und Kontrolle Kosten verursachen, im Gegenzug die Verhaltensunsicherheit eingrenzen, aber nicht vollständig eliminieren können, weil allumfassende (perfekte) Verträge und vollständige Kontrolle nicht möglich sind. Damit trotz der verbleibenden restlichen Verhaltensunsicherheit Kooperationen zustande kommen, ist Vertrauen nötig. Vertrauen grenzt die Verhaltensunsicherheit nicht ein, sondern steht für das bewusste Eingehen der Verhaltensunsicherheit.

Für die Entstehung einer Vertrauensbeziehung können eine zu strikte vertragliche Festlegung und die Verhaltenskontrolle hinderlich wirken, wenn sie Freiräume eingrenzen, die nötig sind, damit Vertrauensbeziehungen entstehen können. Bei einer geringeren Unsicherheit und Komplexität sollte die Möglichkeit einer Vertrauensbeziehung statt einer vertraglichen Ausgestaltung als transaktionskostengünstigere Alternative in Erwägung gezogen werden, während bei zunehmender Unsicherheit und Komplexität einer Kooperation Verträge und Vertrauen komplementär ausgestaltet werden sollten. Und schließlich bedeutet die fehlende Möglichkeit einer vollständigen Kontrolle nicht, dass vollständig auf Kontrolle verzichtet wird. Die Kontrolle kann fortlaufend und ungerichtet erfolgen oder sich auf das Ergebnis beziehen, um Gründe für oder gegen die Fortführung der Kooperation zu erhalten.

3.1.3 Abgrenzung des Vertrauensverständnisses zu verwandten Begriffen

Da die Qualität einer Untersuchung von der genauen Bestimmung ihres Geltungsbereichs abhängt, erscheint es an dieser Stelle wichtig, eine Abgrenzung des Vertrauensverständnisses zu verwandten Begriffen wie Zuversicht, Hoffnung und Misstrauen vorzunehmen, die zwar ebenfalls wie Vertrauen eine Erwartungshaltung darstellen, bei näherer Betrachtung aber Unterschiede aufweisen. Vertrautheit und Reputation stellen nicht unmittelbar eine Erwartungshaltung dar, stehen allerdings in einem engen Zusammenhang zu Vertrauen und sollen deshalb ebenfalls einer näheren Betrachtung unterzogen werden.

---

[258] Vgl. Sjurts (1998), S. 289 ff.
[259] Gondek et al. (1992), S. 34.

Zuversicht

Zuversicht gilt als eine unbewusste und „unspezifische Grundhaltung“[260] gegenüber den Unsicherheiten des täglichen Lebens. Sie ermöglicht die Funktionsfähigkeit der Umwelt und erscheint in gewisser Weise alternativlos. Wer bspw. seine Wohnung verlässt, ist zuversichtlich, nicht Opfer eines Unfalls zu werden. Die Möglichkeit, einen Schaden zu erleiden, wird vernachlässigt, weil die Eintrittswahrscheinlichkeit für ein solches Unglück als gering angesehen wird und die Alternative zu Immobilität bzw. Handlungsunfähigkeit führen würde.[261] Beim Vertrauen hingegen liegt aus Sicht des Vertrauensgebers eine spezifische Situation vor. Die Möglichkeit eines Schadens ist ihm bewusst und er steht vor der Wahl, das Risiko einzugehen oder die Situation zu vermeiden.[262]

Hoffnung

Während beim Vertrauen der Vertrauensgeber sich im Klaren ist, wem er was anvertraut, bezieht sich Hoffnung auf unsichere Ereignisse, bei denen der Akteur mit dem „Verantwortlichen“ keine Vereinbarung abschließen kann. Eine solche Abmachung müsste dann nämlich mit einer „überirdischen Macht“ abgewickelt werden, weshalb der Begriff volkstümlich auch als „Gottvertrauen“ Verwendung findet. Aus diesem Grund wird in der Literatur der Begriff Hoffnung auf exogene Unsicherheiten, also auf Ereignisse außerhalb des Einflussbereichs des Interaktionspartners bezogen und Vertrauen auf die Unsicherheit, die von einem Interaktionspartner ausgeht.[263]

Allerdings ist aber auch davon auszugehen, dass derjenige, der vertraut, zugleich immer auch hofft, dass externe Einflüsse die Kooperationsleistung nicht verhindern, denn wird vereinfacht unterstellt, dass die Gegenleistung eines Kooperationspartners mit Sicherheit wie vereinbart erbracht wird, muss das nicht zwingend zu einer Kooperation und Vertrauensbeziehung führen, solange der Vertrauensgeber von ungünstigen Umweltbedingungen ausgeht. Deshalb ist das bisherige Vertrauensverständnis dahingehend zu ergänzen, dass die Vertrauensvergabe auch immer Hoffnung auf nicht widrige Umweltzustände impliziert.

[260] Meifert (2003), S. 21.
[261] Vgl. Meifert (2003), S. 21.
[262] Vgl. Ripperger (1988), S. 36 f.
[263] Vgl. Ripperger (1998), S. 38.

Misstrauen

Ist fehlendes Vertrauen mit Misstrauen gleichzusetzen? Ist die Abgabe eines Stimmzettels im Rahmen von politischen Wahlen als ein Vertrauensbeweis für eine Partei anzusehen und der Verzicht auf die Wahlbeteiligung als Misstrauen zu deuten oder signalisiert die Nichtbeteiligung Desinteresse am politischen Geschehen?

Um einen Zusammenhang zwischen Vertrauen und Misstrauen unterstellen zu können, muss eine Situation vorliegen, die der Akteur als wichtig erachtet und in der er ein Ziel verfolgt. Bei Luhmann besteht dieses Ziel für den Akteur darin, die ihm umgebende soziale Komplexität zu reduzieren, um Handlungsfähigkeit zu erlangen. Vertrauen stellt das dafür benötigte Mittel dar.[264] Wird hingegen nicht vertraut, bleibt der ursprüngliche Zustand der Komplexität weiterhin bestehen und damit einhergehend die Handlungsunfähigkeit, weshalb nach Luhmann eine „funktional äquivalente Strategie zur Reduzierung der Komplexität“[265] und zur Erlangung von Handlungsfähigkeit benötigt wird. Eine solche Strategie stellt Misstrauen dar, das sich im Gegensatz zu Vertrauen in der negativen Zuspitzung der Erwartungen äußert und letztlich ebenfalls zu einer Komplexitätsreduktion beiträgt.[266]

Quintessenz dieser Argumentation ist, dass Misstrauen und Vertrauen nicht einfach als Gegensätze konstruiert werden dürfen. Um Vertrauen und Misstrauen als konträre Variablen betrachten zu können, muss zunächst eine für den Akteur wichtige Entscheidungssituation vorausgesetzt werden. Wenn nicht vertraut wird, liegt also nicht notwendigerweise Misstrauen vor.[267]

Eine solche Unterscheidung mag möglicherweise beckmesserisch vorkommen, ist aber dahingehend wichtig, wenn es darum geht festzustellen, ob Nichtvertrauen schlicht aus Gleichgültigkeit und Desinteresse vorliegt oder ob Vertrauen nicht vergeben wird, weil es enttäuscht wurde.

---

[264] Vgl. Kapitel 2.2.
[265] Luhmann (2014), S. 93.
[266] Luhmann (2014), S. 93.
[267] Vgl. Hartmann (2011), S. 57 ff.

Vertrautheit

Obwohl Vertrautheit und Vertrauen begrifflich sehr eng beieinander liegen, existieren deutliche Unterschiede zwischen „vertraut sein“ und „vertrauen“. Zunächst einmal ist die zeitliche Ausrichtung zwischen Vertrautheit und Vertrauen diametral. Während Vertrauen eine in die Zukunft gerichtete Handlung darstellt, baut Vertrautheit auf dem Gewesenen und Erlebten auf. Gleichzeitig ist Vertrautheit wesentlich umfangreicher und besitzt einen universellen Charakter. So kann sie sich auf Gegenstände, Vorgänge, Abläufe oder Techniken beziehen, während Vertrauen auf Personen oder Personengruppen gerichtet ist und somit viel spezifischer wirkt.[268]

Vertrauen erfordert zudem ein aktives Handeln in einer risikobehafteten Situation, Vertrautheit hingegen kann durch „passives Eingebundensein“[269] in die Umwelt entstehen. Vertrautheit entwickelt sich allerdings auch, wenn sich ein Akteur etwas aneignet. Wer sich bspw. mit einem philosophischen Werk auseinandergesetzt hat, kennt nicht nur den Inhalt, sondern ist auch in der Lage, übergeordnete Zusammenhänge zu erkennen. Sich mit etwas vertraut machen bedeutet also auch, etwas „in einer gewissen Weise in sich aufzunehmen“[270].

Vertrautheit ist keine notwendige oder hinreichende Bedingung für Vertrauen, denn Vertrauen kann auch gegenüber einem Unbekannten geäußert werden. Denkbar ist auch, dass ein Akteur mit einem anderen Akteur vertraut ist und daher weiß, dass es besser ist, ihm nicht zu vertrauen.[271] Ein wichtiges Merkmal von Vertrautheit ist somit, dass es Wissen impliziert, das je nach Umfang „relativ sicheres Erwarten und damit auch ein Absorbieren verbleibender Risiken“[272] ermöglicht, wodurch die Entscheidung für oder gegen Vertrauen erleichtert wird.

Reputation

Reputation lässt sich definieren als „characteristic or attribute ascribe to one person (firm, industry, etc.) by another”[273] oder als „second-hand rumor that one has positive

---

[268] Vgl. Lahno (2002), S. 303.
[269] Ripperger (1998), S. 106.
[270] Lahno (2002), S. 303.
[271] Vgl. Lahno (2002), S. 303.
[272] Luhmann (2014), S. 22.
[273] Wilson (1985), S. 27.

general traits"[274]. Für Picot et al. ist Reputation „die öffentliche Information über die bisherige Vertrauenswürdigkeit eines Akteurs"[275]. Eine positive Reputation wirkt vertrauensgenerierend, weil das bisherige Verhalten bei der Prognose zukünftigen Verhaltens herangezogen wird,[276] wodurch ein Vertrauensnehmer mit einer guten Reputation seinen Kooperationspartnern die Einsparung von Suchkosten und Kontrollkosten ermöglicht.[277]

Die Informationsfunktion ist allerdings nicht die einzige Eigenschaft, die der Reputation zugeschrieben wird. Der drohende Verlust einer positiven Reputation bei Vertrauensmissbrauch kann als Quelle möglicher Sanktionen gelten und zu einem vertrauenskonformen Verhalten des Vertrauensnehmers beitragen. Damit der Verlust einer positiven Reputation aber als Strafandrohung wirksam sein kann, muss der Vertrauensgeber nach Spremann über eine „Wohlstandsposition"[278] verfügen. Eine solche Position zeichnet sich durch ihre vernichtend wirkende Strafverhängung aus. Besitzt der Vertrauensgeber innerhalb der Beziehung über eine derartige Stellung, wirkt die Reputation des Vertrauensnehmers als Pfand. Dieses Pfand besitzt anders als im klassischen Verständnis keinen Wert für den Vertrauensgeber, sondern dient der Strafverhängung. Eine maximal mögliche Strafe entspricht dann dem Wert, den das Pfand für den Vertrauensnehmer hat.[279]

3.1.4 Entstehungsbedingungen einer Vertrauensbeziehung

Bei der Erfassung des Vertrauensverständnisses wurde die Aussage getroffen, dass Vertrauen notwendig ist, wenn in einer Kooperation Leistung und Gegenleistung nicht synchron erfolgen oder der Empfänger einer Leistung die Qualität nicht ohne weiteres beurteilen kann. Warum und unter welchen Bedingungen Vertrauen notwendig ist, wurde anschließend ausgearbeitet. Dass die Vergabe von Vertrauen einen Mechanismus zur Reduktion unsicherer Erwartungen darstellt und dem Vertrauensgeber Handlungsfähigkeit bzw. Kooperationen ermöglicht, lässt sich als erstes Teilergebnis verkürzt zusammenfassen. Nach der Klärung, warum Vertrauen überhaupt benötigt wird, drängt sich

[274] McKnight und Chervany (2001), S. 7.
[275] Picot et al. (2003), S. 126.
[276] Dazu Wilson (1985), S. 27 f.: „Its predictive power depends on the superstition that past behavior is indicative of future behavior."
[277] Vgl. Pontzen und Romeike (2015), S, 407.
[278] Spremann (1988), S. 619.
[279] Vgl. Spremann (1988), S. 619.

nun die Frage auf, wodurch die Vergabe bestimmt wird und warum bestimmten Akteuren mehr Vertrauen entgegengebracht wird als anderen.

3.1.4.1 Die Vertrauensbeziehung aus der Sicht des Vertrauensgebers

Die Vertrauensvergabe eines Vertrauensgebers hängt von seiner Wahrnehmung und Einschätzung der Vertrauenswürdigkeit des Vertrauensnehmers ab, die definiert werden kann als „antecedent accumulated perceptual experiences that lead one to trust another person, institution, or organization“[280]. Wahrnehmung und Einschätzung deshalb, weil die Vertrauenswürdigkeit keine direkt ablesbare Eigenschaft darstellt, sondern Anhaltspunkte gefunden werden müssen, aus denen sich die Vertrauenswürdigkeit ableiten lässt oder die zumindest für eine solche Interpretation geeignet erscheinen.

Die Analyse der Literatur zur inhaltlichen Bestimmung der Vertrauenswürdigkeit führt zu der Erkenntnis, dass auch hier zunächst keine Einheitlichkeit vorliegt. Allerdings lassen sich bestimmte wiederkehrende Erklärungsmuster identifizieren. Auf einer ersten übergeordneten Ebene lässt sich festhalten, dass die Vertrauenswürdigkeit das *Können* und *Wollen* des Vertrauensnehmers widerspiegelt, die Vertrauenserwartung zu erfüllen.

Dem *Können* zugeordnet wird hier das Zutrauen im Sinne von Vorhandensein der notwendigen fachlichen Kompetenz. Es steht also für die Fähigkeit des Vertrauensnehmers, die an ihn herangetragene und anvertraute Aufgabe durch die Ausübung von Routinehandlungen oder der Anwendung von Expertenwissen auszuführen.

Diese Zuordnung widerspricht allerdings der Auffassung von Ripperger, wonach Vertrauen nur Erwartungen umfasst, „die sich ausschließlich auf die Handlungsabsicht eines Akteurs beziehen. Erwartungen hingegen, die sich einzig und allein auf die Fähigkeiten eines anderen beziehen, sind nicht im Sinne von „jemandem vertrauen“, sondern vielmehr im Sinne von „jemandem etwas zutrauen“ zu deuten. Zutrauen heißt, einem Akteur die erforderliche technische Kompetenz zuzusprechen, die ihm anvertraute Aufgabe dem Plan entsprechend ausführen zu können“[281].

Offensichtlich zieht Ripperger eine klare Grenze zwischen Zutrauen und Vertrauen und begreift Vertrauen ausschließlich als den Umsetzungswillen, Zutrauen als die davon

280 Caldwell und Clapham (2003), S. 351.
281 Ripperger (1998), S. 39 f.

losgelöste Umsetzungsfähigkeit. Diesem Gedanken, Vertrauen allein als einen „motivationalen Aspekt“[282] zu begreifen, wird hier nicht gefolgt, denn besonders in ökonomischen Vertrauensbeziehungen bildet das Zutrauen in den Geschäftspartner im Sinne der technischen oder fachlichen Kompetenz bzw. der Problemlösungsfähigkeit eine notwendige Voraussetzung für das Zustandekommen einer Kooperation und damit einer Vertrauensbeziehung und darf deshalb nicht isoliert betrachtet werden.

Auch wenn die Kompetenzerwartung nicht als hinreichende Bedingung für das Zustandekommen einer Vertrauensbeziehung anzusehen ist – denn sonst könnte auch einer funktionsfähigen Maschine vertraut werden – ist das Vorhandensein dieser Eigenschaft für das Zustandekommen einer Vertrauensbeziehung notwendig und seine Erfüllung für den Fortbestand elementar, denn ein wiederholtes inkompetentes Verhalten wird in aller Regel einen Abbruch der Geschäftsbeziehung nach sich ziehen.

Ebenfalls unentschlossen ist die Literatur, wenn es darum geht, das *Wollen* eines Vertrauensnehmers näher auszulegen. Für Suchanek ist diese Bedingung erfüllt, wenn der Vertrauensnehmer sich nicht opportunistisch verhält, also „situativen „Versuchungen“ des Missbrauchs von Vertrauen“[283] nicht erliegt. Sich innerhalb einer Vertrauensbeziehung nicht opportunistisch zu verhalten ist allerdings eine Minimalerwartung und entspricht vielmehr Neutralität gegenüber dem Vertrauensgeber, die von Meifert in Vertrauensbeziehungen als eine „Form von Verrat“[284] ausgelegt wird. Ungeachtet der Frage, ob Neutralität gleich mit Verrat in einer Vertrauensbeziehung einhergeht, ist zu erkennen, dass Neutralität allein nicht ausreicht, wenn es um den Aufbau und den Erhalt einer Vertrauensbeziehung geht. Über die Minimalerwartung eines nicht opportunistischen Verhaltens des Vertrauensnehmers hinaus ist für den Aufbau und die Stabilisierung einer Vertrauensbeziehung von dem Vertrauensnehmer vielmehr zu erwarten, sich aktiv um das Wohlbefinden des Vertrauensgebers zu kümmern, indem er sich über die Bedürfnisse und Belange des Vertrauensgebers informiert und mit diesen rücksichtsvoll umgeht, um sein Interesse am Wohlergehen des Vertrauensgebers zu signalisieren. Wohlwollen lässt sich deshalb definieren als „extent to which a trustee is believed to want to do good to the trustor, aside from an egocentric profit motive”[285]. Für sein eigenes Wohlergehen wird der Vertrauensgeber vielmehr Aufmerksamkeit, Hilfsbereitschaft

---

282 Ripperger (1998), S. 40.
283 Suchanek (2011), S. 58.
284 Meifert (2003), S. 69.
285 Mayer et al. (1995), S. 718.

und aktive Fürsorge vom Vertrauensnehmer erwarten, was Shaw mit „demonstrating concern“[286] umschreibt. Dabei ist für den Vertrauensnehmer die Verfolgung eigener Vorteile legitim, solange sie nicht zum Nachteil des Vertrauensgebers gehen. Ein wohlwollender Vertrauensnehmer darf sich also durchaus individualistisch verhalten, nicht aber kompetitiv oder opportunistisch.[287] Die in der Literatur ebenfalls anzutreffende Extremerwartung nach einem uneigennützigen und selbstlosen Vertrauensnehmer ergibt hingegen für ökonomische Kooperationen keine geeignete Grundlage.[288]

Über das wohlwollende Handeln eines Vertrauensnehmers hinaus werden in der Literatur weitere Eigenschaften aufgezählt, die bei der Einschätzung des *Wollens* relevant sind. Sie werden hier zur klareren Strukturierung dem Oberbegriff „Integrität“ subsumiert. Grundsätzlich ist die Integrität eines Vertrauensnehmers gegeben, wenn er Prinzipien befolgt, die der Vertrauensgeber als akzeptabel ansieht: „The relationship between integrity and trust involves the trustor´s perception that the trustee adheres a set of principles that the trustor finds acceptable”[289]. Diese Prinzipien können dann im einzelnen „Offenheit“, „Diskretion“, „Erreichbarkeit“, „Verfügbarkeit“, „Zuverlässigkeit“ und „Glaubwürdigkeit“ sein. Die Aufzählung lässt sich je nach spezifischer Ausprägung einer Kooperation weniger detailliert oder feiner sortieren, deckt aber im Kern die Punkte ab, die in der Literatur der Integrität zugeordnet werden.[290]

Offenheit ist ein Aspekt der Kommunikation und führt beim Vertrauensgeber zu einer vertrauenswürdigen Einschätzung des Vertrauensnehmers, wenn dieser ihn vollständig und rechtzeitig informiert. Gleichzeitig muss der Vertrauensnehmer, um als vertrauenswürdig eingeschätzt zu werden, eine gewisse Diskretion aufweisen und ausstrahlen, denn in einer Vertrauensbeziehung wird er gewollt oder ungewollt an sensible Informationen über den Vertrauensgeber gelangen, die ihm eine gewisse Machtposition ermöglichen, weil bspw. die Veröffentlichung dieser Informationen dem Vertrauensgeber schaden könnte. Dabei ist es in einer Vertrauensbeziehung irrelevant, auf welche Ebene – persönliche oder geschäftliche – sich diese Informationen beziehen. Der Vertrauensnehmer erweist sich dann als integer, wenn er einerseits dem Vertrauensgeber die für ihn relevanten Informationen bereitstellt, andererseits Informationen, die er über den

---

[286] Shaw (1997), S. 32
[287] Vgl. Meifert (2003), S. 68.
[288] Vgl. Meifert (2003), S. 69 und die dort aufgezählte weiterführende Literatur.
[289] Mayer et al. (1995), S. 719.
[290] Vgl. Eichinger (2010), S. 90 ff. und die dort aufgezählte weiterführende Literatur.

Vertrauensgeber gewinnt, diskret behandelt. Der Grad an Offenheit und Verschwiegenheit hängt allerdings nicht zuletzt von den situativen Gegebenheiten ab. In einem unweiten Zusammenhang mit der Offenheit des Vertrauensnehmers steht seine Erreichbarkeit und Verfügbarkeit. Ein Vertrauensgeber wird von einem Vertrauensnehmer nicht nur physische Präsenz erwarten, sondern auch Zugänglichkeit und konstruktive Reaktionen auf die von ihm eingebrachten Ideen und Vorschläge. Schließlich zeichnet sich Vertrauenswürdigkeit bzw. Integrität eines Vertrauensnehmers durch ein gewisses Maß an Konsistenz und Stetigkeit im Verhalten aus. Der Vertrauensgeber wird einem Vertrauensnehmer Vertrauenswürdigkeit attestieren, wenn er Kontinuität und Kalkulierbarkeit in seinem Verhalten erkennt. Allerdings ist auch hier eine differenzierte Betrachtung notwendig, denn ein Vertrauensnehmer kann sich ebenso auf eine konsistente und zuverlässige Art und Weise durchgehend opportunistisch verhalten.[291]

Neben der Einschätzung des Könnens und des Wollens erscheint für die Einschätzung der Vertrauenswürdigkeit eines Vertrauensnehmers auch sein Verhalten gegenüber Dritten relevant, die nicht an der Vertrauensbeziehung teilnehmen, von dieser aber beeinflusst werden. Ein Vertrauensnehmer kann eine Kooperation erfolgreich zum Abschluss bringen, weil er über die notwendige Kompetenz verfügt, auf das Wohlwollen des Vertrauensgebers eingeht und ein hohes Maß an Integrität aufweist, dabei aber Dritten durch die Missachtung sozialer oder ökologischer Standards und Normen Schaden zufügen. Besonders groß ist die Gefahr in Regionen, in denen die rechtlichen Vorschriften „nur rudimentär existieren bzw. ihre Durchsetzung unter Vollzugsdefiziten leidet“[292]. Dieser Aspekt bei der Einschätzung der Vertrauenswürdigkeit wird von Suchanek als *Rechtschaffenheit* charakterisiert, da es um die Einhaltung rechtlicher und moralischer Regeln und Standards geht, die dem Schutz von Dritten dienen und liegt praktisch außerhalb der direkten Vertrauensbeziehung, besitzt aber dahingehend Relevanz, dass niemand mit einem Unternehmen in Verbindung gebracht werden möchte, das rechtliche und moralische Regeln missachtet.[293] Die folgende Abbildung fasst die Bestimmungsgründe der Vertrauenswürdigkeit zusammen:

[291] Vgl. Mayer et al. (1995), S. 720.
[292] Suchanek (2011), S. 58.
[293] Vgl. Suchanek (2011), S. 58.

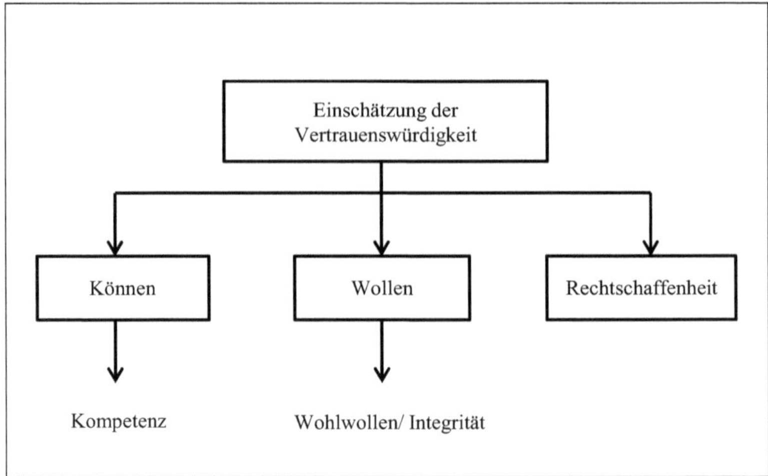

Abbildung 15: Bestimmungsgrößen bei der Einschätzung der Vertrauenswürdigkeit.

3.1.4.1.1 Das Verhältnis zwischen Können, Wollen und Rechtschaffenheit

Das Können, das Wollen und die Rechtschaffenheit eines möglichen Vertrauensnehmers lassen sich isoliert voneinander betrachten und festlegen. Für die letztendliche Einschätzung des Vertrauensgebers allerdings, ob einem potenziellen Vertrauensnehmer das ausreichende Maß an Vertrauenswürdigkeit attestiert werden kann oder nicht, um eine Vertrauensbeziehung einzugehen, ist eine additive Betrachtung der Merkmale erforderlich.[294] Ein möglicher Vertrauensnehmer kann über eine hervorragende fachliche Kompetenz verfügen, fehlt aber das Wollen, wird der Vertrauensgeber keine Vertrauensbeziehung eingehen. Andererseits nützt das Wohlwollen und die tadellose Integrität für das Zustandekommen einer Vertrauensbeziehung ebenfalls wenig, wenn dem Vertrauensnehmer die fachliche Expertise abgesprochen wird. Nur eine additive Verbindung der Merkmale „Können", „Wollen" und „Rechtschaffenheit" lässt also die Einschätzung der Vertrauenswürdigkeit über eine kritische Grenze steigen, ab der ein Vertrauensgeber bereit sein wird, zu vertrauen. Diese kritische Hürde fällt allerdings zum einen individuell unterschiedlich aus – wie psychologische und sozialwissenschaftliche

[294] Einen additiven Zusammenhang stellt auch Eichinger (2010) fest, wobei die Kriterien Kompetenz, Wohlwollen und Integrität lauten. Vgl. Eichinger (2010), S. 97.

Ausführungen bereits gezeigt haben[295] –, zum anderen erfolgt eine Beurteilung der Merkmale subjektspezifisch, d.h. verschiedene Personen können unter identischen Bedingungen eine unterschiedliche Wahrnehmung und Bewertung der oben ausgearbeiteten Merkmale vornehmen. Anders ausgedrückt: Es ist letztlich der Mensch, der vertraut oder es lieber sein lässt. Ursächlich für diese unterschiedliche Bewertung ist also die „subjective perceptions of each individual, and that it is a product of their individual lens"[296].

3.1.4.1.2 Die Vertrauenshandlung

Fällt die subjektive Einschätzung der Vertrauenswürdigkeit positiv aus, steigt die Bereitschaft beim Vertrauensgeber eine Vertrauensbeziehung einzugehen. Allerdings führt nicht jede positive Einschätzung zu einer Vertrauensbeziehung. Wenn die Vergabe von Vertrauen einer riskanten Vorleistung entspricht, dann ist über die Erwartung eines vertrauenswürdigen Verhaltens hinaus für das Zustandekommen einer Vertrauensbeziehung die subjektive Risikobereitschaft des Vertrauensgebers relevant, denn sie bestimmt seinen Umgang mit Risiken.

Je risikofreudiger ein Akteur ist, desto eher wird er bereit sein, eine riskante Vorleistung zu erbringen. Auf der anderen Seite wird mit zunehmender Risikoaversion der Akteur versuchen, seine riskante Vorleistung möglichst klein zu halten. Im Extremfall wird er dann, trotz positiver Einschätzung der Vertrauenswürdigkeit, kein Vertrauen vergeben oder seine Vorleistung teilen und zunächst nur eine kleine Einheit an den Vertrauensnehmer übertragen. [297]

Die positive Einschätzung der Vertrauenswürdigkeit führt also zur Vertrauensbereitschaft, die letztendliche Vertrauensvergabe, verstanden als Vertrauenshandlung, wird durch die Risikoeinstellung bestimmt. Wenn der Vertrauensgeber dem Vertrauensnehmer Vertrauenswürdigkeit attestiert, aber dennoch davor zurückschreckt, seine Vertrauenserwartung in eine Vertrauenshandlung zu übersetzen, dann liegen die Risiken, die mit der Kooperation einhergehen, über seiner subjektiven Risikobereitschaft. Eine Vertrauensbeziehung kommt ergo dann zustande, wenn der Vertrauensgeber vertrauens-

[295] Zur Erinnerung: Nach Rotter vertrauen vertrauensvolle Menschen so lange, bis sie vom Gegenteil überzeugt sind, misstrauische hingegen erst, wenn sie überzeugt sind, dass der andere vertrauenswürdig ist. Vgl. Kapitel 2.3.

[296] Caldwell und Clapham (2003), S. 351.

[297] Vgl. Meifert (2003), S. 51.

würdiges Verhalten erwartet und das Risiko in einer spezifischen Situation seine subjektive Risikobereitschaft nicht übersteigt.[298]

3.1.4.2 Die Vertrauensbeziehung aus der Sicht des Vertrauensnehmers

So wie ein Vertrauensgeber vor den Entscheidungen steht, ob, wem und in welchem Ausmaß er vertraut, steht auch der Vertrauensnehmer vor der Wahl. Er muss entscheiden, ob er das Vertrauen enttäuscht oder sich vertrauenswürdig verhält. Enttäuscht er das Vertrauen, indem er seinen Verhaltensspielraum opportunistisch ausnutzt, erhöht er seinen Nutzen aus der Kooperation zulasten des Nutzens des Vertrauensgebers.

Aus den Ausführungen zur Spieltheorie ist bekannt, dass in einer einmaligen Situation für einen rational handelnden Akteur zunächst kein Anreiz für kooperatives und vertrauenswürdiges Verhalten besteht. Dies kann sich allerdings ändern, wenn Kommunikation zwischen Vertrauensgeber und anderen Akteuren, von denen der Vertrauensnehmer erwarten kann, dass sie ihn in Zukunft vertrauen werden, gegeben ist oder mehrere Kooperationen zwischen dem Vertrauensgeber und dem Vertrauensnehmer möglich sind. Dann muss der Vertrauensnehmer abwägen, ob er kurzfristig einen zusätzlichen Gewinn aus der Kooperation zieht, indem er seinen Verhaltensspielraum ausnutzt, dadurch aber zukünftige Erträge verliert, weil er zukünftige Kooperationspartner verliert oder auf kurzfristige Extragewinne verzichtet, indem er die Vertrauenserwartung erfüllt und eine gute Reputation aufbaut und dadurch die Wahrscheinlichkeit erhöht, in Zukunft erneut als Kooperationspartner ausgewählt zu werden.

Die Entscheidungssituation eines Vertrauensnehmers entspricht einer klassischen Investitionsentscheidung, in der die Aufwendungen in der Gegenwart mit den Erträgen in der Zukunft verglichen werden und die Investition vorteilhaft erscheint, wenn der Barwert des zukünftigen Ertrags größer ist als die gegenwärtige Einbuße. Die gegenwärtige Einbuße eines Vertrauensnehmers entspricht seinen Opportunitätskosten aus dem Verzicht auf opportunistisches Verhalten, die zukünftigen Erträge resultieren aus der fortbestehenden Kooperationsbereitschaft des Vertrauensgebers. Ist die Möglichkeit der Kommunikation unter den Akteuren gegeben, erhöht vertrauenswürdiges Verhalten zudem die Kooperationsmöglichkeiten mit anderen Akteuren.

[298] Vgl. Meifert (2003), S. 53.

Wenn zusätzlich berücksichtigt wird, dass die Vertrauensvergabe sequenziell erfolgt, wonach ein Vertrauensgeber mit kleinen Kooperationen beginnt und sie dann ausweitet, wenn sich die Vertrauenshandlung als richtig herausgestellt hat,[299] erscheint es für eine im Wettbewerb stehende Bank durchaus vorteilhaft, sich vertrauenswürdig zu verhalten, um möglichst viele und immer umfangreicher werdende Kooperationen mit ihren bestehenden Kunden einzugehen und um eine gute Reputation aufzubauen, damit potenzielle Kunden sie ebenfalls als Kooperationspartner auswählen. Der Blick in die Praxis offenbart allerdings, dass diese Umsetzung nicht gelingt. Deshalb sind nach diesen einleitenden Überlegungen die Strukturen zu untersuchen, die Banken daran hindern, in ihre Vertrauenswürdigkeit zu investieren, um als vertrauenswürdige Kooperationspartner von ihren bestehenden und potenziellen Kunden wahrgenommen zu werden.

3.2 Investitionshemmnisse in die Vertrauenswürdigkeit bei Banken am Beispiel der Anlageberatung

In diesem Abschnitt geht es um die Klärung der Frage, was Banken daran hindert, in ihre Vertrauenswürdigkeit zu investieren, um als vertrauenswürdiger Kooperationspartner wahrgenommen zu werden. Bevor sich der Fokus allerdings auf die Banken und im Speziellen auf die in die Schlagzeilen geratene Anlageberatung richtet, werden vorweg – um die Vollständigkeit zu wahren – allgemeine Probleme thematisiert, mit denen Unternehmen jeglicher Art konfrontiert werden, sobald sie in ihre Vertrauenswürdigkeit investieren wollen.

Während die Vergabe von Vertrauen nur durch ein Individuum erfolgen kann, können als Empfänger neben einzelnen Personen gesellschaftliche Institutionen und Unternehmen in Frage kommen, mit denen Akteure in regelmäßigen oder unregelmäßigen Abständen in Interaktionen bzw. Kooperationen treten. Vertrauensbeziehungen zwischen Einzelpersonen, wie sie bspw. in einer Partnerschaft oder zwischen Kollegen im Berufsleben anzutreffen sind, zeichnen sich durch häufige Interaktionen und Wechselseitigkeit aus, d.h. im Laufe der Beziehung wird der Vertrauensgeber zum Vertrauensnehmer und der Vertrauensnehmer zum Vertrauensgeber. Gegenseitige Vertrauensvergabe und ge-

[299] Vgl. Kapitel 2.2.1.

genseitige Erwiderung von Vertrauen führen zur Stabilisierung von Vertrauensbeziehungen.[300]

Im Gegensatz dazu ist die Möglichkeit für Unternehmen, Reziprozität herzustellen, begrenzt. Ein Unternehmen kann sich gegenüber seinen Kunden als vertrauenswürdig erweisen oder im Laufe der Beziehung sich ergebende Gelegenheiten dazu nutzen, um ebenfalls als Vertrauensgeber aufzutreten – wenn es bspw. eine Ware liefert und die Zahlung erst zu einem späteren Zeitpunkt verlangt – , aber anders als bei einer Vertrauensbeziehung zwischen zwei Individuen kann ein Unternehmen keine Vertrauenssituation evozieren, d.h. es kann nicht von sich aus als Vertrauensgeber auftreten, um eine Vertrauensbeziehung einzuleiten oder eine bestehende Vertrauensbeziehung in dem Maße ausweiten und intensivieren, wie dies zwischen zwei Einzelpersonen möglich ist. Deshalb gilt die Vertrauensentwicklung gegenüber Unternehmen im Vergleich zu Personen grundsätzlich als langsamer und weniger intensiv.

Die eingeschränkte Möglichkeit, Vertrauensbeziehungen durch den Faktor der Reziprozität aufzubauen, auszuweiten und zu stabilisieren, stellt für Unternehmen eine erste Schwierigkeit beim Umgang mit dem Thema „Vertrauen" dar. Schweer empfiehlt deshalb, die mangelnde Reziprozität durch permanente Unterbeweisstellung der Vertrauenswürdigkeit zu kompensieren.[301]

Allerdings zeigt eine weitere Besonderheit beim Umgang mit dem Thema „Vertrauen" aber, dass ein permanenter Nachweis der Vertrauenswürdigkeit für Unternehmen nicht frei von gegenläufigen Anreizen ist. Unternehmen stehen, wenn sie in ihre Vertrauenswürdigkeit investieren wollen, vor der Schwierigkeit, dass es sich beim Vertrauen um einen immateriellen und nicht bilanzierungsfähigen Vermögenswert handelt. Da ein immaterieller Vermögenswert Vertrauen durch entsprechende Investition selbst geschaffen wird, handelt es sich bilanzrechtlich um einen originären Goodwill, der nach § 248 Abs. 2 HGB sowie nach § 5 Abs. 2 EStG. nicht aktivierbar ist. Auch nach internationaler Rechnungslegung ergibt sich gemäß IAS 38.48 ein Aktivierungsverbot. Solche Positionen dürfen nicht berücksichtigt werden, weil aufgrund ihrer Einzigartigkeit kein aktiver Markt existiert (IAS 38.78) und damit kein anzusetzender Marktpreis vorliegt. Schließlich sind weder zukünftige Erträge aus der Investition in die eigene Vertrauens-

---

300 Vgl. Schweer und Thies (2003), S. 45; Beckmann et al. (2009), S. 3.
301 Schweer (2003), S. 324.

würdigkeit gegenwärtig zu quantifizieren, noch die Anschaffungskosten zweifelsfrei zu bestimmen. Aus Sicht der Unternehmensbewertung bleibt Vertrauen deshalb immer eine unscharfe und nicht berücksichtigte Größe, während vertrauenswürdiges Verhalten für die Akteure eine Gewinneinbuße darstellt, wenn aktuell mögliche Erträge durch Verzicht auf Opportunitätsgewinne gesenkt werden. Da bilanzorientiert betrachtet kein sichtbarer Vermögenswert gegenübersteht, sinkt der Anreiz für vertrauenswürdiges Verhalten.[302]

Verstärkt wird der Anreiz auf Verzicht von Vertrauensinvestitionen in Unternehmen, wenn die Entlohnung der Führungskräfte – die letztlich verantwortlich für die Unternehmensausrichtung und die Investitionen in die Vertrauenswürdigkeit sind – an Finanzkennzahlen gekoppelt wird und dabei ein kurzer Zeithorizont berücksichtigt wird, d.h. je kürzer der betrachtete Zeitraum bei der Entlohnung ist, desto geringer ist die Partizipation an den langfristigen Erträgen, desto geringer der Anreiz, heute auf opportunistisches Verhalten zu verzichten um in etwas langfristiges und ertragsmäßig unklares wie Vertrauenswürdigkeit zu investieren.[303]

Fehlende Reziprozität und Bilanzierungsverbot von Vertrauensinvestitionen sind allgemeine Hindernisse, die nicht nur Banken betreffen, sondern alle Unternehmen, die sich mit der Vertrauensthematik näher beschäftigen. Deshalb ist in nun speziell nach bankenspezifischen Hindernissen und Anreizstrukturen zu suchen, die verhindern, dass Banken konsequent in ihre Vertrauenswürdigkeit investieren, um als vertrauenswürdiger Kooperationspartner wahrgenommen zu werden.

3.2.1 Persistenz der Informationsasymmetrie zwischen Bank und Kunde

Wird nun genauer die Beziehung zwischen einem Kunden und der Bank analysiert, lässt sich folgende Ausgangssituation skizzieren: Ein Kunde wird eine Bank aufsuchen, um ein Problem, das sich auf seine finanzielle Sphäre bezieht, zu lösen. Die Kooperationsleistung der besser informierten Bank besteht darin, den Bedarf des schlechter informierten Kunden festzustellen und ihm eine entsprechende Lösung anzubieten.[304]

[302] Vgl. Fernández et al. (2000), S. 81 f.; Sáez (2012), S.129 f.
[303] Vgl. Sáez (2012), S.129.
[304] Vgl. Roßbach (2011a), S. 50.

Die bessere Informationsausstattung der Bank resultiert aus ihrer Tätigkeit als Finanzintermediär. Schließlich existieren Banken, weil sie als „institutionalisierter Treffpunkt für Kapitalanbieter und -nachfrager“[305] die Senkung von Transaktionskosten und von Informationsasymmetrien im Vergleich zu einer individuellen Suche der Akteure nach einem geeigneten Transaktionspartner ermöglichen. Durch ihre Spezialisierung auf die Abwicklung einer Vielzahl von Kunden mit einer Vielzahl von gleichartigen Leistungen sind sie in der Lage, in den unterschiedlichen Phasen einer Transaktion Verbundvorteile und Kostendegressionseffekte auszuschöpfen und Vorteile bei der Beschaffung und Verarbeitung von Informationen zu nutzen.

Dass der schlechter informierte Kunde kein ausschließlich theoretisches Konstrukt darstellt, sondern auch tatsächlich in der Realität anzutreffen ist, belegen zahlreiche Studien. Stellvertretend soll an dieser Stelle eine Forsa Umfrage aus dem Jahre 2011 genannt werden, bei der 84% der Befragten „Geldanlagen und Finanzwissen“ eine hohe Bedeutung beimessen, aber 52% sich „überhaupt nicht gut bis wenig informiert“ einstufen.[306] Ursächlich für die schlechtere Informationsausstattung der Kunden sind hohe Informationskosten bei der Beschaffung und Auswertung von Spezialwissen.

Die nun hier näher zu betrachtende Geschäftsbeziehung zwischen dem Kunden und der Bank soll sich auf den Beratungsprozess im Rahmen der Anlageberatung beziehen, denn im Vergleich zu anderen primären Bankleistungen wie Zahlungsverkehrsleistungen ist die Beratung für den Kunden mit hoher Unsicherheit verbunden und durch einen länger andauernden persönlichen Kontakt gekennzeichnet. Die Leistung der Bank in der Anlageberatung besteht in der Feststellung des Informationsbedarfs des nach Unterstützung und Empfehlung suchenden Kunden und in der Transformation der Informationsnachfrage in ein konkretes Anlageangebot. Definieren lässt sich die Anlageberatung als „vertraglich gewollte und aufgrund besonderer Sachkunde erteilte informierende Aufklärung und bewertende Beurteilung bestimmter Anlageformen, die sich bezieht auf eine konkret ins Auge gefasste oder zunächst unbestimmt gewollte Anlage wie auch auf die persönlichen und wirtschaftlichen Verhältnisse dessen, der die Beratung in Anspruch nimmt“[307]. Im Gegensatz dazu darf bei der Vermögensverwaltung auf der Grundlage eines mit dem Eigentümer des Vermögens geschlossenen Vertrags der Ver-

---

305 Büschgen (1999), S. 38.
306 Vgl. Börse Stuttgart (2011), o.P.
307 Bamberger (2009), S. 1411.

walter selbständig und nach eigenem Ermessen das Vermögen verwalten.[308] Als Anlageformen oder Finanzinstrumente können bei der Anlageberatung Vermögensanlagen bei der Bank (Spareinlagen, Termineinlagen, Sparverträge), Wertpapieranlagen (festverzinsliche Wertpapiere, Aktien, Investmentzertifikate, strukturierte Produkte), Anlagen in Bausparverträge, Immobilien und Beteiligungen in Frage kommen. Dazu zählen auch die Vermittlung von nicht-verbrieften Anteilsrechten an Unternehmen oder die Vermittlung von Derivaten.[309]

Analytisch lässt sich der Prozess der Anlageberatung in drei sich überschneidende Phasen unterteilen, in eine Explorationsphase, eine Aufklärungsphase und eine Empfehlungsphase. In der Explorationsphase soll die Bank Informationen über den Kunden eruieren, um ein Kundenprofil anzulegen.[310] Nach der Festlegung eines Kundenprofils mithilfe der erhaltenen Informationen erfolgt in der Phase der Aufklärung dieses Mal die Informationsbereitstellung durch die Bank, indem sie dem Kunden bspw. die Chancen und die Risiken, die mit einer bestimmten Anlage verbunden sind, versucht näher zu bringen. Die Aufklärungsphase entwickelt sich aus der konkreten Befragung heraus, denn der Kunde wird typischerweise zu Beginn nicht genau sagen können, was er wissen muss, weil ihm nicht klar ist, welche Informationen ihm überhaupt fehlen.[311] Während in der Aufklärungsphase die Vermittlung von Fakten im Vordergrund steht, erfolgt in der letzten Phase eine Bewertung der übermittelten Daten mit der Zielsetzung, eine dem Kundenprofil entsprechende Empfehlung auszusprechen. Zum Abschluss einer Beratung geht die Bank bzw. der Mitarbeiter also qualitativ über die Grundlage einer entscheidungsbildenden Aufklärung hinaus und nimmt eine persönliche Wertung vor, die er anschließend dem Kunden ausdrücklich oder als konkludenten Ratschlag mitteilt, indem er sagt, wie er selbst handeln würde, wenn er an der Stelle des Kunden wäre.[312] Entlohnt wird die Bank für die Anlageberatung i.d.R. nicht durch gesonderte Zahlungen durch den Kunden, sondern durch ein Entgelt, das in Order- oder Depotentgelte eingepreist ist oder über Provisionen durch den Anbieter eines Anlageproduktes.[313]

[308] Vgl. Bamberger (2009), S. 1412.
[309] Vgl. Bamberger (2009), S. 1411.
[310] Vgl. Jungermann und Belting (2004a), S. 242.
[311] Kohlert (2009), S. 60.
[312] Vgl. Koller (2012), S. 1429 f.
[313] Vgl. Roßbach (2011a), S. 50; Weller (2011), S. 192; Fock (2013), S. 73.

Wenn nun ein Kunde das oben zunächst nur in seinen Grundzügen beschriebene Beratungsgespräch in Anspruch nimmt, kann er während der Beratung nicht feststellen, ob die Bank ihre bessere Informationsausstattung dazu verwendet, ein Produkt zu empfehlen, das ihr eine besonders hohe Provision einbringt, für ihn aber ungeeignet ist oder ob die Bank kompetent und wohlwollend eine Empfehlung in seinem Interesse ausspricht. Daher resultiert aus dieser Konstellation für die Bank der Anreiz, opportunistisch zu agieren, um ihren Gewinn bzw. Nutzen aus der Kooperation zu Lasten des Nutzens des Kunden zu steigern.

Warum der Kunde während des Gesprächs nicht beurteilen kann, ob die Bank (als Berater) ihre „informierende Aufklärung und bewertende Beurteilung“[314] kompetent und wohlwollend durchführt oder (als Verkäufer) einzig ihre Gewinnerzielungsabsicht verfolgt, soll nun genauer analysiert werden. Gleichzeitig wird in diese Analyse auch der Einfluss der Regulierung aufgenommen, da mit den Regulierungsvorgaben der Markets in Financial Instruments Directive (MiFID) zum 1. November 2007 die Anlageberatung für die Bank in Abhängigkeit einer Kundenklassifizierung mit strengen Aufklärungspflichten verbunden ist, weshalb zunächst von einer Verbesserung der Situation des Kunden auszugehen ist.[315] Im nächsten Schritt sind deshalb kurz die MiFID-Vorgaben für die Explorations- und Aufklärungsphase widerzugeben, bevor die Friktionen in der Umsetzung untersucht werden.

3.2.1.1 MiFID Vorgaben für die Explorations- und Aufklärungsphase

MiFID ist ein detailliertes, in sich geschlossenes Regelsystem, dessen erklärtes Ziel darin besteht, „europaweit harmonisierte Regeln für den Wettbewerb zu schaffen sowie den Anlegerschutz und die Effizienz und Integrität des europäischen Finanzmarktes zu verbessern“[316]. Die Umsetzung dieser Regeln erfolgt in Deutschland durch das „Gesetz zur Umsetzung der Richtlinie über Märkte für Finanzinstrumente und der Durchführungsrichtlinie der Kommission“ (Finanzmarktrichtlinie-Umsetzungsgesetz (FRUG)) vom 16. Juli 2007 und der „Verordnung zur Konkretisierung der Verhaltensregeln und Organisationsanforderungen für Wertpapierdienstleistungsunternehmen“ (Wertpapierdienstleistungs-Verhaltens- und Organisationsverordnung (WpDVerOV)).

[314] Bamberger (2009), S. 1411.
[315] Teilweise auch ab dem 1. Januar 2008.
[316] Zingel (2008), S. 5.

Eine wesentliche Neuregelung der MiFID betrifft die Annahme über Kunden. Aus der Prämisse, dass es nicht *einen* typischen Kunden geben kann, sondern verschiedene Kundengruppen mit unterschiedlichen Ausprägungen bzgl. ihres Finanzmarktwissens, wurde die Pflicht für Banken abgeleitet, ihre Kunden in eine der drei Gruppen „Privatkunde", „Professioneller Kunde" und „Geeignete Gegenpartei" einzuordnen. Die Einordnung soll einen effektiveren Anlegerschutz gewährleisten, denn der Umfang der Pflichten der Banken bei der Umsetzung ihrer Explorations-, Aufklärungs- und Beratungstätigkeit hängt von der Einstufung des Kunden ab. Privatkunden, bei denen der geringste Sachverstand und die wenigste Erfahrung im Umgang mit Finanzanlagen unterstellt wird, erhalten die höchste Schutzbedürftigkeit, d.h. ihnen gegenüber sind die Informations-, Aufklärungs- und Beratungspflichten umfangreicher als gegenüber den anderen beiden Kundenklassen.[317] Eine eindeutige Definition darüber, wer als Privatkunde einzustufen ist, liefert der Gesetzgeber, indem er eine Negativabgrenzung vornimmt und Banken verpflichtet, alle Kunden in die Klasse der Privatkunden aufzunehmen, die sich nicht als professionelle Kunden oder geeignete Gegenpartei qualifizieren.[318]

Bei den professionellen Kunden handelt es sich um Kunden, bei denen die Bank davon ausgehen kann, „dass sie über ausreichende Erfahrungen, Kenntnisse und Sachverstand verfügen, um ihre Anlageentscheidungen zu treffen und die damit verbundenen Risiken angemessen beurteilen zu können"[319]. Zu unterscheiden sind professionelle Kunden, die bereits kraft Gesetzes als solche anzusehen sind und solche, die diesen Status bei Erfüllung bestimmter Kriterien erlangen. Sogenannte „geborene" professionelle Kunden sind bspw. Versicherungsunternehmen, Pensionsfonds, Zentralbanken oder der internationale Währungsfonds.[320] Kunden, die mindestens zwei der drei Kriterien Bilanzsumme > 20 Mio. €, Umsatzerlöse > 40 Mio. €, Eigenmittel > 2 Mio. € erfüllen, dürfen ebenfalls als professionellen Kunden behandelt werden.[321]

Geeignete Gegenparteien sind besonders qualifizierte professionelle Kunden. Zu den geeigneten Gegenparteien zählen ebenfalls Zentralbanken, internationale und überstaatliche Einrichtungen wie die Weltbank, der Internationale Währungsfonds oder die Eu-

317 Vgl. Rost (2008), S. 97 ff.
318 Vgl. § 31a Abs. 3 WpHG.
319 § 31a Abs. 2 Satz 1 WpHG.
320 Vgl. § 31a Abs.2 WpHG.
321 Vgl. § 31a Abs. 2 Satz 2 Nr. 2 WpHG.

ropäische Zentralbank.[322] Sie erhalten das geringste Schutzniveau, was u.a. in den geringsten Informationspflichten der Banken zum Ausdruck kommt.

Trotz der gesetzlichen Vorgaben dürfen Banken bei der Festlegung der Kundengruppenzugehörigkeit geeignete Gegenparteien als professionelle Kunden oder Privatkunden und professionelle Kunden als Privatkunden einstufen.[323] Werden alle Kunden als Privatkunden behandelt, erspart sich die Bank das komplexe Kundenklassifizierungsverfahren und darf alle Kunden einheitlich ansprechen. Dafür genießen alle Kunden dann das höchste Schutzniveau.[324]

Der in dieser Arbeit unterstellte Privatkunde besitzt also nicht wie professionelle Kunden oder geeignete Gegenparteien über ausreichende Erfahrungen, Kenntnisse und Sachverstand im Umgang mit Finanzanlagen. Deshalb ist die Bank verpflichtet, der besonderen Schutzbedürftigkeit des Privatkunden in der Anlageberatung nachzukommen. Für die Umsetzung in der Praxis bedeutet dies, dass die Pflichten in der Explorations-, Aufklärungs- und Empfehlungsphase uneingeschränkt anzuwenden sind. Worin diese Pflichten in den einzelnen Phasen zum Ausdruck kommen, wird nun genauer aufgezeigt.

MiFID-Vorgaben für die Explorationsphase

Im Detail dient die Explorationsphase der vom Gesetzgeber in § 31 Abs. 4 Satz 1 WpHG (Art. 19 Abs. 4 MiFID) geforderten Feststellung der Aufklärungsbedürftigkeit des Kunden.[325] Deshalb wird der Anlageberater verpflichtet, neben personenbezogenen Auskünften wie Familienstand, Alter und Beruf Informationen über die „Kenntnisse und Erfahrungen der Kunden in Bezug auf Geschäfte mit bestimmten Arten von Finanzinstrumenten oder Wertpapierdienstleistungen, über die Anlageziele der Kunden und über ihre finanziellen Verhältnisse, die erforderlich sind, um den Kunden ein für sie geeignetes Finanzinstrument oder eine für sie geeignete Wertpapierdienstleistung empfehlen zu können“[326] einzuholen. Konkretisiert werden die Pflichten bei der Einholung von Kundenangaben in § 6 WpDVerOV.

[322] Vgl. § 31a Abs. 4 WpHG.
[323] Vgl. § 31a Abs.5 WpHG.
[324] Vgl. Rost (2008), S. 102.
[325] Vgl. Bamberger (2009), S. 1444.
[326] § 31 Abs. 4 Satz 1 WpHG.

Erfassung der „Kenntnisse und Erfahrungen“

Die Ermittlung der „Kenntnisse und Erfahrungen“ soll sicherstellen, ob der Wissensstand des Kunden auf theoretische Kenntnisse beschränkt ist oder weitergehende praktische Erfahrungen einschließt. Diese Ermittlung ist wichtig, weil theoretisches Wissen und praktische Kenntnisse unterschiedliche Bezugspunkte haben.[327] Liegen praktische Erfahrungen vor, sind im nächsten Schritt nach § 6 Abs. 2 Nr. 2 WpDVerOV Art, Umfang, Häufigkeit und Zeitraum zurückliegender Geschäfte zu ermitteln.[328]

Ermittlung der „Anlageziele“

Die Ermittlung der „Anlageziele“ dient der Ermittlung des Zweckes der Anlage und des geplanten Anlagehorizonts.[329] Anlageziele können sehr unterschiedlich ausfallen und bspw. Diversifikation, Spekulation oder die Alters- oder Familienvorsorge zum Inhalt haben. Dabei kann die Risikobereitschaft des Kunden Aufschluss geben, wobei die alleinige Abstellung auf die drei Kategorien „hoch“, „mittel“ oder „niedrig“ unzureichend ist, da ein grundsätzlich risikofreudiger Anleger im Einzelfall an einer sicheren Anlageform interessiert sein kann oder umgekehrt. Gibt der Kunde inkompatible Anlageziele vor, bspw. sehr hohe Rendite und Sicherheit, muss der Berater auf Klärung drängen. Gelingt ihm das nicht, ist die Beratung abzubrechen oder für jedes der Anlageziele eine eigenständige Empfehlung abzugeben. Neben der Erfragung der Anlageziele ist die Anlagedauer festzustellen, also ob der Kunde an einer kurz-, mittel- oder langfristigen Anlage interessiert ist und einmalige oder wiederkehrende Erträge bevorzugt.[330]

Auskünfte über die „finanziellen Verhältnisse“

Auskünfte über die „finanziellen Verhältnisse“ sollen dazu dienen, die Risikotragfähigkeit zu ermitteln.[331] Dabei sind regelmäßiges finanzielles Einkommen regelmäßigen finanziellen Verpflichtungen gegenüberzustellen und vorhandene Vermögenswerte wie Barvermögen, Kapitalanlagen und Immobilienvermögen ebenfalls zu berücksichtigen.[332]

[327] Vgl. Rothenhöfer (2010), S. 1543.
[328] Vgl. Koller (2012), S. 1432.
[329] Vgl. Koller (2012), S. 1434.
[330] Vgl. Koller (2012), S. 1434 f.
[331] Vgl. Rothenhöfer (2010), S. 1546.
[332] Vgl. § 6 Abs. 1 Nr. 1 WpDVerOV.

MiFID-Vorgaben für die Aufklärungsphase

In der anschließenden Aufklärungsphase verpflichtet der Gesetzgeber die Bank, „Kunden rechtzeitig und in verständlicher Form Informationen zur Verfügung zu stellen, die angemessen sind, damit die Kunden nach vernünftigem Ermessen die Art und die Risiken der ihnen angebotenen oder von ihnen nachgefragten Arten von Finanzinstrumenten oder Wertpapierdienstleistungen verstehen und auf dieser Grundlage ihre Anlageentscheidungen treffen können“[333]. Die bereitgestellten Informationen müssen sich auf „die Arten von Finanzinstrumenten und vorgeschlagene Anlagestrategien einschließlich damit verbundener Risiken“[334] beziehen. Konkretisiert werden die Informationspflichten in § 5 Abs. 1 WpDVerOV. Demnach sind Privatkunden uneingeschränkt aufzuklären über

1. Hebelwirkungen und ihre Effekte, über die Möglichkeit eines Totalverlusts,
2. die Volatilität und etwaige Beschränkungen des Marktes,
3. Eventualverpflichtungen, die zu den Kosten für den Erwerb der Finanzinstrumente hinzukommen können,
4. Einschusspflichten und
5. die Bestandteile und gegenseitige Beeinflussung von Risiken, wenn durch die Verknüpfung verschiedener Instrumente zu einem zusammengesetzten Instrument ein größeres Risiko entsteht als die mit jedem der Bestandteile verbundenen Risiken.[335]

3.2.1.2 Friktionen bei der Umsetzung der Explorations- und Aufklärungsphase

Wenn die höchste Schutz- und Aufklärungsbedürftigkeit dem Privatkunden zukommt, bedeutet das für die Explorationsphase, dass sie besonders umfangreich und detailliert erfolgen muss. Je eingehender der Berater aber die Kenntnisse, Erfahrungen, Anlageziele und finanziellen Verhältnisse des Kunden erfasst, desto höher liegen seine Transaktions- und Opportunitätskosten, weil er im gleichen Zeitraum aussichtsreichere oder eine größere Menge an Kunden beraten könnte. Je höher die Transaktions- und Opportuni-

333 § 31 Abs. 3 Satz 1 WpHG (auf internationaler Ebene vgl. § 19 Abs. 3 MiFID).
334 § 31 Abs. 3 Satz 2 Nr.2 WpHG.
335 Vgl. § 5 Abs. 1 WpDVerOV.

tätskosten liegen, desto höher wird der Anreiz sein, sich opportunistisch statt wohlwollend zu verhalten. Das opportunistische Verhalten kann sich dann bspw. in einer oberflächlichen Erfassung der Kundeninformationen niederschlagen.

Gleichzeitig werden Fragen über Anlageziele, Anlagedauer oder Risikotragfähigkeit Privatkunden schnell überfordern. Es darf bezweifelt werden, inwieweit ein Privatkunde sich über seine Anlageziele im Klaren ist, diese in ein Verhältnis setzen und mit Ausdrücken wie „Substanzerhaltung", „Risikotragfähigkeit" oder „durchschnittliche Rendite" in Verbindung bringen kann. Quintessenz der Argumentation ist, dass ein Kunde mit geringem Vorwissen in der Explorationsphase vielmehr mit sich selbst, d.h. der Bereitstellung von Informationen und der Anordnung seiner Ziele und Wünsche beschäftigt sein wird, als sich mit Gedanken über die Vertrauenswürdigkeit der Bank auseinanderzusetzen. Diese Phase der Selbstorientierung kann der Berater dazu (aus)nutzen, den Kunden durch gezielte Fragen zu bestimmten Antworten und so zu einer bestimmten Produktgruppe, die für den Kunden möglicherweise nicht die Ideallösung darstellt, aber für die Bank mit besonders hohen Erträgen einhergeht, zu steuern. Bspw. ist die Frage „Kennen Sie sich mit Aktien aus?" neutral formuliert, während Formulierungen wie „Was Aktien sind wissen Sie ja sicherlich?" oder „Aktien sind ja eine sehr komplexe Angelegenheit, wenn man bedenkt, wie viele Einflussfaktoren auf die Preisentwicklung wirken können. Kennen Sie sich mit Aktien aus?" auf bestimmte Antworten abzielen und so zumindest einen Rahmen für den weiteren Gesprächsverlauf festlegen.[336]

Ähnlich wie in der Explorationsphase stehen Banken auch bei der Aufklärung eines Kunden mit wenig Kenntnissen und Erfahrungen vor besonders hohen Transaktions- und Opportunitätskosten, wodurch ebenfalls der Anreiz für opportunistisches Verhalten hoch ist. Opportunismus kann sich dann bspw. in einer stark verkürzten Darstellung der Zusammenhänge äußern. [337]

Kritisch zu betrachten ist in diesem Zusammenhang auch die Annahme des Gesetzgebers, wonach die besondere Schutzbedürftigkeit des Privatkunden durch umfassende Informationsbereitstellung durch die Bank ausgeglichen werden kann, denn es darf bezweifelt werden, inwieweit die „kognitive Grundausstattung"[338] des Privatkunden überhaupt geeignet ist, die zur Vermittlung festgelegten Risiken und Zusammenhänge in

[336] Vgl. Kohlert und Oehler (2009), S. 85.
[337] Vgl. Kohlert (2009), S. 219.
[338] Jungermann und Belting (2004a), S. 248.

vorgesehener Weise für sich nutzbar zu machen. Die Annahmen der begrenzten Rationalität – beschränkte Informationsaufnahme- und Verarbeitungskapazität – legen vielmehr den Schluss nahe, dass „mit wachsender *Quantität* an Informationen die *Qualität* der Entscheidungen nicht in gleicher Weise verbessert wird. Information weist mit anderen Worten einen abnehmenden Grenznutzen auf“[339].

Wenn eine steigende Informationsmenge nicht mehr zu einer Verbesserung, sondern zu einer Verschlechterung der Entscheidungsqualität führt, weil der Entscheider die zusätzlichen Informationen nicht mehr aufnehmen oder relevante Informationen von irrelevanten nicht mehr unterscheiden kann, liegt eine Informationsüberflutung vor (vgl. Abb. 16).[340] Ausgelöst wird ein sog. „Information Overload“ neben einer zu hohen Anzahl an Informationen durch die Komplexität der Informationen oder dann, wenn die notwendige Zeit für die Informationsverarbeitung im Widerspruch zur verfügbaren Zeit steht.[341]

Wettbewerbsfeld	Wettbewerbsvorteil	
	niedrige Kosten	Differenzierung
weites Segment	(1) Strategie der Kostenführerschaft	(2) Strategie der Differenzierung
enges Segment	(3) Konzentrations- (Nischen-) Strategie	
	(3A) Strategie des Kostenschwerpunkts	(3B) Strategie des Differenzierungsschwerpunkts

Abbildung 16: Information Overload als invertierte U-Kurve.[342]

Die invertierte U-Kurve sagt aus, dass zunächst mit wachsender Informationsmenge die verarbeitete Menge an Informationen und damit die Entscheidungsqualität zunimmt. Ab einem gewissen Punkt führt allerdings die weitere Bereitstellung von Informationen nicht mehr zu einer Verbesserung der Entscheidungsqualität. Ab dieser sog. Informati-

[339] Fleischer (2001), S. 115.
[340] Vgl. Kohlert und Oehler (2009), S. 89; Möllers und Kernchen (2011), S. 10.
[341] Vgl. Speier et al. (1999), S. 339; Volnhals und Hirsch (2008), S. 51.
[342] Vgl. Eppler und Mengis (2004), S. 326.

on-Overload-Schwelle fällt der Entscheider auf eine geringe verarbeitete Informationsmenge und Entscheidungsqualität zurück.[343]

Wann die Information-Overload-Schwelle erreicht ist, lässt sich nicht genau feststellen und hängt vom Eizelfall ab.[344] Einem Privatkunden, dem Kenntnisse fehlen und dem deshalb die größte Schutzbedürftigkeit zugesprochen wird, sind in der Aufklärungsphase umfassende Informationen bereitzustellen, damit er die Art und Risiken der Anlageentscheidung so gut wie möglich versteht. Je umfangreicher und detaillierter die Informationen und je begrenzter die verfügbare Zeit zur Aufnahme und Verarbeitung der Informationen im Rahmen der Anlageberatung aber sind, desto eher wird ein Privatkunde die Overload-Schwelle erreichen und die Qualität seiner Entscheidung wird sinken, weil er dazu übergehen wird, Heuristiken der Informationsverarbeitung anzuwenden, die dazu dienen, mit einem geringen Aufwand zu einem schnellen – aber eben nicht unbedingt optimalen – Ergebnis zu gelangen.[345]

Heuristiken – definierbar als „ "rule of thumb" used in problem solving"[346] oder als „Rationalisierungsmechanismus zur Informationsverarbeitung"[347] – sind letztlich notwendige Vereinfachungsmethoden, da sonst im Extremfall das Individuum infolge der Informationsflut orientierungslos und handlungsunfähig wäre. Um in einer Beratungssituation mit dem Informationsstress umgehen zu können, wird der Kunde also zu einer selektiven Wahrnehmung tendieren, statt die bereitgestellten Informationen und die komplexe Materie in ihrem vollen Bedeutungsgehalt aufzunehmen. Insgesamt lässt sich sein Verhalten dann als leichtgläubig und oberflächlich kennzeichnen, obwohl es analytisch und kritisch sein sollte, weil im Anschluss des Gesprächs wichtige Entscheidungen anstehen.[348] Dadurch wird er aber auch zugleich anfälliger für eine gezielte Steuerung durch einen opportunistisch agierenden Berater. Aus der Verhaltensforschung ist bspw. die Verfügbarkeits-Heuristik bekannt, die aussagt, dass Entscheider Ereignisse, die lebhaft dargestellt werden und über die häufiger berichtet wird, für wahrscheinlicher halten.[349] Ein geschulter und erfahrener Berater kann also in dieser Phase Informationen, die seine opportunistische Produktempfehlung unterstützen, besonders einprägsam ver-

343 Vgl. Koller (2006), S. 824.
344 Vgl. Möllers und Kernchen (2011), S. 9.
345 Vgl. Goldberg und von Nitzsch (2000), S. 49.
346 Schaub (1993), S. 69.
347 Kind (1998), S. 471.
348 Vgl. Kohlert und Oehler (2009), S. 89.
349 Vgl. Jungermann et al. (2010), S. 173 f.

mitteln oder die Chancen eines im Anschluss an die Aufklärungsphase zu empfehlenden Produktes verstärkt betonen. Ein weiteres anschauliches Beispiel aus der psychologischen Entscheidungsforschung ist der Framing- Effekt. Ausgangspunkt dabei ist die Annahme, dass die Präsentation eines Entscheidungsproblems zu einer mentalen Repräsentation (framing) beim Entscheider führt. Diese interne Repräsentation (decision frame) der relevanten Komponenten eines spezifischen Entscheidungsproblems wird durch die wahrgenommenen Informationen aufgebaut. Wenn nun bei der Beschreibung eines Entscheidungsproblems Variationen eingebaut werden, lösen diese – bei identischem Inhalt – Variationen im Entscheidungsverhalten aus. Beispielsweise wird die Bildung der „decision frame" davon beeinflusst, ob die möglichen Ergebnisse als Gewinne oder Verluste bezeichnet werden. Je nach Beschreibung werden die Konsequenzen auch intern so kodiert, d.h. stark vereinfacht, dass ein Entscheider ein halbvolles Glas einem halbleeren Glas vorziehen wird.[350] Übertragen auf die Beratungssituation bedeutet dies, dass der Berater bei einem Produkt, das er empfehlen möchte eher davon sprechen wird, dass x % seiner Kunden mit dieser Empfehlung erfolgreich waren und bei einer Anlage, die er nicht empfehlen möchte davon, dass y % damit einen Verlust realisiert haben.

Eine Informationsüberlastung führt in einer Entscheidungssituation nicht nur dazu, dass der Privatkunde eine Heuristik heranzieht, um zu einer Entscheidung zu gelangen, sondern kann so weit gehen, dass er die Informationsaufnahme ganz verweigert, wenn sein Kompetenzempfinden stark negativ beeinflusst wird. Grundsätzlich empfinden Menschen Angelegenheiten, die sie überfordern, als unangenehm, weil ihre Selbstsicherheit gefährdet erscheint und neigen dann zu einem Vermeidungsverhalten.[351] Ähnlich verhält es sich auch mit der Aufnahme neuer Informationen, die vermieden werden, wenn sie die „schon angekratzte Selbstsicherheit gefährden"[352].

Im Hinblick auf den letzten Schritt der Anlageberatung, die Empfehlung, legen diese Sachverhalte den Schluss nahe, dass der Kunde nach der kognitiven Überforderung in der Explorations- und Aufklärungsphase die Anlageempfehlung und Begründung des Beraters eher unkritisch übernehmen wird, statt diese zu analysieren und ggf. begründet zu widerlegen. Das aktuelle Konstrukt der Anlageberatung macht es Banken also relativ einfach, opportunistisch vorzugehen.

---

[350] Vgl. Jungermann et al. (2010), S. 228 ff.
[351] Vgl. Dörner (1998), S. 312.
[352] Dörner (1998), S. 328.

Repetierend lässt sich festhalten, dass Banken bei Privatkunden in der Explorationsphase wie auch in der Aufklärungsphase vor hohen Transaktions- und Opportunitätskosten stehen und dadurch einen Anreiz haben, opportunistisch zu agieren statt wohlwollend zu handeln. Ein Kunde ohne Vorkenntnisse wird das opportunistische Verhalten nicht entlarven können, weil er in der Explorationsphase vielmehr mit sich und seinen Anlagezielen, ihrem relativen Verhältnis untereinander und der Identifikation seiner Risikotragfähigkeit beschäftigt sein wird, als sich kritisch mit der Arbeitsweise der Bank auseinanderzusetzen. In der Aufklärungsphase zielen die gesetzlichen Vorgaben darauf ab, der ausgeprägten Schutzbedürftigkeit des Privatkunden durch umfassende Informationsbereitstellung nachzukommen. Die Idee, den Informationsnachteil eines Privatkunden durch die Vermittlung von komplexem Spezialwissen im Rahmen der zeitlich begrenzten Anlageberatung kompensieren zu können, ist aufgrund der schnell einsetzenden Informationsüberflutung nicht unproblematisch. Dazu Langevoort: „The bottom line of all this is that making information available to investors does not mean that they will use it all, much less it well."[353]

Jungermann und Belting unterstellen in diesem Zusammenhang, dass die gesetzlichen Vorgaben in einer Anlageberatung gar nicht umgesetzt werden können und beide Seiten sich dessen auch bewusst sind: „Der Kunde tut so, *als ob* er die Erklärungen und die Empfehlung des Beraters verstehe. Zum Einen wahrt er dadurch seine Selbstachtung und sein Gesicht vor anderen, beispielsweise seinem Ehepartner. Zum Andern muss er so tun *als ob*, weil er nur dann sein Geld investieren darf; erst sein offen bekundetes Verständnis liefert dem Berater die Rechtfertigung, das Gespräch weiterzuführen und am Ende eine Empfehlung zu geben. Und der Berater tut so, *als ob* er alles umfassend erklärt habe und *als ob* er glaube, der Kunde habe verstanden, denn sonst dürfte er nicht empfehlen und verkaufen. Beide Seiten, Kunde und Berater tun so, *als ob* sie nicht wüssten, dass der Partner nur so tut *als ob*. Und sie wissen, dass sie die Form wahren müssen. Sonst käme das Geschäft nicht zustande."[354]

3.2.1.3 Fehlende Lerneffekte auf Seiten des Kunden

Die oben ausgearbeiteten Anreize erfahren allerdings eine Abschwächung, wenn der Kunde ex post feststellen kann, dass die Bank nicht vertrauenswürdig gearbeitet hat,

---

[353] Langevoort (2008), S. 770.
[354] Jungermann und Belting (2004a), S. 252.

denn dann führen Lerneffekte auf Seiten des Kunden zu einer abnehmenden Kooperationsbereitschaft in der Zukunft. Wenn das Beratungsgespräch also dem Kunden keine Aufklärung darüber liefert, ob die Bank vertrauenswürdig gearbeitet hat, könnte sich das ändern, nachdem der Kunde das von der Bank empfohlene Produkt erworben hat, d.h. der Kunde könnte über das Produkt Rückschlüsse auf die Vertrauenswürdigkeit der Bank ziehen. Allerdings kann der Bankkunde auch nach Abschluss der Kooperation nicht eindeutig bestimmen, ob die Empfehlung kompetent und wohlwollend vollzogen wurde. Der Rückkopplungsmechanismus, den Mayer et al. als einen wichtigen Baustein für anhaltende Vertrauensbeziehungen annehmen, greift hier nicht.[355] Eine Neujustierung der Erwartungen für die Zukunft findet also nicht statt. Warum die Einschätzung der Vertrauenswürdigkeit auch nach dem Erwerb einer Empfehlung problematisch ist, wird klar, wenn die Besonderheiten bankbetrieblicher Leistungen genauer betrachtet werden. Werden Bankleistungen statt der funktionsorientierten, auf die Finanzintermediationstätigkeit abzielenden Betrachtung über die Besonderheiten ihres Leistungsangebots näher definiert und von anderen Unternehmen abgegrenzt, ist als erstes zu konstatieren, dass Bankleistungen Dienstleistungen sind. Gleichzeitig ist an dieser Stelle anzumerken, dass diese Annahme in der Literatur nicht unumstritten ist, für die Anlageberatung aber unzweifelhaft zutrifft.

Als Dienstleistung werden alle Wirtschaftszweige bezeichnet, die nicht in der Urproduktion (primärer Sektor) tätig sind und keine materiellen Güter (sekundärer Sektor) erstellen. Konsequenz einer solchen Negativabgrenzung ist die Zusammenführung unterschiedlicher Branchen wie Banken, Gesundheits-, Bildungs- oder Unterhaltungswesen zu einem Sektor.[356] Die Heterogenität dieses als tertiärer Sektor bezeichneten Bereichs äußert sich in der fehlenden Identifikation einer gültigen Begriffsbestimmung. Hilke unterscheidet drei aufeinander bezogene definitorische Zugänge. So lassen sich Dienstleistungen im Sinne einer Fähigkeit und Bereitschaft, einer Tätigkeit oder eines Ergebnisses verstehen.[357] Notwendiger Bestandteil jeder Dienstleistung ist die Einbeziehung eines externen Faktors. Ein externer Faktor ist ein Produktionsfaktor, der in materieller, immaterieller oder personaler Form in Erscheinung treten kann und vom

[355] Vgl. 2.5.1.
[356] Vgl. bspw. Güthoff (1998), S. 610.
[357] Hilke (1989), S. 10 ff.

Abnehmer der Dienstleistung in den Leistungserstellungsprozess eingebracht wird, um eine Änderung zu erfahren oder seinen Zustand zu erhalten.[358]

Die an dieser Stelle relevante ergebnisorientierte Sichtweise von Dienstleistungen betont die Immaterialität des Leistungsergebnisses. Für die Bank bedeutet die Immaterialität ihrer Leistung, dass diese mit ihrer Entstehung abgesetzt werden muss.[359] Durch die identische Produktions- und Absatzkurve (Uno-actu-Prinzip) fehlt ihr die Möglichkeit, Nachfrageschwankungen durch die Pufferfunktion eines Lagers auszugleichen. Aufgrund der fehlenden Lagerfähigkeit bzw. Speicherbarkeit sind Banken deshalb erheblich sensitiver gegenüber Absatzmarktschwankungen.[360] Ferner bedeutet die Immaterialität für die Bank, dass sie ihre Leistung nicht physisch darstellen kann, was sie vor Visualisierungs- und Präsentationsprobleme stellt.[361] Für den Bankkunden resultiert aus der Immaterialität der Leistung, dass er auch nach dem Erwerb eine Überprüfung der Eignung nicht ohne weiteres vornehmen kann.[362]

Orientiert sich der Kunde bei der Beurteilung der Vertrauenswürdigkeit an den Erträgen der empfohlenen Produkte, weil sie ohne weitere Informationskosten leicht zu beobachten sind, steht er aufgrund der langen Laufzeit von Finanzprodukten vor der Schwierigkeit, die tatsächlich realisierten Erträge erst nach Laufzeitende bzw. Veräußerung feststellen zu können. Ausgenommen sind dabei Fälle, bei denen bspw. der Kunde auf eine möglichst sichere Anlage abzielt, das empfohlene Produkt aber einen starken Wertverlust erleidet. In solchen Ausnahmefällen lässt sich die Vertrauenswürdigkeit der Bank schnell – aber für den Kunden dennoch zu spät – ermitteln.[363]

Wird vereinfacht unterstellt, dass der Ertrag einer Anlage schon zum Zeitpunkt der Empfehlung bekannt ist, nutzt dieser Erkenntnisgewinn im Hinblick auf die Einschätzung der Vertrauenswürdigkeit wenig, solange der Kunde nicht den Ertrag kennt, den er bei vertrauensvoller Beratung realisiert hätte und somit keinen Vergleich vornehmen kann. Wenn also die Bank eine Anlage empfiehlt und eine sichere Rendite von x % modellhaft unterstellt wird, weiß der Kunde dennoch nicht, ob die Empfehlung vertrauenswürdig ist oder opportunistisch motiviert erfolgt. Um eine entsprechende Beurtei-

358 Vgl. Börner (2000a), S. 152.
359 Vgl. Börner (1994), S. 122.
360 Vgl. Börner (1994), S. 123; Büschgen (1999), S. 311.
361 Vgl. Engelhardt et al. (1993), S. 420.
362 Vgl. Engelhardt et al. (1993), S. 418 f.; Woratschek (1996), S. 60; Meffert und Bruhn (2012), S. 21.
363 Vgl. Sáez (2012), S. 56.

lung vornehmen zu können, müsste er auch die Rendite einer absolut vertrauenswürdigen Empfehlung kennen. Schließlich müsste er für den Fall, dass sein Ertrag und der Ertrag bei vollkommen vertrauensvoller Beratung bekannt sind, noch in der Lage sein, Toleranzbereiche festzulegen, um sagen zu können, ab wie viel Ertrag eine nicht vertrauensvolle Beratung in eine vertrauensvolle Beratung übergeht und umgekehrt.

Bei dem Versuch, die Vertrauenswürdigkeit aus dem Ertrag abzuleiten, kommt erschwerend hinzu, dass die Erträge von Finanzprodukten stark von Determinanten abhängen, die zum Zeitpunkt der Beratung und Empfehlung nicht bekannt sind. So könnte bspw. eine Bank stark opportunistisch agieren und den Kunden zum Erwerb eines ganz bestimmten Produktes anregen, obwohl es sich nicht mit dem Profil des Kunden deckt, sondern nur dazu dient, der Bank eine hohe Provision einzubringen. Dieses Produkt könnte dann trotzdem durch hohe Erträge den Kunden erfreuen. Der umgekehrte Fall, bei dem trotz kompetenter und wohlwollender Beratung schlechte Erträge verbucht werden, ist ebenso denkbar. Betrachtet der Kunde nur den Ertrag als Indikator für eine vertrauensvolle bzw. nicht vertrauensvolle Beratung, wird er aufgrund der fehlenden eindeutigen Zuordnung eines Ertrages auf die kompetente und wohlwollende Beratung nicht eindeutig feststellen können, ob eine Bank vertrauenswürdig ist oder nicht. Erträge können deshalb „keinen Ausgleich für fehlendes Verständnis der originären Produkteigenschaften“[364] darstellen.[365]

Während die anfänglich bestehende Informationsasymmetrie zwischen der Bank und dem Kunden ursächlich für die Entstehung einer Kooperation ist, führt die fortbestehende Informationsasymmetrie über die Beratung und den Erwerb hinaus also dazu, dass der Kunde die Vertrauenswürdigkeit, d.h. die Kompetenz, das Wohlwollen, die Integrität und die Rechtschaffenheit der Bank nicht beobachten oder beurteilen kann. Um die Vertrauenswürdigkeit der Bank im Rahmen der Anlageberatung beurteilen zu können, müsste der Privatkunde sich Spezialwissen aneignen. Die private Aneignung von Spezialwissen wird ihm hohe Informationskosten verursachen, die nicht in einem angemessenen Verhältnis zu seiner Anlage und zu seinen Erträgen stehen werden. Die Bereitstellung von Spezialwissen während der Beratung durch die Bank kann schnell ihren Zweck verfehlen und zu einer Informationsüberlastung führen. Insgesamt kann aus der Persistenz der Informationsasymmetrie für die Bank ein starker Anreiz ausge-

---

[364] Sáez (2012), S. 59.
[365] Vgl. Sáez (2012), S. 58 f.

hen, opportunistisch zu arbeiten und Produkte zu empfehlen, die ihr einen hohen Ertrag einbringen, aber dem Bedarf des Kunden nicht unbedingt entsprechen.

3.2.2 Existenz hoher Wechselkosten

Wird der Kunde per Annahme in die Lage versetzt, die Vertrauenswürdigkeit der Bank beurteilen zu können, so muss dieser Umstand für die Bank nicht als Anreiz wirken, vertrauenswürdig zu handeln, da der Kunde einen Vertrauensmissbrauch nicht konsequent mit einer Beendigung der Kooperation und einem Wechsel zum Wettbewerber abstrafen wird, solange Wechsel für ihn mit Kosten verbunden sind. Solche Wechselkosten können definiert werden als „perceived economic and psychological costs associated with changing from one alternative to another"[366]. Weil die Kosten nicht zwingend ökonomischer Natur sein müssen, sondern auch psychologische Überlegungen auf die Entscheidung einwirken, ist in der Literatur in diesem Zusammenhang auch auf die Bezeichnung „Wechselbarrieren" zu treffen.[367] Relevant sind Wechselkosten in Märkten mit signifikanten Informations- und Transaktionskosten, langfristigen Geschäftsbeziehungen und sich wiederholenden Transaktionen.[368] Differenzierter aufteilen lassen sich Wechselkosten in:

- pre-switching search and evaluation costs,
- uncertainty costs
- setup costs,
- post-switching behavioral and cognitive costs,
- opportunity costs und
- sunk costs.[369]

[366] Jones et al. (2002), S. 441.
[367] Jones et al. (2002), S.441: „Switching costs can be thought of as barriers that hold customers in service relationships." Vgl. auch Peter (1999), S. 115 und die dort aufgeführte Literatur.
[368] Sharpe (1997), S. 79.
[369] Die Unterteilung ist an Blut (2008), S. 36 ff. und Sáez (2012), S. 143 ff. angelehnt.

Pre-switching search and evaluation costs

Ein Bankkunde, der sich mit dem Gedanken auseinandersetzt, die Bank zu wechseln, steht als Erstes vor der Schwierigkeit, Informationen über eine alternative Bank oder mehrere alternative Banken zu sammeln und auszuwerten. Er muss bereit sein, Geld für die Beschaffung von Informationen auszugeben (bspw. für den Erwerb von Fachzeitschriften) und zudem Zeit investieren, um Recherchen und Bewertungen vorzunehmen. Die Immaterialität der Leistung wird einen Vergleich der Angebote erschweren und seine Suchkosten erhöhen. Steigende Suchkosten werden den Nutzen eines Wechsels abschwächen, d.h. mit steigenden Informationskosten wird der Verbleib bei der bisherigen Bank wahrscheinlicher. Hohe Kosten bei der Suche und Bewertung alternativer Angebote fördern letztlich die Kundenbindung.

Uncertainty costs

Gleichzeitig wird der Kunde das Risiko eines Anbieterwechsels berücksichtigen, d.h. auch wenn der Bankkunde weiß, dass die Leistungserbringung seiner aktuellen Bank schlecht ist, besteht für ihn ein „risk of change“[370] darin, dass die Leistungserbringung eines anderen Anbieters noch schlechter sein könnte.[371] Je schlechter der Bankkunde die Leistung beurteilen kann, desto höher wird das wahrgenommene Risiko eines Wechsels ausfallen.[372]

Setup costs

Weiter muss der Kunde einmalige Umstellungskosten einkalkulieren, die für die Beendigung der alten und der Initiierung einer neuen Bankverbindung anfallen, d.h. bei der alten Bank müssen Kontoschließungen veranlasst und ggf. Depotüberträge in die Wege geleitet werden, gleichzeitig sind in der neuen Bank neue und bisher nicht bekannte Formulare auszufüllen und Gespräche zu führen, die umso umfangreicher sein werden, je individueller das Angebot ist.[373]

370 Aaker (1991), S. 49.
371 Vgl. Aaker (1991), S. 49.
372 Vgl. Blut (2008), S. 40.
373 Vgl. Blut (2008), S. 40; Sáez (2012), S. 145.

Post-switching behavioral and cognitive costs

Neben den einmaligen Umstellungskosten muss der Bankkunde weitere Umstellungskosten bedenken, da er Lerneffekte, die er sich beim Kontakt mit seiner aktuellen Bank angeeignet hat, nicht mehr uneingeschränkt nutzen kann.[374] Vielmehr steht er vor der Aufgabe, sich neuen Abläufen und Prozessen anzupassen. Da er bei der Erstellung einer Dienstleistung den notwendigen externen Faktor bereitstellen und eingliedern muss, kann davon ausgegangen werden, dass diesen Kosten besondere Berücksichtigung zukommt. Teilweise wird sogar die Verlustgefahr eines idiosynkratrischen Wissens allein als Anreiz angesehen, den bestehenden Anbieter nicht zu verlassen.[375] Heskett et al. betonen in diesem Zusammenhang, dass die Bindung an einen alten Anbieter auch aus „natural desire to avoid learning new service' routines"[376] resultieren kann. An dieser Stelle wird der starke Einfluss nicht-monetärer psychologischer Wechselbarrieren wie Bequemlichkeit auf die Wechselkosten deutlich.

Opportunity costs

Opportunitätskosten beziehen sich auf den Verlust besonderer Vorteile, die über die Dauer (bspw. Treueprämien) oder Häufigkeit (bspw. umsatzbezogene Nachlässe) in einer Geschäftsbeziehung entstehen. Weil diese mit einer neuen Geschäftsbeziehung neu aufgebaut werden, wirken sie ebenfalls als „Exit Barrieren"[377] und sollen den Kunden zur Fortführung der Geschäftsbeziehung bzw. Erhöhung des Geschäftsvolumens bewegen.[378] In der Kunde-Bank-Beziehung kann sich das bspw. in einem Nachlass bei der Ausführung von Wertpapieraufträgen äußern.

Sunk costs

Ähnlich verhält es sich mit sunk costs, die zu beachten sind, wenn der Kunde Investitionen in die bisherige Geschäftsbeziehung getätigt hat, diese aber verliert, wenn er die Geschäftsbeziehung beendet.[379]

---

[374] Klemperer (1987), S. 375 f.
[375] Vgl. Blut (2008), S. 41 und die dort aufgeführte weiterführende Literatur.
[376] Heskett et al. (1990), S. 44.
[377] Dwyer et al. (1987), S. 25.
[378] Vgl. Dwyer et al. (1987), S. 25.
[379] Vgl. Blut (2008), S. 41 f.

Damit ein Kunde bei Existenz von Wechselkosten die Bank wechselt, kommt es also nicht nur darauf an, ob seine aktuelle Bank nicht-vertrauenswürdig und die neue Bank vertrauenswürdig arbeitet, sondern auch darauf, ob der Nutzen, den er aus der Vertrauenswürdigkeit der neuen Bank zieht, die Kosten eines Wechsels kompensieren. Mit hohen bzw. steigenden Wechselkosten sinkt die Wahrscheinlichkeit für die bestehende Bank, den Kunden trotz opportunistischen Verhaltens an die Konkurrenz zu verlieren. Solange also die Wechselkosten die Nachteile einer im Vergleich zur anderen Bank geringeren Vertrauenswürdigkeit überwiegen, braucht die Bank eine Abwanderung des Kunden nicht zu befürchten und entsprechend gering wird ihr Anreiz sein, Investitionen in ihre Vertrauenswürdigkeit vorzunehmen. Sinken die Wechselkosten oder erhöht sich die Vertrauenswürdigkeit der anderen Bank, d.h. übersteigt der Nutzen eines Wechsels die Kosten, so bedeutet das für die aktuelle Bank nicht, dass sie so weit in ihre Vertrauenswürdigkeit investieren muss, bis sie das Niveau der anderen Bank erreicht, damit sie den Kunden nicht verliert, sondern es reicht ihr aus, gerade so viel zu investieren, bis der Vorteil des Wechsels für den Kunden in einen marginalen Nachteil umkehrt.[380]

3.2.3 Beweislastschwierigkeiten für den Kunden

Schließlich darf bei der Ermittlung der Ursachen für die fehlenden Anreize der Bank, in ihre Vertrauenswürdigkeit zu investieren, der rechtliche Rahmen nicht unberücksichtigt bleiben, denn wenn die Bank ihren Kunden berät, schließt sie mit diesem stillschweigend einen Anlageberatungsvertrag ab, woraus sich für den Kunden, wenn die Bank ihre Aufklärungs- und Beratungspflicht verletzt, ein Schadensersatzanspruch aus § 280 Abs. 1 S. 1 mit der Rechtsfolge des § 249 BGB ergeben kann.[381] Daher ist zu klären, inwieweit über die Rechtsprechung ein Anreiz auf die Banken einwirkt, vertrauenswürdig zu arbeiten.

Grundsätzlich muss ein Anspruchsteller bei Geltendmachung eines Schadensersatzanspruchs dem Gericht alle anspruchsbegründenden Tatsachen, also das Vorhandensein eines Vertrags, die Pflichtverletzung, die Entstehung eines Schadens und die Kausalität zwischen Pflichtverletzung und Schaden nachweisen.[382] Für das Zustandekommen eines Anlageberatungsvertrags gilt das Prinzip der Formfreiheit. Tritt ein Kunde als Anlageinteressent an die Bank heran oder sucht die Bank das Beratungsgespräch, so kommt mit

380 Vgl. Sáez (2012), S. 150.
381 Vgl. Buck-Heeb (2012), S. 625.
382 Vgl. Palandt (2015), S. 379 ff.

der Aufnahme des Beratungsgesprächs stillschweigend ein konkludenter Beratungsvertrag zustande.[383] Dabei ist es unbedeutend, welches Anlageprodukt der Beratung zugrunde gelegt wird und ob die Initiative von der Bank oder dem Kunden ausgeht.[384] Bezüglich des Nachweises einer Pflichtverletzung in einem Rechtstreit zwischen dem Kunden und der Bank ist für die Beweisführung dahingehend eine Differenzierung vorzunehmen, ob der Kunde Ansprüche geltend machen will, die daraus resultieren, dass die Pflichtverletzung aus der Übermittlung falscher Informationen oder einer unterlassenen Aufklärung besteht.

Im Falle der Übermittlung falscher Informationen kann dem Kunden die Beweisführung nur gelingen, wenn die bereitgestellten Informationen dokumentiert werden. Eine Dokumentationspflicht lag allerdings bis zur Einführung eines Beratungsprotokolls nicht vor. Begründet wurde der Verzicht auf die schriftliche Fixierung von der Rechtsprechung damit, dass eine Dokumentationspflicht die Tätigkeiten des Beraters unzumutbar erschwere und nicht im Einklang mit dem bestehenden Vertrauensverhältnis stehe.[385] Erfolgte die Informationsvergabe mündlich, hatte der Kunde nur dann Aussicht auf prozessualen Erfolg, wenn der Berater die Pflichtverletzung einräumte, wovon nicht auszugehen war.[386] Eine Falschberatung blieb also weitgehend sanktionslos, solange sie nicht nachgewiesen werden konnte.[387]

Bestand die Pflichtverletzung nicht in der Übermittlung falscher Informationen, sondern in einer unterlassenen Aufklärung, müsste nach dem Grundsatz der Beweislastverteilung der Kunde dem Gericht nachweisen, dass die Bank ihrer Aufklärungs- und Beratungspflicht mindestens hinsichtlich eines Einzelpunktes nicht ordnungsgemäß nachgekommen ist und dadurch eine Anlageentscheidung verursacht hat, die unterblieben wäre, wenn er über den Einzelpunkt zutreffend aufgeklärt und beraten worden wäre.[388] Im Gegensatz zu einer falschen Informationserteilung, die an ein tatsächliches Handeln anknüpft, müsste der Kunde bei unterlassener Aufklärungs- und Beratungspflicht den Nachweis einer fehlenden Handlung erbringen und gleichzeitig einen nicht beobachtbaren Kausalzusammenhang zwischen unterlassener Informationserteilung und eingetrete-

[383] Vgl. Weller (2011), S. 193; Fock (2013), S. 74.
[384] Vgl. Pfeifer (2009), S. 486.
[385] Vgl. Kohlert (2009), S. 178.
[386] Vgl. Rothenhöfer (2007), S. 168 f.
[387] Vgl. Reiter und Mether (2013), S. 2053.
[388] Vgl. Lang (2000), S. 458.

nem Schaden nachweisen.[389] Aufgrund der besonderen Schwierigkeiten für den Kunden bei der Erbringung eines solchen Negativbeweises entschied die Rechtsprechung, dem Geschädigten die Beweislast nicht uneingeschränkt aufzuerlegen. Deshalb greift beim Nachweis nicht vorhandener Tatsachen eine Beweislastumkehr.[390] Der Nachweis durch den Kunden wird bei einer Beweislastumkehr dahingehend geändert, dass die wegen angeblich unterlassener Beratung und Aufklärung in Anspruch genommene und an sich nicht darlegungs- und beweispflichtige Bank die Behauptung, eine ordnungsgemäße Aufklärung und Beratung sei nicht erfolgt, substantiiert bestreiten und darlegen muss, d.h. die Bank muss vortragen, wie sie die gebotene Aufklärung und Beratung im Einzelnen vorgenommen hat oder beweisen, dass der Kunde „den unterlassenen Hinweis unbeachtet gelassen und die Anlage auch bei richtiger Aufklärung erworben hätte“[391]. Anschließend muss der Kunde den Nachweis erbringen (sekundäre Beweislast), dass diese Gegendarstellung nicht zutrifft.[392]

Je umfangreicher die Bank die Gegendarstellung ausführt, desto mehr Anhaltspunkte wird sie dem Kunden bereitstellen, die er widerlegen kann.[393] Deshalb ist davon auszugehen, dass die Bank der Substantiierungspflicht nur soweit wie nötig nachkommt. Begünstigt wird diese Vorgehensweise dadurch, dass aufgrund der langen Laufzeit von Finanzkontrakten Schadensersatzansprüche i.d.R. nach einem größeren zeitlichen Abstand zur Anlageberatung geltend gemacht werden, wodurch eine detaillierte Wiedergabe der Umsetzung der Aufklärungs- und Beratungspflicht ohne Dokumentation der Beratung nur bedingt ausgeführt werden kann. Deshalb hängt der Umfang der Substantiierungspflicht vom Einzelfall und von der Zumutbarkeit ab, wodurch für den klagenden Anleger trotz der Beweislastumkehr die Schwierigkeiten des Negativbeweises weitgehend bestehen, solange das Beratungsgespräch nicht protokolliert wird.[394]

Bewertend betrachtet ist aufgrund der angeführten Beweisschwierigkeiten in einem Schadensersatzprozess, den monetären Kosten eines Konfliktes beim Fehlen einer Rechtsschutzversicherung und der zeitlichen sowie psychischen Belastung davon auszugehen, dass Kunden auf einen langen Rechtstreit verzichten werden, während Banken

---

389 Vgl. Rothenhöfer (2007), S, 158 ff.; Kohlert (2009), S. 176.
390 Vgl. Lang (2000), S. 459 f.
391 Maier (2011), S. 6.
392 Vgl. Einsele (2008), S. 483.
393 Vgl. Rothenhöfer (2007), S. 170.
394 Vgl. Rothenhöfer (2007), S. 170.

über eine gute Rechtsabteilung und über eine Haftpflichtversicherung verfügen, die für Schadensersatzansprüche aufkommt. Eine drohende Schadensersatzpflicht, die auf rechtlicher Ebene eine Sanktionswirkung für die Bank und damit einen Anreiz darstellen könnte, vertrauenswürdig zu arbeiten, greift also nicht, solange die aufgezeigten Beweisschwierigkeiten dazu führen, dass Kunden Ansprüche aus Pflichtverletzungen nur schwer durchsetzen können. Letztlich trägt der Kunde das Risiko einer Unterlassung der Aufklärungs- und Beratungspflichten, die der Gesetzgeber in § 31 WpHG der Bank auferlegt hat.[395] Insgesamt bleibt nach der Betrachtung der rechtlichen Ebene im Ergebnis festzuhalten, dass auch hierüber keine Anreize gegeben sind, vertrauenswürdig zu agieren.

Zum Abschluss dieses Unterkapitels kann gesagt werden, dass bislang aufgrund der Informationsasymmetrie während der Beratung und über die Beratung hinaus, der Existenz hoher Wechselkosten und der Beweislastschwierigkeiten für den Kunden in einem Rechtsstreit sich Banken dazu haben verleiten lassen, eher als Verkäufer aufzutreten statt als wohlwollende Berater. So stellt bspw. die Verbraucherzentrale Baden-Württemberg, die 200 Fälle aus der Beratungspraxis ausgewertet hat, fest, dass 176 Kunden Verträge abgeschlossen haben, die nicht ihrem Bedarf entsprechen.[396] Der jährliche Schaden durch Fehlberatung wird auf einem Betrag zwischen ein bis zwei Prozent des gesamten Geldvermögens der deutschen Privathaushalte geschätzt, was 49 bis 98 Milliarden Euro entspricht.[397]

Die aufgezeigten Bedingungen haben dazu geführt, dass Banken nicht als vertrauenswürdige Kooperationspartner wahrgenommen werden und lösten letztlich eine Vielzahl regulatorischer Neuerungen aus – dessen Ende übrigens noch nicht abzusehen ist. Inwieweit die umfangreichen regulatorischen Neuerungen in der Anlageberatung geeignet sind, an der bisherigen Vorgehensweise der Banken etwas zu ändern, wird im nächsten Schritt untersucht.

[395] Vgl. Rothenhöfer (2007), S. 171 f.

[396] Allerdings beschränkte sich die Auswertung nicht auf Banken, sondern umfasste auch Versicherungsberatung und freie Berater. Vgl. Drost et al. (2011), o.P.

[397] Vgl. Drost et al. (2011), o.P.

3.3 Beurteilung der regulatorischen Eingriffe zur Stärkung des Kundenvertrauens

Nach der Finanzkrise, zahlreichen öffentlichkeitswirksamen Ereignissen sowie negativen Studienergebnissen wie die der Stiftung Warentest sah sich der Gesetzgeber in der Pflicht und brachte zahlreiche Regulierungsmaßnahmen auf den Weg.

Am 4. August 2009 wurde das Gesetz zur Neuregelung der Rechtsverhältnisse bei Schuldverschreibungen aus Gesamtemissionen und zur verbesserten Durchsetzbarkeit von Ansprüchen von Anlegern aus Falschberatung erlassen. Ein wesentliches Ziel des Gesetzgebers lag darin, die Dokumentationsanforderungen zu erhöhen, damit Kunden mithilfe eines sog. Beratungsprotokolls im Streitfall Schadensersatzansprüche leichter als bisher durchsetzen können.

Am 7. April 2011 folgte die Verkündung des Gesetzes zur Stärkung des Anlegerschutzes und Verbesserung der Funktionsfähigkeit des Kapitalmarkts (Anlegerschutz- und Funktionsverbesserungsgesetz (AnsFuG)), welches am 1. November 2012 in Kraft trat. Dieses Gesetz sollte verhindern, dass „das Vertrauen der Marktteilnehmer und insbesondere der Gesamtbevölkerung in funktionsfähige Märkte und ein faires, kundenorientiertes Finanzdienstleistungsangebot“ [398] untergraben wird.

Im Hinblick auf die Verbesserung der Anlageberatung umfassen die Neuregelungen die Einführung eines Beratungsprotokolls und Produktinformationsblattes sowie Qualifikations- und Meldepflichten für Anlageberater und Vertriebsbeauftragte. Beratungsprotokoll, Produktinformationsblatt und die Registrierung der Anlageberater werden nun einer Beurteilung aus Vertrauenssicht unterzogen. Die zu bearbeitende Frage lautet also, inwieweit diese Maßnahmen zu einer verbesserten Einschätzung der Vertrauenswürdigkeit der Banken dienen können.

3.3.1 Beratungsprotokoll

Am 5. August 2009 ist das Gesetz zur Neuregelung der Rechtsverhältnisse bei Schuldverschreibungen aus Gesamtemissionen und zur verbesserten Durchsetzbarkeit von Ansprüchen von Anlegern aus Falschberatung in Kraft getreten. Durch Art. 4 Nr. 4 des Schuldverschreibungsgesetztes wurde zum 1. Januar 2010 das Beratungsprotokoll in

---

[398] Deutscher Bundestag (2010), S. 1.

das WpHG eingeführt.[399] Zentrale Vorschrift ist dabei § 34 Abs. 2a WpHG, wonach Banken verpflichtet werden, bei jeder Anlageberatung ein schriftliches Protokoll anzufertigen und vor Abschluss eines Geschäftes an den Privatkunden auszuhändigen.

Bei der Bereitstellung eines Beratungsprotokolls erhalten Privatkunden eine privilegierte Behandlung, d.h. Banken sind verpflichtet, für Privatkunden ein Protokoll zu erstellen, während professionelle Kunden aktiv eine Ausfertigung verlangen müssen, wenn sie ein Protokoll erhalten möchten.[400] Erst dann greifen auch für sie die Vorgaben nach § 34 Abs. 2a Satz 2 ff. WpHG.[401] Die Äußerung eines Privatkunden, auf das Beratungsprotokoll zu verzichten, hat keinen Einfluss auf die Pflicht der Bank zur Erstellung eines Protokolls.[402] Das Protokoll ist auch dann obligatorisch, wenn auf die Beratung kein Geschäftsabschluss folgt oder wenn der Kunde bspw. über Aktien beraten wird, sich dann aber für eine Fondsbeteiligung entscheidet.[403] Maßgeblich für die Erstellung eines Beratungsprotokolls an den Privatkunden ist, ob ein Finanzprodukt Gegenstand des Gesprächs war. Wenn das Beratungsprotokoll fehlt, unvollständig ist oder nicht rechtzeitig zur Verfügung gestellt wird, handelt es sich um eine Ordnungswidrigkeit, die mit einem Bußgeld von bis zu 50.000 € sanktioniert werden kann.[404] Falls das Beratungsprotokoll nicht vor Abschluss ausgehändigt werden kann, weil die Beratung telefonisch erfolgt ist, enthält § 34 Abs. 2a S. 3 ff. WpHG Sonderregeln zur nachträglichen Zusendung. In einem solchen Fall muss die Bank dem Kunden eine Ausfertigung des Protokolls unverzüglich zusenden, dem Kunden ein einwöchiges Rücktrittsrecht ab Zugang einräumen und ihn auf dieses Rücktrittsrecht hinweisen.[405] Das Rücktrittsrecht besteht allerdings nur, wenn der Abschluss vor Erhalt des Protokolls auf ausdrücklichen Wunsch des Kunden erfolgt und das Protokoll unvollständig oder nicht richtig ist.[406]

Mit dem Beratungsprotokoll soll für Kunden ein Beweismittel für Streitfälle bereitgestellt werden, um Schadensersatzansprüche leichter als bisher durchsetzen zu können.[407] Neben der Stärkung der Rechte des Kunden stellt das Beratungsprotokoll laut der Bun-

---

[399] Vgl. Deutscher Bundestag (2009), S. 27.
[400] Vgl. § 34 Abs. 2b. WpHG i.V.m. § 34 Abs. 2a Satz 1.
[401] Vgl. Pfeifer (2009), S. 487 f.
[402] Vgl. Maier (2009), S. 3; Leuering und Zetzsche (2009), S. 2858.
[403] Vgl. Pfeifer (2009), S. 487.
[404] Vgl. § 39 Abs. 2 Nr. 19a-c und Abs. 4 WpHG.
[405] Vgl. § 34 Abs. 2a Satz 3,4 und 5; Arora (2010), S. 19.
[406] Vgl. Maier (2009), S. 4; BaFin Journal (2010), S. 5; Pfeifer (2009), S. 489.
[407] Deutscher Bundestag (2009), S. 27: „Im Streitfall kann das Protokoll als Beweismittel dienen"; BaFin Journal (2010), S. 5: „Darüber hinaus soll der Anleger im Streitfall den Inhalt des Beratungsgesprächs künftig [mithilfe des Protokolls] besser nachweisen können."

desanstalt für Finanzdienstleistungsaufsicht (BaFin) ein „wertvolles Überwachungsinstrument“[408] dar, das die Nachvollziehbarkeit „des gesamten Beratungsprozesses nebst der dazugehörigen Wertschöpfungskette“[409] ermöglicht. Zugleich soll das Protokoll eine Warnfunktion auf Berater ausstrahlen, weil – so die Annahme des Gesetzgebers – nachprüfbar wird, „ob ein Berater den Kunden beispielsweise durch Übertreiben der Renditechancen oder Verschweigen der Risiken überredet hat, sich für eine höhere als die zunächst angestrebte Risikoklasse zu entscheiden [oder] dem Kunden etwa empfohlen hat, davon abzusehen, ein Finanzinstrument aus dem Kundendepot zu verkaufen, obwohl der Kunde Befürchtungen im Hinblick auf eine Erhöhung der Verlustrisiken geäußert hat“[410].

Um die beabsichtigten Ziele verwirklichen zu können, muss ein Beratungsprotokoll möglichst viele Informationen enthalten. Die Vorgaben zur inhaltlichen Ausgestaltung sind in § 14 Abs. 6 WpDVerOV ausgeführt, wobei es sich dabei um Mindestinhalte handelt.[411] Weitere Konkretisierung ist Gegenstand des Moduls BT 6 des BaFin Rundschreibens 4/2010 über die Mindestanforderungen an die Compliance.

Inhalt des Beratungsprotokolls

1. Anlass der Anlageberatung

Ein Beratungsprotokoll hat zunächst einmal vollständige Angaben über den Anlass der Anlageberatung zu enthalten, d.h. es muss Auskunft darüber geben, ob die Initiative zur Beratung von der Bank oder dem Kunden ausging. Sucht ein Kunde die Beratung aufgrund von Informationen, die er von Dritten erhalten hat, auf und teilt das dem Berater mit, hat er dies ebenfalls im Protokoll festzuhalten. Aus den Angaben über den Anlass der Beratung muss – soweit der Kunde das dem Berater mitteilt – auch hervorgehen, ob er in einer besonderen persönlichen Situation wie Eheschließung oder Scheidung steht. Wichtig ist zudem, dass aus dem Protokoll ablesbar ist, inwieweit Vertriebsmaßnahmen hinsichtlich bestimmter Produkte vorlagen. Wenn die Bank ihren Mitarbeitern Vorga-

[408] Stoltenberg (2014), S. 3.
[409] Stoltenberg (2014), S. 3.
[410] Deutscher Bundestag (2009), S. 27.
[411] Vgl. Leuering und Zetzsche (2009), S. 2858.

ben gemacht hat, Kunden gezielt auf bestimmte Finanzinstrumente anzusprechen, ist das ebenfalls im Protokoll festzuhalten.[412]

2. Dauer des Beratungsgesprächs

Die Angabe der Dauer des Beratungsgesprächs soll Rückschlüsse über die Qualität und Plausibilität der übrigen Angaben ermöglichen.[413] Ein kurzes Gespräch mit anschließendem erstmaligem Erwerb eines komplizierten Finanzproduktes stünde also eher für eine oberflächliche Beratung.

3. Der Beratung zugrunde liegenden Informationen über die persönliche Situation des Kunden sowie Informationen über die Finanzinstrumente, die Gegenstand der Anlageberatung sind

Die Angaben über die persönliche Situation des Kunden zielen auf die Ermittlung seiner Kenntnisse und Erfahrungen, seiner Anlageziele und seiner finanziellen Verhältnisse ab.[414] Die Dokumentation dieser Angaben im Zusammenhang mit den angesprochenen Finanzinstrumenten sind für die Eignung des Protokolls als Beweismittel von Bedeutung, weil diese Informationen laut Gesetzesbegründung „unerlässlich [sind], um die Ordnungsmäßigkeit der Beratung zu überprüfen“[415].

4. Vom Kunden im Zusammenhang mit der Anlageberatung geäußerten wesentlichen Anliegen und deren Gewichtung

Auch weitere Angaben des Kunden zu seinen wesentlichen Anliegen und deren Gewichtungen sind zu erfassen, wobei zwei Fälle von besonderer Relevanz sind. Zum einen muss aus den Aufzeichnungen hervorgehen, ob der Kunde im Lauf der Anlageberatung seine Anliegen oder ihre Gewichtungen geändert hat. Wenn er also eine bestimmte Anlage im Blick hatte, sich dann aber für eine andere Anlageform entscheidet, ist das klar zu dokumentieren. Zum anderen ist die Auflösung widersprüchlicher Ziele festzuhalten. Möchte der Kunde eine sichere Geldanlage, fordert gleichzeitig aber eine hohe

---

[412] Vgl. BaFin Rundschreiben (2010), S. 92; Deutscher Bundestag (2009), S. 28.
[413] Vgl. Deutscher Bundestag (2009), S. 28; Maier (2009), S. 4.
[414] Vgl. Maier (2009), S. 4.
[415] Deutscher Bundestag (2009), S. 28.

Rendite, muss aus dem Protokoll ablesbar sein, welchem Ziel letztlich Vorrang gewährt wurde und welchen Einfluss dabei der Berater hatte.[416]

5. Die im Verlauf des Beratungsgesprächs erteilten Empfehlungen und die für diese Empfehlungen genannten wesentlichen Gründe

Schließlich müssen sich alle Empfehlungen und Begründungen des Beraters im Beratungsprotokoll wiederfinden. Die Protokollierungspflicht der Empfehlungen ist unabhängig davon, ob der Kunde sie annimmt oder verwirft. Nicht geäußerte Überlegungen müssen nicht dokumentiert werden. Das Beratungsprotokoll muss auch keine Angaben darüber enthalten, warum bestimmte Produkte nicht Gegenstand der Beratung waren.[417]

Beurteilung des Beratungsprotokolls

Da die Anlageberatung bislang mündlich erfolgte und in einem Rechtsstreit deshalb für den beweislasttragenden Kunden keine Aufzeichnungen über den Inhalt und den Verlauf des Gesprächs zur Verfügung standen, erscheint eine Dokumentationspflicht im Hinblick auf die Durchsetzung von Schadensersatzansprüchen zunächst einmal sinnvoll.[418] Allerdings ist die Umsetzung mit Schwierigkeiten verbunden. Ein besonderes Problem besteht darin, dass mit der Bank bzw. dem Mitarbeiter die Protokollführung von einer Partei durchgeführt wird, die im Falle eines Rechtsstreits die Gegenpartei darstellt.[419] Deshalb wird sie naturgemäß ein Interesse daran haben, die Protokollierung der Beratung so zu gestalten, dass die möglichen Haftungsrisiken minimiert werden. Begünstigt wird die Einflussnahme auf den Inhalt durch das Fehlen von verbindlichen Vorschriften bei der Ausgestaltung, so dass bei der Dokumentation kritischer Punkte wie Anlageziele oder bei der Begründung der Empfehlung auf unscharfe und interpretationsoffene Begrifflichkeiten zurückgegriffen werden kann.[420] So stieß die Stiftung Warentest in ihrer Untersuchung auf Formulierungen wie „entspricht Risikoprofil und Anlagezielen, Diversifizierung ihrer Anlagen“[421] als Begründung einer Empfehlung oder auf die Bemerkung „Risikobereitschaft“ als Anliegen des Kunden.[422] Eine weitere Studie der Verbraucherzentrale kommt zu dem Ergebnis, dass zahlreiche Banken die Pro-

[416] Vgl. Deutscher Bundestag (2009), S. 28; BaFin Journal (2010), S.6.
[417] Vgl. Maier (2009), S. 5.
[418] Vgl. Grundmann (2012), S. 1754.
[419] Vgl. Maier (2009), S. 7.
[420] Vgl. Verbraucherzentale (2012), S. 31.
[421] Stiftung Warentest (2010), S. 27.
[422] Stiftung Warentest (2010), S. 27.

tokolle dazu verwenden, Haftungsfreizeichnungsklauseln einzubauen.[423] Nun lässt sich einwenden, dass diese Erhebungen aus dem Jahre 2010 sind und die BaFin bis Juli 2013 vier Bußgeldbescheide in Höhe von jeweils 10.000 € erlassen hat.[424] Aber auch vier Jahre später scheint sich insgesamt wenig geändert zu haben. Das Institut für Transparenz deckt in einer jüngeren Studie auf, dass nur jeder dritte Bankkunde von seinem Bankberater ein Protokoll erhält.[425] Gleichzeitig wird beanstandet, dass die Protokolle unübersichtlich und unverständlich sind und die gesetzlichen Vorgaben nicht erfüllen.[426] Unter anderem ist dort zu lesen: „Keine einzige Dokumentation gibt den Ablauf des Testgesprächs vollständig, richtig, verständlich und übersichtlich wieder."[427]

Neben einer interessenwahrenden Gestaltung des Protokollinhalts kann die Bank ihr Haftungsrisiko weiter begrenzen, wenn sie den Kunden auffordert, das Beratungsprotokoll zu unterzeichnen. Eine gesetzliche Pflicht zur Unterzeichnung des Protokolls durch den Kunden ist nicht gegeben. Trotzdem sollten in 36 von 61 Protokollen, die die Verbraucherzentrale untersucht hat, Kunden durch ihre Unterschrift die Richtigkeit aller Protokollinhalte bestätigen. Die Unterzeichnung eines Beratungsprotokolls kann dann schnell „zum Bumerang für den Verbraucher"[428] werden, wenn er sich entschließt, Ansprüche aus Falschberatung vor Gericht geltend zu machen.

Zusammenfassend ist festzuhalten, dass Banken alle Möglichkeiten ausschöpfen, das Protokoll so zu gestalten, dass ihr Haftungsrisiko minimiert wird. Inwiefern ein schlechtes oder fehlendes Protokoll dann noch im Sinne des Anlegerschutzes sein kann, ist aber äußerst fraglich, da noch ungewiss ist, wie Richter ein fehlendes oder unvollständiges Beratungsprotokoll in einem Gerichtsprozess auslegen werden. Der Nachweis einer Falschberatung liegt schließlich nach wie vor beim Kunden. Letztlich kann zum Beratungsprotokoll in seiner jetzigen Form gesagt werden, dass es noch weit entfernt ist von dem, was ursprünglich gewollt war, nämlich die Stärkung der Position des Kunden.[429]

---

[423] Vgl. Verbraucherzentrale Bundesverband (2010), S. 16.
[424] Vgl. Michel und Yoo (2013), S. 20.
[425] Vgl. Ortmann und Tutone (2014), S. 110f.
[426] Ortmann und Tutone (2014), S. 264: „Die Ergebnisse der Untersuchung zeigen, dass Dokumentationen häufig nicht erstellt und übergeben werden ... Die Ergebnisse zeigen weiter, dass ein erheblicher Teil der Dokumentationen Mängel in unterschiedlichen Bereichen aufweist. Zum Teil erfüllen Dokumentationen nicht die gesetzlichen Vorgaben, zum Teil sind sie nicht übersichtlich und verständlich."
[427] Ortmann und Tutone (2014), S. 258.
[428] Verbraucherzentrale Bundesverband (2010), S. 19.
[429] Vgl. Verbraucherzentrale Bundesverband (2012), S. 31; Kindler (2014), S. 35.

3.3.2 Melderegister

Das AnsFuG sorgt in verschiedenen Bereichen ebenfalls für strengere Anforderungen und integriert zahlreiche zusätzliche Vorgaben in die bestehenden Kapitalmarktgesetze. Eine der Neuregelungen betrifft die Qualifikation der Anlageberater. Nach § 34d WpHG dürfen in der Anlageberatung nur Mitarbeiter eingesetzt werden, die bestimmte Qualifikationsanforderungen erfüllen.[430] Gleichzeitig müssen die Mitarbeiter vor der Aufnahme ihrer Tätigkeit in einer behördeninternen Datenbank (dem sog. Anlageberaterregister) der BaFin aufgeführt werden. Die BaFin erhält zudem die weitreichende Befugnis, bei bestimmten Verstößen den Einsatz einzelner Mitarbeiter vorübergehend zu untersagen.[431]

Anforderungen an die Qualifikation – Sachkundig und Zuverlässig

Die neue Vorschrift des § 34d Abs. 1 WpHG verpflichtet Banken, „einen Mitarbeiter nur dann mit der Anlageberatung [zu] betrauen, wenn dieser sachkundig ist und über die für die Tätigkeit erforderliche Zuverlässigkeit verfügt“[432].

Das Erfordernis der Sachkunde ist nicht neu, denn nach § 31 Abs. 1 Nr. 1 ist ein Wertpapierdienstleistungsunternehmen bereits verpflichtet, „Wertpapierdienstleistungen und Wertpapiernebendienstleistungen mit der erforderlichen Sachkenntnis, Sorgfalt und Gewissenhaftigkeit im Interesse seiner Kunden zu erbringen“ [433]. Nach einhelliger Ansicht bedeutet das, dass Banken Mitarbeiter mit entsprechender Sachkunde einsetzen müssen, wobei auf die Sachkunde eines „ordentlichen Angehörigen der Branche"[434] abgestellt wird. Vielmehr geht es dem Gesetzgeber an dieser Stelle um eine Konkretisierung, die er in der WpHG- Mitarbeiteranzeigeverordnung (WpHGMaAnzV) vornimmt, die gemeinsam mit § 34d WpHG in Kraft getreten ist.

Kenntnisse

Die einzelnen Sachgebiete, auf denen Sachkunde erforderlich ist, beschreiben § 1 Abs.1 Satz 2 Nr. 1 bis 3 WpHGMaAnzV. Sie sind untergliedert in 1. Kundenberatung, 2. rechtliche Grundlagen der Anlageberatung und 3. fachliche Grundlagen. Die Kenntnisse

[430] Parallele Vorgaben bestehen auch für Vertriebsbeauftragte und Compliance-Beauftragte.
[431] Vgl. § 34d Abs. 4 Satz 1 Nr. 1 WpHG; Günther (2013), S. 127 f.; Appel (2012), S. 513 f.
[432] § 34d Abs. 1 Satz 1 WpHG.
[433] § 31 Abs. 1 Satz 1. Nr.1 WpHG.
[434] Koller (2012), S. 1378.

über die Kundenberatung umfassen einerseits die Ermittlung des Kundenbedarfs und die hierfür bestehenden Lösungsmöglichkeiten, andererseits die Produktdarstellung und -information sowie Kenntnisse über die Serviceerwartungen des Kunden, die Besuchsvorbereitung, den Kundenkontakt, das Kundengespräch und die Kundenbetreuung. Die rechtlichen Grundlagen der Anlageberatung erfordern Kenntnisse des Vertragsrecht und der Vorschriften des Wertpapierhandels- und des Investmentgesetzes, die bei der Anlageberatung oder der Anbahnung der Anlageberatung zu beachten sind. Die fachlichen Grundlagen umfassen die Funktionsweise der Finanzinstrumente, deren Risiken und Kenntnisse über die Gesamtheit aller im Zusammenhang mit den Geschäften anfallenden Kosten.[435] Die fachlichen Grundlagen beziehen sich allerdings nur auf die Arten von Finanzinstrumenten, die Gegenstand der Anlageberatung des Mitarbeiters sind.[436] Damit kann durch eine Beschränkung der Produktpalette oder Kompetenz des einzelnen Anlageberaters eine Verringerung der erforderlichen fachlichen Grundlagen erreicht werden. Wer also bspw. keine Anlageberatung zu Derivaten vornimmt oder vornehmen darf, braucht auch keine Kenntnisse hierzu – abgesehen von der Kenntnis, an welchen Kollegen er den Kunden für die Beratung weiterleiten sollte.[437]

Nachweise

Als Nachweis der Sachkunde gelten die in § 4 WpHGMaAnzV aufgeführten Berufsqualifikationen. Dazu zählen neben dem Abschluss eines wirtschaftswissenschaftlichen Studiengangs der Fachrichtung Banken, Finanzdienstleistungen oder Kapitalmarkt ein Abschlusszeugnis als

- Bank- oder Sparkassenbetriebswirt oder -wirtin,
- Sparkassenfachwirt oder -wirtin,
- Bankfachwirt oder -wirtin,
- geprüfter Bankfachwirt oder geprüfte Bankfachwirtin,
- Fachwirt oder -wirtin für Finanzberatung (IHK),
- Investment-Fachwirt oder -wirtin (IHK),

[435] Vgl. Art. 1 Abs. 1 Satz 2 Nr 1 bis 3 WpHGMaAnzV.
[436] Vgl. Art. 1 Abs.2 WpHGMaAnzV.
[437] Vgl. Begner (2012), S. 97.

- Fachberater oder -beraterin für Finanzdienstleistungen (IHK),
- geprüfter Fachwirt oder geprüfte Fachwirtin für Versicherungen und Finanzen,
- Bank- oder Sparkassenkaufmann,
- Investmentfondskaufmann oder –frau,
- Kaufmann oder -frau für Versicherungen und Finanzen Fachrichtung Finanzdienstleistungen.[438]

Bei Personen, die seit dem 1. Januar 2006 ununterbrochen als Anlageberater tätig waren, geht der Gesetzgeber davon aus, dass die Sachkunde ohne weitere Nachweise gegeben ist (sog. „Alte- Hasen- Regelung“[439]).[440]

Die Zuverlässigkeit des Mitarbeiters wird in § 6 WpHGMaAnzV negativ definiert. Demnach wird einem Mitarbeiter die erforderliche Zuverlässigkeit abgesprochen, wenn er „in den letzten fünf Jahren vor Beginn einer anzeigepflichtigen Tätigkeit wegen eines Verbrechens oder wegen Diebstahls, Unterschlagung, Erpressung, Betruges, Untreue, Geldwäsche, Urkundenfälschung, Hehlerei, Wuchers, einer Insolvenzstraftat, einer Steuerhinterziehung oder aufgrund des § 38 des WpHG (etwa wegen Insiderhandel) rechtskräftig verurteilt worden ist“[441]. Einen formalen Nachweis bspw. mittels Bundeszentralregisterauszug verlangt die Verordnung nicht. Vielmehr muss die Bank von der Zuverlässigkeit des Mitarbeiters überzeugt sein. Die Überzeugung liegt bspw. vor, wenn die Bank aufgrund eines bestehenden Beschäftigungsverhältnisses bereits positiv von der Zuverlässigkeit des Mitarbeiters ausgehen kann und keine Anzeichen gegen seine Zuverlässigkeit vorliegen.[442] Für die Einhaltung der Sachkunde und der Zuverlässigkeit ist die einzelne Bank verantwortlich. Verstößt sie gegen die Einhaltung, liegt eine Ordnungswidrigkeit vor, die mit einem Bußgeld geahndet werden kann.[443]

[438] Vgl. § 4 Abs. 1 und 2 WpHGMaAnzV.
[439] Günther (2013), S. 126.
[440] Vgl. § 4 Nr. 3 Satz 2 WpHGMaAnzV.
[441] § 6 WpHGMaAnzV.
[442] Vgl. Benger (2012), S. 100.
[443] Vgl. Günther (2012), S. 2272.

Beurteilung der Anforderungen an die Qualifikation

Die Anforderungen an die Qualifikation zielen auf die Kompetenzebene der Vertrauenswürdigkeit ab. Eine Konkretisierung der fachlichen Anforderungen durch die Neuregelung erscheint sinnvoll, weil genaue Mindeststandards vorgegeben werden.[444] Die praktische Relevanz dürfte hingegen begrenzt sein, da davon auszugehen ist, dass Banken in der Anlageberatung Mitarbeiter einsetzen, die diese (Mindest-)Anforderungen an die Sachkunde (Nachweis durch entsprechende Zeugnisse) und Zuverlässigkeit (Nachweis durch Vorlage eines polizeilichen Führungszeugnisses im Rahmen der Anstellung) bereits erfüllen.[445]

Regelungen, die allein auf das Können abzielen, werden ein vertrauenswürdiges Verhalten gegenüber Kunden nicht fördern, solange nicht zugleich die Ebene des Wollens aktiv ist, d.h. in höchstem Maße sachkundige und zuverlässige Mitarbeiter allein reichen noch nicht aus. Um von vertrauenswürdiger Beratung sprechen zu können, müssen sie gleichzeitig bereit sein, ihr Können wohlwollend einzusetzen. Um auch auf der Ebene des Wollens einen Anreiz zu setzen, geht die BaFin nun soweit, dass sie den einzelnen Anlageberater persönlich und dessen Verhalten durch § 34d Abs. 1 Satz 2 bis 4 WpHG stärker in den Fokus rückt. Demnach muss eine Bank Mitarbeiter in der Anlageberatung vor Beginn ihrer Tätigkeit bei der BaFin registrieren und Beschwerden gegenüber dem Mitarbeiter anzeigen.

Die Registrierung

Erstanzeige und Änderungsanzeige

Das Anzeigeverfahren und der Inhalt werden in Abschnitt II der WpHGMaAnzV näher ausgestaltet. Bevor ein Mitarbeiter seine Tätigkeit als Anlageberater aufnimmt, ist die Bank verpflichtet, ihn über das Internet auf der sog. Meldeplattform der BaFin (Beraterregister) einzutragen (sog. Erstanzeige). Inhaltlich sind die Bezeichnung der Tätigkeit, Familienname(n), Geburtsname(n), Vorname(n), Tag und den Ort der Geburt sowie Tag des Beginns der Tätigkeit anzugeben. Die Qualifikationsnachweise werden im Regelfall nicht der BaFin übermittelt.[446] Änderungen der angezeigten Verhältnisse sind innerhalb

---

[444] Vgl. Günther (2012), S. 2268.
[445] Vgl. Halbleib (2011), S. 673.
[446] Vgl. Günther (2012), S. 2268.

von vier Wochen anzuzeigen (sog. Änderungsanzeige), ebenso eine Beendigung seiner Tätigkeit.[447]

Anzeige von Beschwerden

Von besonderer Brisanz ist hierbei die Erhebung von Beschwerden. Banken müssen jede Kundenbeschwerde, die aufgrund der Tätigkeit eines Mitarbeiters gegen seinen Arbeitgeber erhoben wird, innerhalb von sechs Wochen der BaFin anzeigen. Bei der Anzeige einer Beschwerde ist das Unternehmen verpflichtet, den Mitarbeiter über seine alphanumerische BaFin-Kennung, die er bei der Erstanzeige erhält, das Datum der Beschwerde sowie die Niederlassung, in der er tätig ist, zu nennen. In der Datenbank werden die Daten dann für fünf Jahre gespeichert.[448]

Beurteilung des Mitarbeiter- und Beschwerderegisters

Die Registrierung der Anlageberater in einer Datenbank soll auf Banken disziplinierend wirken, „indem sie ihnen die Bedeutung der Mitarbeiterauswahl und ihre Verantwortung hierfür vor Augen führt“[449], auf die betreffenden Mitarbeiter eine „psychologische Wirkung“[450] entfalten, da sie „bei Verstößen ... persönliche Sanktionen befürchten müssen“[451] und der BaFin ein neues Instrument bereitstellen, „das wichtige Indizien für weiterführende Aufsichtsmaßnahmen liefern kann“[452]. Verstößt eine Bank oder der Mitarbeiter gegen die Anzeigevorgaben, kann die BaFin Verwarnungen, Bußgelder sowie als Ultima Ratio befristete Beschäftigungsuntersagungen für eine Dauer von bis zu zwei Jahren aussprechen.

Laut des Jahresberichtes 2013 der BaFin wurden seit der Einführung im November 2012 bis Ende 2013 insgesamt 161728 Anlageberater in der Datenbank erfasst und von der BaFin 230 Gespräche mit 1303 Anlageberatern durchgeführt.[453] Bis Ende September 2013 lagen 9600 Beschwerden vor, ein Jahr später lag die Zahl bei 16000.[454]

[447] Vgl. § 8 Abs.1,2 und 3 WpHGMaAnzV.
[448] Vgl. § 11 WpHGMaAnzV.
[449] Deutscher Bundestag (2010), S. 22.
[450] Deutscher Bundestag (2010), S. 24.
[451] Deutscher Bundestag (2010), S. 24.
[452] Deutscher Bundestag (2010), S. 24.
[453] Vgl. BaFin Jahresbericht (2013), S. 114.
[454] Vgl. Caspari (2013), S. 15; Etheber und Hackethal (2015), S. 17.

Die Anzahl der Beschwerden ist allerdings äußerst kritisch zu betrachten, denn das Beschwerdeaufkommen sagt zunächst nur aus, dass Beschwerden erhoben worden sind. Da keine inhaltlichen Angaben zum Beschwerdetatbestand gemacht werden, sondern ausschließlich eine formale Anzeige erfolgt, verfügt die Aufsicht über eine absolute Zahl, die sie einzelnen Mitarbeitern lokal und chronologisch zuordnen kann.[455] Inwieweit eine Beschwerde begründet oder unbegründet ist, weil bspw. die Zahl an Beschwerden mit der hohen Kundendichte in einer Filiale zusammenhängt und in Relation gesetzt dann doch nicht so gravierend erscheint wie zunächst angenommen – eine hohe Kundendichte könnte eher für viele zufriedene Kunden sprechen –, lässt sich trotz des enormen Aufwandes nicht feststellen.

Der Bank entstehen Kosten, weil sie für die Vollständigkeit und Aktualität der Datenbank verantwortlich ist, der BaFin durch die Auswertung und der Einsätze in den Geschäftsstellen, wobei die Kosten der BaFin wiederum von den beaufsichtigten Instituten im Rahmen einer Umlage getragen werden. Der Nationale Normenkontrollrat, der den Gesetzentwurf auf Bürokratiekosten geprüft hat, der zugleich im Hinblick auf Bürokratiekosten zu den umfangreichsten gehört, den der Nationale Normenkontrollrat bisher untersucht hat, empfiehlt deshalb, regelmäßig eine Überprüfung im Hinblick auf Kosten, Zielerreichung und kostengünstigere Alternativen vorzunehmen.[456]

Äußerst fragwürdig ist zudem, inwieweit durch strenge Vorgaben an die Registrierung und Strafandrohung wohlwollende Beratung gewissermaßen „erzwungen“ werden kann. Drohende persönliche Konsequenzen und ein breit ausgelegtes Beschwerdeverständnis könnten für eine erhöhte Verunsicherung auf Seiten der Berater sorgen, was dazu führen kann, dass der eigentlich individuell zu gestaltende Beratungsprozess stark automatisiert wird. Für den einzelnen Mitarbeiter wird letztlich sein persönlicher Schutz vor einer Beschwerde wichtiger sein als eine individuelle Beratung des Kunden, die, je umfassender sie gestaltet wird, Einfallstore für Beschwerden öffnen kann. Eine derart starke Eingriffsmöglichkeit durch die Regulierung in der Anlageberatung, die bis zur Bestrafung des einzelnen Mitarbeiters reicht, wird sicherlich die Bank und den Mitarbeiter dazu veranlassen, nach Ausweichhandlungen zu suchen, die letztlich so weit gehen könnte, die Anlageberatung ganz einzustellen. Aus einer jüngeren Studie des Deutschen Aktieninstituts (DAI) geht hervor, dass der Anteil des beratungsfreien Wertpapierge-

---

455 Vgl. Günther (2013), S. 127.
456 Vgl. Deutscher Bundestag (2010), S. 31.

schäfts stark zugenommen hat, wovon Direkt- und Onlinebanken profitieren.[457] Fraglich ist also, „ob der Kauf eines Wertpapiers ohne vorherige Beratung in der Intention des Gesetzgebers oder im Interesse der Anleger liegt“[458].

3.3.3 Produktinformationsblatt

Eine der weiteren Vorgaben des AnsFug ist die Einführung eines Informationsblattes für Finanzinstrumente. Seit dem 1. Juli 2011 ist in der Anlageberatung dem Privatkunden vor Abschluss eines Geschäfts ein kurzes und leicht verständliches Informationsblatt über jedes Finanzinstrument zur Verfügung zu stellen, auf das sich eine Empfehlung bezieht. Diese Regelung dient einer Konkretisierung der bisher nur abstrakt in § 31 Absatz 3 Satz 1 vorgesehenen Pflicht, „Kunden rechtzeitig und in verständlicher Form Informationen zur Verfügung zu stellen, die angemessen sind, damit die Kunden nach vernünftigem Ermessen die Art und die Risiken der ihnen angebotenen oder von ihnen nachgefragten Arten von Finanzinstrumenten oder Wertpapierdienstleistungen verstehen und auf dieser Grundlage ihre Anlageentscheidungen treffen können“[459].

Das sog. Produktinformationsblatt (PIB) soll Privatkunden – professionelle Kunden sind aufgrund des bei ihnen unterstellten höheren Informationsstandes hiervon ausgenommen[460] – „ein hinreichendes Verständnis der verschiedenen Finanzinstrumente und vor allem einen Vergleich der Produkte untereinander“[461] ermöglichen. Ein PIB ist rechtzeitig vor Geschäftsabschluss, d.h. bevor der Kunde den endgültigen Auftrag erteilt und abzeichnet, bereitzustellen.[462]

Die Mindestanforderungen an den Inhalt werden in § 5a WpDVerOV konkretisiert. So schreibt die Verordnung vor, dass ein PIB zu nicht komplexen Finanzinstrumenten im Sinne des § 7 WpDVerOV nicht mehr als zwei DIN-A4-Seiten, bei allen übrigen Finanzinstrumenten nicht mehr als drei DIN-A4-Seiten umfassen darf.[463] Nicht komplexe Finanzinstrumente nach § 7 WpDVerOV sind bspw. Aktien, die zum Handel an einem organisierten Markt oder einem gleichwertigen Markt zugelassen sind, Geldmarktinstrumente, Schuldverschreibungen und andere verbriefte Schuldtitel, in die kein Derivat

[457] Vgl. DAI (2014), S. 9 und 22.
[458] DAI (2014), S. 9.
[459] § 31 Abs. 3 Satz. 1.
[460] Vgl. § 31 Abs. 9 Satz 2 WpHG.
[461] Deutscher Bundestag (2010), S. 21.
[462] Vgl. Wölk und Uphoff (2014), S. 14.
[463] Vgl. § 5a WpDVerOV.

eingebettet ist. Weiter muss das PIB die „wesentlichen Informationen über das jeweilige Finanzinstrument in übersichtlicher und leicht verständlicher Weise so enthalten, dass der Kunde insbesondere 1. die Art des Finanzinstruments, 2. seine Funktionsweise, 3. die damit verbundenen Risiken, 4. die Aussichten für die Kapitalrückzahlung und Erträge unter verschiedenen Marktbedingungen und 5. die mit der Anlage verbundenen Kosten einschätzen und mit den Merkmalen anderer Finanzinstrumente bestmöglich vergleichen kann. Das Informationsblatt darf sich jeweils nur auf ein Finanzinstrument beziehen und keine werbenden oder sonstigen, nicht dem vorgenannten Zweck dienenden Informationen enthalten“[464].

Die für die Auslegung und Einhaltung der gesetzlichen Vorschriften zuständige BaFin veröffentlichte im Dezember 2011 ein erstes Prüfergebnis zur Ausgestaltung von über 120 PIB zu Aktien, Anleihen und zu einem Zertifikat mit marktbreitem Börsenindex als Basiswert. Zwar wurde positiv hervorgehoben, dass die überprüften PIB eine Gliederung aufwiesen, die dem Gliederungsmuster des Verbands der Deutschen Kreditwirtschaft entsprach und auch der Umfang von zwei bzw. drei Seiten nicht überschritten wurde, allerdings wurde deutlich bemängelt, dass die angesetzten Ziele im Hinblick eines hinreichenden Verständnisses der verschiedenen Finanzinstrumente und einer Vergleichbarkeit der Produkte nur unzureichend erreicht wurden. Zu beanstanden hatte die BaFin insbesondere die mangelnde Individualisierung einzelner Finanzinstrumente, d.h. die PIB wurden weniger für einzelne Produkte angelegt, sondern vielmehr pauschal für Wertpapiergruppen. Ähnlich verhielt es sich bei der Darstellung der Risiken, bei denen vielmehr alle denkbaren Risiken aufgelistet wurden. Bei den Kosten beschränkten sich die PIB auf einen Verweis auf das Preis- und Leistungsverzeichnis und auf die Auskünfte des Anlageberaters. Moniert wurde auch die oberflächliche und häufig zu abstrakte Darstellung der Funktionsweise eines Produktes. Neben der fehlenden Individualisierung auf einzelne Produkte richtete sich die Kritik der BaFin auch auf die mangelnde Verständlichkeit. So wurden zahlreiche Formulierungen wegen nicht erklärter Fachbegriffe, komplizierter und langer Sätze, unbekannter Abkürzungen als schwer verständlich eingestuft. Nicht selten versuchten die Institute auch, die Haftung für die Richtigkeit der Informationsblätter auszuschließen. Im Ergebnis blieb nach dieser ersten Prüfung, dass der vom Gesetzgeber verfolgte Zweck des neuen Informationsblattes, die

---

[464] § 5 a WpDVerOV.

Kunden kurz und prägnant über in der Anlageberatung empfohlene Produkte zu informieren, in vielen Fällen noch nicht erreicht wurde.[465]

Die Ergebnisse waren wenig verwunderlich, da die Untersuchung kurz nach der Einführung im Juni 2011 erfolgte und die PIB sich auf die verschiedensten Finanzprodukte mit unterschiedlichsten Ausgestaltungen beziehen und die gesetzlichen Vorgaben ebenfalls wenig detailliert waren.[466] Nach diesen mangelhaften Prüfungsergebnissen veröffentlichte die BaFin im September 2013 ein Rundschreiben, in dem sie die Auslegung der gesetzlichen Anforderungen an die Erstellung von PIB inhaltlich konkretisierte und den Instituten gleichzeitig eine Umsetzungsfrist bis zum 31. Dezember 2013 einräumte. Die Konkretisierung der BaFin beinhaltet im Wesentlichen folgende Merkmale:[467]

1. Art des Finanzinstruments
    - Angabe der Wertpapierkennnummer (WKN) oder die International Securities Identification Number (ISIN)
    - Informationen zum Emittent des Finanzinstruments und weiterführende Informationen wie Branche und die Homepage des Emittenten
    - Angaben zum Marktsegment, in dem der Handel des Finanzinstruments erfolgt
2. Funktionsweise
    - entweder zunächst allgemeine Beschreibung der Funktionsweise, danach gesonderte Aufzählung produktspezifischer Daten oder Verknüpfung der Beschreibung der Funktionsweise mit den produktspezifischen Daten
3. verbundene Risiken
    - sind nach ihrer Bedeutung zu gewichten, d.h. das für den Anleger bedeutendste Risiko ist vor eher unbedeutenden Risiken aufzuführen. Unbedeutend ist ein Risiko, wenn es bei Realisierung für den Anleger weder zu einem nennenswerten Verlust führt, noch seine Eintrittswahrscheinlichkeit nennenswert ist

465 Vgl. BaFin Pressemitteilung (2011a), o.P. und BaFin Pressemitteilung (2011b), o.P.
466 Vgl. Zeller (2013), S. 100 f.
467 Vgl. BaFin Rundschreiben (2013).

4. die Aussichten für die Kapitalrückzahlung und Erträge unter verschiedenen Marktbedingungen

   - marktpreisbestimmende Faktoren sind zu nennen und in ihrer Wirkung darzustellen, als Fließtextform oder in Tabellenform

5. die mit der Anlage verbundenen Kosten

   - sind als institutsspezifische Erwerbshöchstkosten in Prozent des Anlagebetrages anzugeben, ergänzt um die Angabe einer Mindestgebühr in Euro, sofern das Institut eine solche erhebt

   - auf eine Kostenangabe zu verzichten und stattdessen auf das Preis- und Leistungsverzeichnis oder Auskünfte des Anlageberaters zu verweisen, ist unzulässig

Beurteilung Produktinformationsblatt

Kunden suchen Banken auf, weil Finanzinstrumente komplex und schwer zu vergleichen sind. Die Zielsetzung des Gesetzes, auf zwei bzw. drei Seiten jedes Finanzprodukt leicht verständlich und vergleichbar darzustellen, erscheint schwer umsetzbar, denn auf der einen Seite dürfen bei der Erstellung eines PIB beim Kunden „keine besonderen sprachlichen und fachlichen Vorkenntnisse hinsichtlich des Verständnisses von Finanzinstrumenten vorausgesetzt werden“[468], auf der anderen Seite sollen bei der Darstellung der Aussichten für die Kapitalrückzahlung und der Erträge verschiedene Kapitalmarktentwicklungen berücksichtigt, wesentliche marktpreisbestimmende Faktoren in ihren Wirkungen dargestellt und in einer anschließenden Szenariodarstellung drei unterschiedliche Situationen (ein positives, ein neutrales und ein negatives Szenario) unter nachvollziehbaren und wirklichkeitsnahen Annahmen, aber ohne die Verwendung von schwer verständlichen Fachbegriffen, dargelegt werden. Deshalb kritisieren Oehler et al. an einem solchen Ansatz zu Recht, dass die Eigenschaften vieler Produkte sich nicht einfach darstellen lassen, „ohne dem Kunden eine Einfachheit der Produkte vorzugaukeln“[469].

Neben dem Zielkonflikt zwischen einfacher Darstellung und produktgetreuer Informationsbereitstellung ist auch der Aufwand, den die PIB auslösen, kritisch zu sehen. Für die

[468] BaFin Rundschreiben (2013).
[469] Oehler et al. (2009), S. 5.

Erstellung und insbesondere die Sicherstellung der Aktualität der PIB sind die Banken verantwortlich, wobei ein Ausschluss ebenso unzulässig ist wie eine Einschränkung der Aktualität. Da sich bspw. bei den PIB für Aktien die Aktualität durch umfangreiche Publizitätspflichten der Aktiengesellschaften in kurzen Zyklen ändern kann, ist hier mit hohen Aufwendungen für die Gewährleistung der Aktualität zu rechnen. Aus der bereits zitierten DAI-Studie geht auch hervor, dass über 20% der befragten 499 Banken sich komplett aus der Aktienberatung zurückgezogen haben und 77% das PIB als einen der Gründe für ihren Rückzug angeben.[470]

Auch erscheint die Frage nicht abwegig, inwieweit ein PIB vor opportunistisch handelnden Beratern schützen kann. Wenn ein Berater sich zum Ziel gesetzt hat, dem Kunden ein ganz bestimmtes Produkt zu verkaufen, wird ein PIB, das nach der Beratung und kurz vor Abschluss ausgehändigt wird, ihn kaum davon abhalten können oder den Kunden noch umstimmen können.

Aus Vertrauenssicht ist auch zu kritisieren, dass ein PIB weder das Können noch das Wollen der Bank bzw. des einzelnen Mitarbeiters fördert. Vielmehr spricht die gesetzliche Pflicht zum Aushändigen eines PIB dem Berater die Kompetenz ab, verständlich und vergleichbar ein Produkt darstellen zu können. Dieser Begründung lässt sich entgegenhalten, dass ein PIB durchaus auf das Wollen abzielt, weil es vor opportunistischer Beratung abhalten kann, wenn der Kunde mithilfe eines PIB seinen Informationsnachteil abbauen kann und dadurch in die Lage versetzt wird, die Empfehlung zu beurteilen. Allerdings stellt dieser Zustand den schwer zu realisierenden modelltypischen Idealfall dar.

Abschließend kann ergo gesagt werden, dass PIB nicht geeignet erscheinen, eine vertrauensvolle Beratung zu fördern. Vielmehr besteht die Gefahr, dass Banken die Beratung ganz einstellen oder sie nicht mehr nach dem Bedarf des Kunden ausrichten, sondern die Empfehlung vielmehr auf diejenigen Produkte konzentrieren und beschränken, für die zum Zeitpunkt der Beratung ein aktuelles und vollständiges PIB vorliegt.

3.3.4 Förderung der Honorarberatung

Neben den oben ausgearbeiteten regulatorischen Vorgaben ist vielfach das Vergütungssystem in der Anlageberatung Gegenstand der Kritik. Der Vorwurf, dass das vorherr-

[470] Vgl. DAI (2014), S. 9.

schende provisionsbasierte Vergütungssystem Anreizstrukturen schaffe, die zu Lasten der Kunden gehen, veranlasste die europäische und nationale Gesetzgebung dazu, sich verstärkt mit der honorarbasierten Beratung auseinanderzusetzen. Auf europäischer Ebene wird die Honorarberatung unter dem Stichwort der „unabhängigen Beratung" im Rahmen von MiFID II diskutiert. Mit der Novellierung sollen in der Europäischen Union die Bedingungen für eine honorarbasierte Beratung definiert und klare Kriterien für die Unterscheidung zwischen provisionsorientierter Beratung und Honorarberatung festgelegt werden.[471] Nach Art. 24 Abs. 5 MiFID II Entwurf liegt eine unabhängige Beratung vor, wenn eine ausreichende Zahl von Finanzinstrumenten auf dem Markt bewertet und auf Gebühren, Provisionen oder andere monetäre wie nichtmonetäre Vorteile (sog. Inducements) von Dritten, insbesondere von Emittenten der Finanzinstrumente, verzichtet wird. Die deutsche Umsetzung dieses Ansatzes erfolgt über das Gesetz zur Förderung und Regulierung einer Honorarberatung über Finanzinstrumente (vgl. Honoraranlageberatungsgesetz), das am 1. August 2014 in Kraft getreten ist und dafür sorgt, dass beide Vergütungsmodelle gleichberechtigt nebeneinander gestellt sind.[472] Ob eine honorarbasierte Vergütung das anreizkompatiblere Vergütungssystem darstellt und weniger Interessenkonflikte zwischen Kunde und Bankmitarbeiter erzeugt als das traditionelle provisionsbasierte System und somit zu einer kompetenten und wohlwollenden Beratung beiträgt, ist nun eingehender auszuarbeiten.

Der Begriff Vergütung bezeichnet alle monetären und nicht-monetären Leistungen, die als Gegenwert für die von einem Mitarbeiter geleistete Tätigkeit erbracht werden.[473] Nicht-monetäre Leistungen sind nur bedingt in Geldeinheiten quantifizierbar, sind aber für den Mitarbeiter ebenfalls von Nutzen. Dazu gehören bspw. Statussymbole wie der Jobtitel.[474] In der traditionellen Anlageberatung erfolgt die Entlohnung der Mitarbeiter in Form eines Grundgehaltes plus einer Provision. Das Grundgehalt richtet sich üblicherweise nach der Einordnung in einer Tariftabelle. Dabei werden Kriterien wie Qualifikation und Dauer der Unternehmenszugehörigkeit berücksichtigt. Im Normalfall wird das Grundgehalt monatlich ausgezahlt und ist zur Deckung des Lebensunterhalts ausreichend. Die garantierte Zahlung eines Fixums ist aber für sich genommen kein Instrument zur Leistungssteigerung, weil es keinen direkten Bezug zur Leistung des Mitarbei-

---

[471] Vgl. Veil und Lerch (2012), S. 1608; Weber und Appel (2013), S. 40.

[472] Vgl. Begner (2014), S. 11 ff.; Breilmann (2013), S. 1443; Niemeyer (2013), S. 30; Reinke (2013), S. 8.

[473] Vgl. Hellenkamp (2006), S. 116.

[474] Vgl. Roßbach (2011b), S. 256.

ters hat. Ein Leistungsanreiz für den Mitarbeiter besteht allenfalls in einem dauerhaften Erhalt bzw. in einem Anstieg im Zeitablauf des Grundgehalts. Deshalb wird die Vergütung um einen leistungsorientierten Bestandteil angereichert. Eine Provision als leistungsbezogene Komponente kann als Abschlussprovision, Bestandsprovision oder als Superprovision ausgestaltet sein, wobei die beiden erstgenannten die häufigsten Varianten darstellen. Eine Abschlussprovision fällt für die Vermittlung von Verträgen an, wobei die Höhe je nach Produktausgestaltung unterschiedlich ausfallen kann. Bei der Bestandsprovision wird die Provisionsauszahlung über die Laufzeit eines Vertrags verteilt, um einen Ausgleich für den Betreuungsaufwand zu schaffen. Bei der Superprovision werden Anteile der Provision an hierarchisch übergeordnete Mitarbeiter abgeführt. Der leistungssteigernde Anreiz besteht darin, durch das Erreichen bspw. von Umsatzgrenzen selbst möglichst schnell in der Hierarchie aufzusteigen, um dann von den Geschäftsabschlüssen unterer Hierarchieebenen zu profitieren. Leistungsanreize können allerdings nicht nur über Instrumente der Belohnung gesetzt werden, sondern auch durch Instrumente der Bestrafung. So kann bspw. der Entzug eines Titels, die Herabsetzung in der Hierarchieebene oder eine drohende Entlassung bei Nichterreichen bestimmter Zielvorgaben ebenfalls einen hohen Wirkungsgrad erzeugen.[475] Provisionsbasierte Vergütungssysteme bieten Banken letztlich eine gezielte Lenkung ihrer Vertriebsaktivitäten, weil sie mithilfe unterschiedlicher Provisionssätze eine bis zur Einzelproduktebene reichende Steuerung ermöglichen.[476]

Daraus resultiert aber auch die Gefahr für Interessenkonflikte, wenn unterschiedliche Provisionssätze unterschiedliche Präferenzen beim Mitarbeiter erzeugen und dieser dann nicht wohlwollend das Anliegen der Kunden verfolgt, sondern primär das Beratungsgespräch danach ausrichtet, Produkte mit höheren Provisionszahlungen zu verkaufen, um sein Einkommen zu maximieren oder in der Hierarchie aufzusteigen. Gleichzeitig darf aber auch nicht unberücksichtigt bleiben, dass der Beratungsaufwand je nach Produkt variiert, so dass eine „aufwandsbezogene Differenzierung von Provisionssätzen nach Produktarten“[477] prinzipiell gerechtfertigt sein kann. Im Kern beinhalten provisionsbasierte Vergütungssysteme aber ein hohes Potential für die Entstehung von Interessenkonflikten zwischen Kunde und Mitarbeiter, woraus aber nicht der triviale Schluss

---

[475] Vgl. Roßbach (2011b), S. 261.
[476] Vgl. Roßbach (2011b), S. 263.
[477] Roßbach (2011b), S. 264.

gezogen werden darf, dass die Honorarberatung „die einzig wahre Lösung“[478] oder das „Allheilmittel“[479] darstellt und opportunistisches Verhalten ausschließt, weil keine Provisionszahlungen fließen, sondern der Kunde eine Beratungsgebühr bezahlt.

Da die Beratungsgebühr für viele Kunden sehr hoch sein kann und auch dann anfällt, wenn sie am Ende des Gesprächs kein Produkt erwerben oder unzufrieden mit der Beratung sind, steht die Honorarberatung zunächst vor hohen Akzeptanzbarrieren.[480] Die auf Honorarberatung spezialisierte Quirin Bank bspw. verkündete 2011, bis Ende 2014 rund 20000 neue Kunden hinzugewinnen zu wollen. Tatsächlich konnten bis 2015 gerade einmal 2500 neue Kunden akquiriert werden. Die aktuelle Kundenzahl liegt bei 10000.[481] Eine repräsentative Umfrage von Zerth et al. kommt zu dem Ergebnis, dass ein Drittel der Befragten die Honorarberatung durchaus als sinnvoll erachten, von diesem Drittel aber nur 70% tatsächlich bereit wären, eine solche Gebühr zu entrichten. Von besonderer Brisanz ist dabei die Höhe der Zahlungsbereitschaft. Während kostendeckende Stundensätze für die Honorarberatung ab 120 Euro beginnen,[482] lag die Obergrenze der Zahlungsbereitschaft bei den Umfrageteilnehmern bei 50 Euro.[483] Ein generelles Provisionsverbot und eine Verpflichtung zur Honorarberatung, wie bspw. in Großbritannien oder in den Niederlanden praktiziert, würden in Deutschland wohl dazu führen, dass viele Menschen von der Finanzversorgung ausgegrenzt werden.[484] Allerdings ist der Erwerb eines Finanzproduktes bei einer Honorarberatung durch den Wegfall der Provisionszahlungen i.d.R. mit geringeren Kosten verbunden.[485] Dazu stellen Zerth et al. aber fest, dass „das Gebührenbewusstsein und die Gebührenkenntnisse in der Bevölkerung zum Teil große Lücken aufweisen. Das bedeutet, dass sich viele Bankkunden nicht bewusst sind, auf welche Art und in welcher Höhe sie Gebühren für Finanzdienstleistungen entrichten“[486].

478 Klein (2011), S. 2117.
479 Klein (2011), S. 2117; Vgl. Stiftung Finanztest (2009), S. 37 ff.
480 Vgl. Trott et al. (2015), S. 69; Franke et al. (2011), S. 16; Henneccius (2003), S. 120; Wübker und Bergmann (2014), S. 56.
481 Vgl. Morschbach (2014), S. 3; Mußler (2015), S.5; Kerschner (2015), o.P.
482 Vgl. Reinke (2013), S. 8.
483 Vgl. Zerth et al. (2010), S. 48.
484 Vgl. Reinke (2013), S. 8, wobei er anmerkt, dass die Anlegerkultur in Großbritannien aufgrund der gewohnten Eigenständigkeit bei der Altersvorsorge nur schwer mit der deutschen verglichen werden kann.
485 Vgl. Franke et al. (2011), S. 17.
486 Zerth et al. (2010), S. 48. Vgl. auch Wübker und Bergmann (2014), S. 56.

Für Kunden erscheint das Provisionsmodell deshalb durchaus attraktiv, weil ihre Entscheidung für eine Beratung noch keine Kosten verursacht.[487] Entscheiden sie sich während der Beratung für einen Abbruch oder nach einer Beratung gegen den Erwerb eines Finanzproduktes und zur Führung weiterer Gespräche, müssen sie keine Kosten tragen. Diese kostenlose Abbruchs- und Vergleichsoption wird ihrem Sicherheitsbedürfnis entgegenkommen.[488] Die vermeintliche Kostenlosigkeit der Beratung erhöht gleichzeitig die Bereitschaft, eine Beratung überhaupt einmal in Anspruch zu nehmen, denn viele Kunden werden die Anlageberatung aus eigenem Antrieb erst ab einem bestimmten anzulegenden Betrag aufsuchen und zudem nicht unbedingt „als Event erleben“[489].[490] Besonders Gesellschaftsschichten mit geringem Vermögen und Einkommen, die nicht eigenständig Anlageprodukte nachfragen, können auf einem Anbietermarkt – wie ihn die provisionsbasierte Anlageberatung darstellt – auf Anlageformen hingewiesen werden, die sie von sich aus nicht wahrgenommen hätten. Ebenso junge Menschen, die aufgrund ihres Lebensstils und ihrer Lebenssituation noch kein ausgeprägtes Bewusstsein für Themen wie Vermögensbildung und Altersvorsorge entwickelt haben, können mithilfe dieses Modells für solche Angelegenheiten – besonders in Zeiten rückläufiger staatlicher Altersvorsorge – sensibilisiert werden.[491] Das Provisionsmodell führt also auch dazu, dass Wissen ohne direktes Entgelt zur Verfügung gestellt wird und breite Bevölkerungsschichten mit Finanzprodukten versorgt werden können. Dazu anschaulich Schwintowski: „Aber eines ist klar: Versicherungs- und Finanzprodukte sind für den Verbraucher nicht sexy. Wären die Heere von Vermittlern nicht hinter den Bürgern her, wie der Beelzebub hinter den armen Seelen, so gäbe es massenhafte Fehlberatungen ebenso wenig wie Versicherungsschutz im Schadensfall oder Vermögensbildung auf den Konten"[492].

Demgegenüber erhöht im Provisionsmodell eine sog. Leerberatung, also ein Gespräch ohne Abschluss,[493] den Druck auf den Berater, denn die Kosten einer Beratung ohne Abschluss wird er versuchen, mit den nächsten Gesprächen zu decken, wodurch er in einem provisionsbetonten System „stets unter einem latenten Verkaufsdruck“[494] steht.

---

487 Vgl. Reinke (2013), S. 8.
488 Vgl. Franke et al. (2011), S. 27; Homölle et al. (2013), S. 39.
489 Schwintowski (2010), S. 42.
490 Vgl. Klein (2011), S. 2119.
491 Vgl. Franke et al. (2011), S. 17 f.; Roßbach (2011b), S. 270.
492 Schwintowski (2010), S. 42.
493 Vgl. Henneccius (2003), S. 119.
494 Homölle et al. (2013), S. 39.

Dieser Überlegung könnte der Einwand folgen, dass der Mitarbeiter ein ausreichendes Fixgehalt bezieht und gar nicht verkaufen muss, um seinen Lebensunterhalt sicherzustellen. Dem steht allerdings gegenüber, dass auch nicht-monetäre Bezugsgrößen oder drohende Bestrafungen Anreize bzw. Verkaufsdruck auslösen. Ein Berater, der keine Abschlüsse erzielt, ist in einem rein provisionsbasierten System – einmal abgesehen von den bereitgestellten Räumlichkeiten und ähnliches – quasi kostenlos. In einem System mit Grundgehalt hingegen verursacht er laufende Kosten, wodurch seine Beurteilung nicht zuletzt auch an seinen Abschlüssen gemessen wird.[495]

Eine weitere Besonderheit der Provisionsberatung ist der sog. Solidaritätseffekt.[496] Kunden, die aufgrund von Vorwissen einen unterdurchschnittlichen Beratungsbedarf haben und somit einen geringeren Beratungsaufwand verursachen sowie Kunden mit überdurchschnittlichem Transaktionsvolumen ermöglichen den Mitarbeitern schnelle bzw. hohe Provisionen, wodurch eine intensivere Betreuung von Kunden mit überdurchschnittlichem Beratungsaufwand bzw. unterdurchschnittlichem Transaktionsvolumen mitfinanziert wird. Kunden, denen also möglicherweise keine kostendeckende Beratung angeboten werden kann, erhalten im Provisionsmodell eine Anlageberatung.[497] Allerdings funktioniert die Quersubventionierung nur solange, bis der Mitarbeiter den Beratungsaufwand bzw. das erwartete Vertragsvolumen nicht als Kriterium für die Kundenauswahl heranzieht und sich dann nicht auf informierte oder einkommensstarke Kunden spezialisiert.[498]

Diese Quersubvention, die von Reinke unter dem Argument der sozialen Gerechtigkeit der Provisionsberatung behandelt wird,[499] führt aber auch dazu, dass die guten Kunden (Kunden mit geringem Beratungsbedarf und/oder hohen Transaktionsvolumen) relativ zu den schlechten Kunden (Kunden mit hohem Beratungsbedarf und/oder geringem Transaktionsvolumen) benachteiligt werden. Wenn die guten Kunden das erkennen und die Beratung nicht mehr in Anspruch nehmen, kommt es zur adversen Selektion. Wenn diese Kunden ausscheiden, sinken für den Berater die erwarteten Erträge oder steigen die erwarteten Kosten je Kunde. Um den Gewinnrückgang zu kompensieren, müsste er die Preise erhöhen oder die Kosten senken. Da er die Preise nicht erhöhen kann, weil

---

495 Vgl. Roßbach (2011b), S. 268.
496 Vgl. Roßbach (2011b), S. 265.
497 Vgl. Franke et al. (2011), S. 26.
498 Vgl. Roßbach (2011b), S. 265.
499 Vgl. Reinke (2013), S. 8.

die Beratung nicht von den Kunden vergütet wird, bleibt ihm nur die Möglichkeit, die Kosten zu senken. Senkt er seine Kosten, ist eine Verschlechterung der Beratungsqualität naheliegend.[500]

So wie Provisionen unterschiedlich ausgestaltet sein können, sind auch bei der Honorarberatung unterschiedliche Preismodelle denkbar. So kann sich das Honorar des Beraters an den Kriterien Zeit, Volumen oder Performance orientieren. Bei dem Zeitmodell berechnet sich die Höhe des Honorars als Stundensatz multipliziert mit der Beratungsdauer.[501] Da ein Honorarberater ebenfalls pekuniäre Eigeninteressen verfolgt, kann er sich wie ein Berater im Provisionsmodell opportunistisch verhalten und die Dauer und Häufigkeit der Beratung in erster Linie danach ausrichten, seine Einnahmen zu maximieren, statt eine Beratung anzubieten, die das Wohlwollen des Kunden im Blick hat.[502] Ein uninformierter Kunde wird das erforderliche Maß an Beratungsdauer und -häufigkeit schwer erkennen können. Gleichzeitig ist ein wichtiger Punkt, dass die Notwendigkeit einer Beratung erst nach der Beratung und somit nachdem Kosten angefallen sind, ermittelt werden kann. Wenn der Berater dann zu dem Ergebnis kommt, dass kein Handlungsbedarf besteht und der finanzielle Status quo beibehalten werden sollte, wird das vermutlich beim Honorar zahlenden Kunden keine Begeisterung auslösen, erst recht nicht, wenn der Beratung eine aktive Akquise des Beraters vorausging. Um einen Konflikt zu vermeiden, wird der Berater dann wohl eine Empfehlung aussprechen, die eigentlich gar nicht nötig wäre.[503]

Beim Volumenmodell ergibt sich das Beraterhonorar als Prozentsatz einer vorab festgelegten Größe wie Transaktionsvolumen, Depotvolumen oder Gesamtvermögen. Die Kritik an diesem Modell lautet, dass die Honorarhöhe nur einen eingeschränkten Bezug zur erbrachten Beratungsleistung aufweist.[504] Gleichzeitig besteht bei einer Entlohnung auf Basis einer Größe wie Depotvolumen für den Berater der Anreiz, nur wohlhabende Kunden zu beraten.[505] Richtet sich die Höhe des Honorars an der Performance der Empfehlung, wird der Berater risikoreiche Produkte bevorzugt empfehlen, weil zusätzliche Erträge sein Einkommen erhöhen, Verluste hingegen vom Kunden getragen werden.

[500] Vgl. Homölle et al. (2013), S. 39.
[501] Vgl. Homölle et al. (2011), S. 40.
[502] Vgl. Oehler et al. (2009), S. 3 und 7; Reinke (2013), S. 8.
[503] Vgl. Roßbach (2011b), S. 271; Eckhardt (2014), S. 16.
[504] Vgl. Homölle et al. (2011), S. 40.
[505] Vgl. Ahlswede (2012), S. 8.

Für das Honorarmodell spricht allerdings, dass auch Produkte empfohlen werden, die im Provisionsmodell wenig Beachtung erfahren, weil mit ihnen nur geringe Provisionen zu verdienen sind.

Wird eine abschließende Beurteilung beider Modelle vorgenommen, sticht folgendes hervor: Beiden Modellen ist eine Tendenz für opportunistisches Verhalten inhärent, d.h. vertrauensvolle, also kompetente und wohlwollende Beratung, lässt sich nicht einfach über ein bestimmtes Vergütungssystem erzeugen. Das ist auch wenig überraschend, denn der Haupttreiber für opportunistisches Verhalten in der Anlageberatung ist weniger das Vergütungssystem, sondern vielmehr die ausgeprägte und dauerhafte Informationsasymmetrie zwischen Kunde und Bank bzw. Berater. So zeigt Gravelle auf, dass die Kunden aufgrund mangelhafter Bildung und Information immer im Nachteil gegenüber Beratern sind, und zwar unabhängig von der Vergütung: „This article shows that the weak market position of consumers will be exploited under both the commission and fee-for-advice systems ... It is also demonstrated that the fee-system is not necessarily superior to the commission system"[506].

3.4 Investitionsanreize in die Vertrauenswürdigkeit bei Banken

Die anfängliche Informationsasymmetrie ist ursächlich für die Entstehung einer Kooperation zwischen der besser informierten Bank und den schlechter informierten Kunden. Die fortbestehende Informationsasymmetrie über die Anlageberatung hinaus kann dazu führen, dass die Bank ihre bessere Informationsausstattung dazu nutzt, den Kunden zu übervorteilen. Übervorteilungen, die in den letzten Jahren verstärkt für Schlagzeilen in der Öffentlichkeit sorgten, lösten zahlreiche restriktive Regulierungsmaßnahmen aus, die hohe Kosten bei der Umsetzung verursachen, Ausweichhandlungen bei Banken veranlassen und nicht zwangsläufig dazu führen, dass Banken nun als vertrauenswürdige Kooperationspartner wahrgenommen werden. Nakayachi und Watabe weisen empirisch nach, dass eine fremdbestimmte Bindung einen deutlich schwächeren Effekt auf die wahrgenommene Vertrauenswürdigkeit hat als die Bindung, die vom Vertrauensnehmer selbst ausgeht.[507] Deshalb drängt sich nun die Frage auf, inwieweit Banken nicht von sich aus ein Interesse daran haben könnten, als vertrauenswürdiger Kooperationspartner wahrgenommen zu werden.

---

[506] Gravelle (1994), S. 425 f.
[507] Vgl. Nakayachi und Watabe (2005), S. 1 ff.

In Kapitel 3.2.1.3. wurde bereits ausgearbeitet, dass die Anlageberatung eine Dienstleitung darstellt und Dienstleistungen einer potential-, prozess- und ergebnisorientierten Betrachtung unterzogen werden können. Notwendiger Bestandteil jeder Dienstleistung ist die Einbeziehung eines externen Faktors. Ein externer Faktor ist ein Produktionsfaktor, der in materieller, immaterieller oder personaler Form in Erscheinung treten kann und vom Abnehmer der Dienstleistung in den Leistungserstellungsprozess eingebracht wird, um eine Änderung zu erfahren oder seinen Zustand zu erhalten.[508] Für die Anlageberatung bedeutet dieser Umstand, dass „Banken infolge der Potentialorientierung lediglich die Leistungsbereitschaft anbieten, die Komplettierung der Leistung hingegen nicht selbstständig, sondern nur unter Mithilfe der Inanspruchnahme der Leistung durch den Kunden realisieren können“[509]. Um eine Anlageberatung anbieten zu können, sind Banken also auf die Integrativität des externen Faktors „Kunde“ angewiesen. Wenn der Kunde aber die Qualität der Beratungsleistung – Qualität verstanden als „fitness for use“[510] – in der Anlageberatung nicht als Entscheidungskriterium heranziehen kann, weil ihm Spezialwissen und somit die Beurteilungsfähigkeit fehlt, wird er auf einen anderen Faktor abstellen. Dieser andere Faktor bei der Entscheidung für oder gegen eine Kooperation mit der Bank kann die Vertrauenswürdigkeit sein. Die Vertrauenswürdigkeit einer Bank ist dann die vom Kunden wahrgenommene Eigenschaft, die dafür sorgt, dass er ihre Leistung, obwohl er sie nicht beurteilen kann, als überlegen ansieht und sie deshalb als Kooperationspartner auswählt. Überlegenheit bedeutet hier, dass der Kunde der Anlageberatung der Bank eine höhere Eignung für sein finanzielles Anliegen zuschreibt, als der Anlageberatung der Wettbewerber (wodurch er letztlich seine Suchkosten senkt).

Wenn Kunden eine Bank als vertrauenswürdig einstufen, wird davon sicherlich nicht nur die Anlageberatung profitieren, sondern auch andere Bereiche der Bank, da Kunde-Bank-Beziehungen durch Mehrdimensionalität gekennzeichnet sind. Derselbe Kunde, der eine Anlageberatung nachfragt, kann bspw. zeitgleich oder zeitversetzt der Bank Einlagen bereitstellen. Bilanztechnisch betrachtet gehören Einlagen zwar auf die Passivseite und sind demgemäß als Input auszulegen. Banken können Einlagen aber nicht einfach „bestellen“, sondern müssen sich vielmehr um die Einlagen der autonom entscheidenden Kunden bemühen, d.h. im Wettbewerb mit anderen Banken agieren sie auf ei-

[508] Vgl. Börner (2000a), S. 152.
[509] Büschgen (1999), S. 318.
[510] Günter (1997), S. 215.

nem Kundenmarkt und müssen die Kunden davon überzeugen, ihr Einlagen bereitzustellen.[511] Einer Bank, die als vertrauenswürdig wahrgenommen wird, dürfte dies wesentlich leichter gelingen.

Eine sehr ähnliche Argumentation kann auch auf den Informationsaustausch zwischen der Bank und den Kunden übertragen werden. Einmal abgesehen von standardisierten Angeboten wie dem Zahlungsverkehr bauen viele Bankleistungen auf privaten Informationen auf. Dass die Offenlegung solcher Informationen gegenüber einem als vertrauenswürdig wahrgenommenen Kooperationspartner schneller und umfangreicher erfolgt, und mit der Zulassung von Einflussnahme und der Reduzierung der Kontrollbemühungen einhergehen kann, als gegenüber einem als nicht-vertrauenswürdig wahrgenommenen Kooperationspartner, wurde bereits in dem Modell von Zand deutlich.[512]

Erwähnenswert in diesem Zusammenhang ist auch ein Ergebnis aus dem Edelman Trust Report, wonach 51 % der Menschen, sofern sie einem Unternehmen vertrauen, positive Informationen nach ein- bis zweimaligem Hören glauben und nur 25 % der Menschen negativen Informationen. Ist hingegen kein Vertrauen vorhanden, glauben nur 15 % der Menschen positiven Informationen nach ein- bis zweimaligem Hören und 57 % der Menschen negativen Informationen.[513] Unternehmen, die also nicht als vertrauenswürdig gelten, haben es sehr schwer, positive Informationen zu verbreiten, was Banken vor dem Hintergrund einer Bankrun Gefahr besonders hart treffen kann.

Welche Möglichkeiten eine Bank nun haben könnte, sich eine solche Position anzueignen und als vertrauenswürdiger Kooperationspartner wahrgenommen zu werden, wird im nächsten Kapitel untersucht.

---

[511] Vgl. Börner (2000a), S.149.
[512] Vgl. Kapitel 2.5.2.
[513] Vgl. Edelman Trust Report (2011), Folie 22.

4 Handlungsrahmen zur Erzielung eines auf das Vertrauen der Kunden abzielenden Wettbewerbsvorteils

In diesem Kapitel geht es um die Frage, wie sich Banken verhalten sollten, wenn sie als vertrauenswürdiger Kooperationspartner wahrgenommen werden möchten. Die naheliegende Idee, Vertrauenswürdigkeit über die Werbung zu kommunizieren – wie dies momentan wieder verstärkt von einigen Banken verfolgt wird – scheidet aus, denn die eigene Aussage über die vertrauenswürdig ist wenig informativ und kann von vertrauenswürdigen sowie nicht-vertrauenswürdigen Banken gleichermaßen genutzt werden und bietet dem Kunden als Vertrauensgeber deshalb kein glaubwürdiges Signal.

Bei etablierten Vertrauensnehmern – wie Banken dies trotz der Entwicklung der letzten Jahre sind – kann eine explizite Herausstellung der eigenen Vertrauenswürdigkeit sogar kontraproduktiv wirken und den Verdacht hervorrufen, er tue dies, um eine fehlende Vertrauenswürdigkeit zu kaschieren. Suchanek spricht in diesem Kontext von einer asymmetrischen Wirkung von Informationen bezüglich der Vertrauenswürdigkeit. Eine Asymmetrie ergibt sich daraus, dass eine Bestätigung der Annahme über die Vertrauenswürdigkeit für den Vertrauensgeber keinen weiteren Informationswert hat, eine Widerlegung hingegen eine größere Beachtung erfährt, weil sie ihn dazu veranlasst, seine bisherige Einschätzung über die Vertrauenswürdigkeit zu überprüfen. Deshalb empfiehlt er Unternehmen, die bislang als vertrauenswürdige Kooperationspartner in Erscheinung getreten sind, Widerlegungen zu vermeiden.[514]

Nun ist es Banken in den letzten Jahren nicht gelungen, Widerlegungen zu vermeiden. Wenn die eigene Hervorhebung der Vertrauenswürdigkeit kein glaubwürdiges Signal darstellt und Vertrauenswürdigkeit keine Eigenschaft ist, die kurzfristig wiederhergestellt werden kann, sind tiefergehende und langfristige Überlegungen vorzunehmen, wenn ernsthaft das Ziel verfolgt wird, als vertrauenswürdiger Transaktionspartner wahrgenommen werden zu wollen. Wenn also die Zielvorstellung lautet, Kunden durch Vertrauenswürdigkeit zu überzeugen, ist vielmehr danach zu fragen, wie übergeordnete Rahmenbedingungen zu gestalten sind, denn wenn ein Kunde eine Bank auswählt, obwohl er ihre Leistung nicht beurteilen kann, sondern die Geschäftsbeziehung mit ihr eingeht, weil er sie auf der Ebene der Vertrauenswürdigkeit überlegener als ihre Wettbewerber ansieht, dann stellt die Vertrauenswürdigkeit der Bank einen Wettbewerbsvor-

[514] Vgl. Suchanek (2011), S. 61.

teil dar. Die zentrale Fragestellung in diesem Kapitel lautet daher, wie eine Bank die Vertrauenswürdigkeit zu einem Wettbewerbsvorteil ausbauen kann.

Verantwortlich für die Erzielung eines Wettbewerbsvorteils ist die Strategie. Der Strategiebegriff stammt ursprünglich aus dem militärischen Bereich und steht dort in enger Verbindung mit dem obersten militärischen Entscheidungsträger, dessen Aufgabe es ist, seine Truppen zu leiten.[515] Später erhielt der Strategiebegriff Einzug in die Betriebswirtschaftslehre, worunter „die Identifikation und Definition von Erfolgspotenzialen sowie der Weg zu deren Erschließung und dauerhaften Sicherung“[516] verstanden wird.[517] Verantwortlich für die Umsetzung einer Strategie ist das strategische Management eines Unternehmens, dessen Handlungsfeld in der „Formulierung, Implementierung und Kontrolle von Strategien durch Gestaltung und Steuerung von Unternehmensstrukturen und -prozessen“[518] zu sehen ist.

Bevor nun Empfehlungen für die Gestaltung und Steuerung von Unternehmensstrukturen und -prozessen ausgearbeitet werden können, ist allerdings ein Zwischenschritt einzulegen, in dem die These von der Eignung der Vertrauenswürdigkeit als Wettbewerbsvorteil theoriegeleitet überprüft werden muss. Bei der inhaltlichen Bestimmung eines planungsorientierten Strategieverständnisses, dem hier gefolgt wird, existieren auf theoretischer Ebene zwei Konzepte, die von entgegengesetzten Prämissen ausgehen.[519] Beim marktorientierten Ansatz werden Wettbewerbsvorteile auf eine bestimmte Positionierung im Markt bzw. in einzelnen Marktsegmenten zurückgeführt. Beim ressourcenorientierten Ansatz wird ein Unternehmen als Kombination materieller und immaterieller Ressourcen angesehen. Bei der Strategieformulierung kommt es dann darauf an, diejenigen Ressourcen zu identifizieren und auszubauen, die dazu beitragen können, das Unternehmen von anderen Unternehmen marktwirksam abzugrenzen. Im ersten Schritt dieses Kapitels (4.1.) ist somit zu klären, inwieweit bei einer theoretischen Betrachtungsweise die Vertrauenswürdigkeit einer Bank als Wettbewerbsvorteil anerkannt werden kann, bevor im zweiten Schritt (4.2.) Vorschläge für die Praxis diskutiert werden.

515 Vgl. Gälweiler (2005), S. 59.
516 Börner (2005), S. 33.
517 Zur historischen Entwicklung des Strategiebegriffs aus der Militär- in die Wirtschaftswissenschaft siehe Dannenberg (2000), S. 4 f.
518 Börner (2005), S. 33.
519 Neben dem planungsorientierten Strategieverständnis existiert auch eine inkrementelle Sichtweise. Dabei wird die Strategie nicht allein aus Plänen, sondern auch aus Positionierungen, die sich – vereinfacht ausgedrückt – intuitiv entwickeln können, abgeleitet. Vgl. Hungenberg (2014), S. 13 f.

4.1 Resource-based View und Market-based View als theoretische Bezugsgrößen für Wettbewerbsvorteile

Der Resource-based View (RBV) leitet Wettbewerbsvorteile aus der Existenz distinktiver Ressourcen ab. Nach einer kurzen Einführung in den RBV und der Beschreibung distinktiver Ressourcen wird danach gefragt, ob die Vertrauenswürdigkeit einer Bank als distinktive Ressource angesehen werden kann. Wenn die Vertrauenswürdigkeit die Kriterien, die dieser Ansatz an distinktive Ressourcen stellt, erfüllt, kann die Betrachtung in den Kernkompetenzenansatz übergehen, der als „spezielle Ausformulierung des Ressource-based View“[520] intangible Ressourcen näher untersucht.

Beim Market-based View (MBV) resultiert ein Wettbewerbsvorteil aus einer bestimmten Positionierung eines Unternehmens in einer Branche, d.h. es verfolgt entweder die Strategie der Kostenführerschaft oder die Strategie der Differenzierung und zwar in einem engen oder breiten Tätigkeitsfeld. Eine Wertkette, in der alle strategisch relevanten Tätigkeiten gegliedert sind, soll dabei helfen, das Kostenverhalten bzw. mögliche Differenzierungsquellen als Ursachen von Wettbewerbsvorteilen zu untersuchen. Nach einer kurzen Einleitung in den MBV wird also zu klären sein, inwieweit sich die Vertrauenswürdigkeit einer Bank in die Strategievorgaben des MBV eingeordnet lässt.

4.1.1 Einordnung der Vertrauenswürdigkeit einer Bank in den Resource-based View

Der Resource-based View (RBV) definiert Unternehmen als Kombination materieller und immaterieller Ressourcen und führt Wettbewerbsvorteile auf die Qualität der Ressourcen zurück.[521] Wettbewerbsvorteilgenerierende Ressourcen werden dabei nicht als Produktionsfaktoren begriffen, die jedes Unternehmen über einen Markt beziehen kann, sondern als „unternehmensspezifische Leistungspotentiale“[522], die so einzigartig sind, dass für sie kein Markt existiert. Das Unternehmen bestimmte Ressourcen exklusiv besitzen können ist möglich, weil der RBV inhomogene Erwartungen und Marktunvollkommenheiten unterstellt, wodurch asymmetrische Ressourcenallokationen zwischen den einzelnen Unternehmen überhaupt zustande kommen.[523] Dabei beschränkt sich der

[520] Börner (2005), S. 46.
[521] Vgl. Welge et al. (2016), S. 87.
[522] Börner (2000a), S. 68.
[523] Vgl. Börner (2000b), S. 689.

Ansatz nicht auf ein gegebenes Portfolio an Ressourcen, sondern betont die Möglichkeit für Unternehmen, ausgehend von einer Vision künftiger Märkte, strategisch relevante Ressourcen aufzubauen.[524] Solche distinktiv wirkenden Ressourcen können Unternehmen letztlich dazu befähigen, Wettbewerbsvorteile im Sinne überdurchschnittlicher Gewinne zu erzielen.[525]

4.1.1.1 Eigenschaften distinktiver Ressourcen

Wesentliches Charakteristikum von distinktiven Ressourcen ist, dass sie von Wettbewerbern nicht kopiert werden können, weil sie mit der einzigartigen historischen Entwicklung eines Unternehmens wachsen und mit dem Unternehmen derart verwurzelt sind, dass weder Konkurrenten, noch das den Wettbewerbsvorteil innehabende Unternehmen eindeutige kausale Zusammenhänge über die erfolgsbestimmenden Merkmale definieren können. Eine Verflechtung im Zeitablauf und eine stark eingeschränkte Möglichkeit der Identifikation und Imitation können insbesondere dann zustande kommen, wenn einzelne materielle und immaterielle Komponenten der unternehmensspezifischen Ressourcenbasis derart miteinander interagieren, dass sie sich einer eindeutigen isolierten Analyse entziehen.[526] Die aus einer hohen Interdependenz mit anderen Ressourcen zustande kommende hohe Unternehmensspezifität einer distinktiven Ressource lässt nicht nur die Imitationsversuche der Konkurrenten scheitern, sondern begründet auch hohe Transaktionskosten, wodurch die Marktfähigkeit der Ressource sinkt bzw. ihre Immobilität gefördert wird.[527] Ein Wettbewerber, der trotz der hohen Informations-, Replikations- und Transferbarrieren ebenfalls von der Ressource profitieren möchte, müsste also das gesamte Unternehmen kaufen, wobei ein Erwerb nicht damit gleichgesetzt werden darf, dass das erwerbende Unternehmen die Ressource nun in seinem eigenen Produktionsprozess nutzbar machen kann, sondern dass es sich die Gewinne aus der Nutzung der Ressource durch das erworbene Unternehmen aneignen darf.[528]

Neben der Nicht-Imitierbarkeit und der Unternehmensspezifität wird von distinktiven Ressourcen die Nicht-Substituierbarkeit gefordert, wobei mit der möglichen Substitutionsgefahr ein Aspekt angesprochen wird, auf den ein Unternehmen den geringsten Ein-

---

[524] Vgl. Macharzina und Wolf (2015), S. 66.
[525] Vgl. Börner (2000a), S. 68 f.
[526] Vgl. Rasche und Wolfrum (1994), S. 504.
[527] Vgl. Welge et al. (2016), S. 93.
[528] Vgl. Börner (2000a), S. 69 f.

fluss hat, denn Innovationsprozesse können dazu führen, dass Wettbewerber mit völlig verschiedenartig konfigurierten Ressourcen den anvisierten Wettbewerbsvorteil über einen bislang unbekannten alternativen Weg erreichen.[529]

Eine Ressource, die die bisher aufgeführten Kriterien der Unternehmensspezifität, Nicht-Imitierbarkeit und der Nicht-Substituierbar erfüllt, generiert keinen Wettbewerbsvorteil, solange sie keinen Nutzen für den Kunden stiftet, den konkurrierende Unternehmen nicht anbieten können.[530] Letztlich entscheidet also der Kundennutzen über den Wert und die Distinktivität einer Ressource. Der Kundennutzen kann aus einzelnen Attributen eines Angebots resultieren oder aus der gesamten Offerte eines Unternehmens. Je höher die Anzahl der Marktsegmente, in denen eine distinktive Ressource überlegenen Kundennutzen stiften kann, umso wertvoller wird sie schließlich für ein Unternehmen sein.[531]

4.1.1.2 Vertrauenswürdigkeit als distinktive Ressource

Wenn der RBV als strategischer Ansatz unterstellt wird und die Vertrauenswürdigkeit einer Bank den angestrebten Wettbewerbsvorteil bildet, bleibt zu klären, inwieweit die Vertrauenswürdigkeit die Kriterien an distinktive Ressourcen erfüllt.

Wenn ein Kunde seine Bank als vertrauenswürdig wahrnimmt, wird er bestimmte Entwicklungsmöglichkeiten aus seinem Erwartungshorizont ausgrenzen, d.h. er wird seiner Bank unterstellen, dass sie ihr Expertenwissen und ihren Informationsvorsprung nicht dazu einsetzen wird, ihn zu benachteiligen. Sein Informationsdefizit wird dann für ihn keinen Nachteil mehr in der Kooperation darstellen, weil sein fehlendes Wissen durch Vertrauen ersetzt wird, wodurch sein Informationsnachteil gewissermaßen neutralisiert wird. Wenn seine schlechtere Informationsausstattung keinen Nachteil mehr für ihn darstellt, wenn er die vertrauenswürdige Bank auswählt, dann sinken seine Such- und Kontrollkosten, worin ein großer Nutzen für den Kunden zu sehen ist.

Gleichzeitig ist die Vertrauenswürdigkeit ein Merkmal, das nicht kurzfristig aufgebaut werden kann, sondern im Zeitablauf entsteht und mit einer hohen Unternehmensspezifität einhergeht. Das strategische Management einer Bank, das die Vertrauenswürdigkeit

[529] Vgl. Welge et al (2016), S. 383 f.; Rasche und Wolfrum (1994), S. 506.
[530] Vgl. Welge et al. (2016), S. 384.
[531] Vgl. Börner (2000a), S. 71 und 73.

zu einer distinktiven Ressource ausbauen möchte, kann nach bestimmten Kriterien einen Handlungsrahmen bereitstellen oder vorgeben – worauf in Kapitel 4.2. einzugehen sein wird –, die letztendliche Entwicklung zu einer distinktiven Ressource müsste sich aber aus dem Zusammenspiel materieller und immaterieller Ressourcen der Bank ergeben, wobei weder von Vornherein die einzelnen Schritte dieser Entwicklung klar definiert, noch im Nachhinein eindeutig bestimmt werden können, denn die Tatsache, dass die Vertrauenswürdigkeit ein intangibles Merkmal darstellt, wird dazu führen, dass sich mehrere Erklärungsansätze anführen lassen, ohne dabei einzelne als eindeutig richtig oder eindeutig falsch beurteilen zu können. Diese Ambiguität über die Kausalzusammenhänge, die für unternehmensinterne und unternehmensexterne gilt, schützt die distinktive Ressource letztlich vor Imitationen.[532] Zugleich ergibt sich eine hohe Unternehmensspezifität von Vertrauenswürdigkeit nicht allein aus der begrenzt definierbaren Zusammenwirkung materieller und immaterieller Ressourcen, sondern zusätzlich dadurch, dass das Merkmal bzw. die Ressource Vertrauenswürdigkeit nicht marktfähig ist, d.h. die Vertrauenswürdigkeit einer Bank kann nicht von einem Institut auf ein anderes transferiert werden.

Wenn im Rahmen des RBV die Vertrauenswürdigkeit als distinktive Ressource identifiziert ist, kann die Betrachtung auf den Kernkompetenzenansatz spezialisiert werden. Der Kernkompetenzenansatz als Teil der RBV untersucht intangible Ressourcen und Kompetenzen näher. Kernkompetenzen weisen die oben ausgeführten Merkmale distinktiver Ressourcen auf – was sie von sonstigen Kompetenzen unterscheidet –, werden aber weniger auf eine Ressourcenbasis als Elemente der Kernkompetenz zurückgeführt, sondern ergeben sich aus der Art und Weise der Verknüpfung von Ressourcen oder ihrer Interaktion bei der Leistungserstellung.[533]

4.1.1.3 Vertrauenswürdigkeit als distinktives Ressourcenbündel

Kernkompetenzen sind also Ressourcenbündel, die nicht distinktiv und idiosynkratisch wirken, weil die einzelnen zugrundeliegenden Ressourcen distinktiv sind, sondern dadurch, dass die einzelnen – für sich betrachtet nicht zwingend ungewöhnlichen – Res-

---

[532] Die Ambiguität über die Kausalzusammenhänge ist auch für Unternehmensinterne notwendig, damit der Träger einer Ressource nicht isolierbar ist, also im Falle eines Mitarbeiters bspw. nicht abgeworben werden kann oder durch Gehaltsforderungen den Vorteil nicht selbst ausschöpft. Vgl. Börner (2005), S. 45.

[533] Vgl. Börner (2000a), S. 76 ff.

sourcen derart in die organisatorischen Prozesse, Strukturen und Routinen integriert oder bei der Leistungserstellung miteinander verknüpft werden, dass am Ende ein „distinktives Ressourcenbündel“[534] entsteht. Distinktive Ressourcenbündel zeichnen sich dadurch aus, dass als Imitationsschutz in erster Linie nicht eine Replikationsbarriere wie bei distinktiven Ressourcen aufgrund ihrer Unternehmensspezifität und unternehmenshistorischen Entwicklung greift, sondern aufgrund der Tatsache, dass distinktive Ressourcenbündel intangibel sind und aus Fähigkeiten und unkodifizierbarem Wissen resultieren, Imitationshindernisse in Form von Informationsbarrieren aufgrund hoher sozialer Komplexität und kausaler Ambiguität erzeugt werden. Der starke Wissensbezug begründet auch, dass ein distinktives Ressourcenbündel wächst, wenn es genutzt wird und verloren geht, wenn es nicht verwendet wird.[535]

Prahalad und Hamel definieren Kernkompetenzen folgendermaßen: „First, a core competence provides potential access to a wide variety of markets...Second, a core competence should make a significant contribution to the perceived customer benefits of the end product...Finally, a core competence should be difficult for competitors to imitate. And it will be difficult if it is a complex harmonization of individual technologies and production skills. A rival might acquire some of the technologies that comprise the core competence, but it *will* find it more difficult to duplicate the more or less comprehensive pattern of internal coordination and learning.”[536] Kernkompetenzen können in drei Bereichen wirksam sein. Die „Market access core-competencies“ beziehen sich auf die Marktbearbeitung und den Kundenkontakt, die „Integrity-related core-competencies“ auf den Kundennutzen und die „Functionality-related core-competencies“ auf die Koordination verschiedener Unternehmensteile.[537]

Die Vertrauenswürdigkeit einer Bank kann bei Zugrundelegung des Kernkompetenzenansatzes als distinktives Ressourcenbündel interpretieren werden, denn die Vertrauenswürdigkeit wird erst durch das bankinterne Zusammenspiel materieller Aktive, personengebundener Fähigkeiten und organisatorischer Prozesse, die für sich genommen einen niedrigen Grad an Intransparenz, Komplexität und Ambiguität aufweisen können, zu einem Wettbewerbsvorteil ausgeformt werden. Dieser Wettbewerbsvorteil wird aufgrund seiner Intangibilität und seines mindestens eingeschränkt kodifizierbaren Wis-

[534] Börner (2000a), S. 80.
[535] Vgl. Börner (2000a), S. 80 f.
[536] Prahalad und Hamel (1990), S. 83 f.
[537] Vgl. Hamel (1994), S. 16.

sensbezugs soziale Komplexität und kausale Ambiguität erzeugen und somit Informationsbarrieren gegen Imitationsversuche der Wettbewerber aufbauen. Zugleich wird die Vertrauenswürdigkeit zu einem immer stärkeren Wettbewerbsvorteil, wenn sie angewendet wird und verloren gehen, wenn sie nicht genutzt wird.

Wenn also als theoretischer Bezugsrahmen ein ressourcenorientiertes Strategieverständnis herangezogen wird, lässt sich daraus ableiten, dass die Vertrauenswürdigkeit die Kriterien, die dieser Ansatz an einen Wettbewerbsvorteil stellt, erfüllt. Damit ist aber noch nicht geklärt, welche Ressourcen innerhalb einer Bank in welchen Zusammenhang gebracht werden sollten, damit die Vertrauenswürdigkeit zu einer distinktiven Ressource bzw. zu einem distinktiven Ressourcenbündel ausgebildet werden kann. Bevor im nächsten Schritt Empfehlungen ausgearbeitet werden, ist der zweite strategische Ansatz zu betrachten, um zu klären, inwieweit Vertrauenswürdigkeit als Wettbewerbsvorteil angesehen werden kann, wenn nicht der ressourcenorientierte, sondern der marktorientierte strategische Ansatz den theoretischen Rahmen bildet.

4.1.2 Einordnung der Vertrauenswürdigkeit einer Bank in den Market-based View

Bei der Darlegung des Market-based View (MBV) wird auf die Arbeiten von Michael E. Porter abgestellt, die Anfang bis Mitte der 1980er Jahre entstanden sind und seitdem eine zentrale Position in der Literatur und im strategischen Denken in der Praxis einnehmen. Porter leitet Strategien nicht aus der Unternehmensstruktur, sondern aus der Branchenstruktur ab. Ein langfristiger Unternehmenserfolg resultiert aus der Positionierung in einer attraktiven Branche, weshalb sein Ansatz in einem ersten Schritt die nähere Analyse einer Branche entlang der fünf Faktoren „Bedrohung durch neue Konkurrenten", „Verhandlungsmacht der Abnehmer", „Bedrohung durch Ersatzprodukte und –dienste", „Verhandlungsstärke der Lieferanten" und „Rivalität unter den bestehenden Unternehmen" fordert.[538]

Im Anschluss an die Branchenanalyse sollte sich ein Unternehmen zur Erlangung eines Wettbewerbsvorteils entweder auf die Strategie der Kostenführerschaft oder auf die Strategie der Differenzierung festlegen und zwischen einem engen oder einem weiten

[538] Vgl. Porter (2013), S. 37 ff.

Tätigkeitsfeld entscheiden, woraus sich eine Vierfeldermatrix mit drei Strategietypen ableiten lässt, die Porter als generische Strategien bezeichnet (vgl. Abbildung 17).

Wettbewerbsfeld	Wettbewerbsvorteil	
	niedrige Kosten	Differenzierung
weites Segment	(1) Strategie der Kostenführerschaft	(2) Strategie der Differenzierung
enges Segment	(3) Konzentrations- (Nischen-) Strategie	
	(3A) Strategie des Kostenschwerpunkts	(3B) Strategie des Differenzierungsschwerpunkts

Abbildung 17: Generische Strategien nach Porter.[539]

Die Strategie der Kostenführerschaft und die Differenzierungsstrategie streben den Wettbewerbsvorteil in einem weiten Bereich von Branchensegmenten an, während die Konzentrationsstrategie auf einen Kostenvorsprung oder auf eine Differenzierung in einem begrenzten Marktsegment abzielt.[540]

4.1.2.1 Strategie der Kostenführerschaft und der Differenzierung

Ein Unternehmen wird die Strategie der Kostenführerschaft in einer Branche erfolgreich umsetzen und daraus einen Wettbewerbsvorteil generieren, wenn es aus Kundensicht gleichwertige oder annähernd gleichwertige Produkte anbietet, dabei aber niedrigere Kosten als seine Konkurrenten hat. Sobald das Unternehmen Preise auf oder nahe dem Niveau des Branchendurchschnitts erzielt, generiert es überdurchschnittliche Gewinne aus der Differenz aus dem durchschnittlichen Marktpreis und seinen niedrigeren Kosten. Die Kostenführerschaft in einer Branche kann aus unterschiedlichen Gründen entstehen, bspw. aufgrund größenbedingter Kostendegressionen, unternehmenseigener Technologien oder eines exklusiven Zugangs zu Rohstoffen unter Vorzugsbedingungen.[541] In der Regel setzt der Ansatz voraus, dass nur ein Unternehmen Kostenführer in einer Branche ist, denn sobald weitere Unternehmen diese Position anstreben, kann die

---

[539] Vgl. Porter (2013), S. 79; Börner (2005), S. 40.
[540] Vgl. Porter (2013), S. 73 ff.
[541] Vgl. Porter (2014), S. 35.

Rivalität um die Kostenführerschaft einen Preiskampf auslösen, der den strategischen Ansatz konterkariert.[542]

Bei der Differenzierungsstrategie wählt ein Unternehmen „ein oder mehrere Merkmale, die viele Abnehmer der Branche für wichtig halten, und bringt sich in die einmalige Position, diese Bedürfnisse zu befriedigen. Für diese Einmaligkeit wird es mit höheren Preisen belohnt“[543]. Überdurchschnittliche Gewinne fallen dann an, wenn der für die Differenzierung notwendige Mehraufwand den erzielbaren Mehrpreis nicht übersteigt. Differenzierungsmerkmale können sich auf das Produkt selbst beziehen oder auf Merkmale wie dem Vertriebssystem oder dem Kundenservice. Anders als bei der Kostenführerschaft kann es mehr als eine erfolgreiche Differenzierungsstrategie geben, denn in einer Branche wird es „für so viele Differenzierungsstrategie betreibende Unternehmen Platz [geben], wie es für die Abnehmer wichtige Produkteigenschaften gibt“[544].

Die Konzentration auf Schwerpunkte

Wenn es in einem Markt Segmente gibt, die sich vom Gesamtmarkt unterscheiden, kann ein Unternehmen Wettbewerbsvorteile gegenüber anderen Unternehmen erzielen, wenn es ausschließlich einen Teilmarkt bedient. Solche Vorteile können bei der Konzentration auf ein bestimmtes Marktsegment zustande kommen, wenn bestimmte Produktions- oder Vertriebstechnologien eingesetzt werden, aus denen eine Kostenführerschaft in diesem Segment resultiert oder wenn sich in einem Segment spezielle Bedürfnisse zu einem überdurchschnittlichen Preis bedienen lassen. In einer Branche können mehrere attraktive Teilmärkte existieren, so dass unterschiedliche Konzentrationsstrategien nebeneinander erfolgreich sein können.[545]

Gelingt es einem Unternehmen nicht, sich für eine strategische Ausrichtung zu entscheiden und verfolgt es gleichzeitig mehrere Ansätze, bleibt es nach Porter „zwischen den Stühlen“[546] sitzen und erzielt geringere Erträge als Konkurrenten – es sei denn, die

[542] Vgl. Börner (2000a), S. 53f.
[543] Porter (2014), S. 37.
[544] Börner (2000a), S. 55.
[545] Vgl. Porter (2014), S. 38 f.
[546] Porter (2014), S. 40.

Wettbewerber sitzen ebenfalls „zwischen den Stühlen“[547] –, weil die unterschiedlichen Strategietypen einander widersprechende Maßnahmen erfordern.[548]

4.1.2.2 Differenzierung durch Vertrauenswürdigkeit

Wird nun danach gefragt, inwieweit das Merkmal Vertrauenswürdigkeit als ein Wettbewerbsvorteil angesehen und entsprechend ausgestaltet werden kann, wenn der MBV den theoretischen Rahmen bildet, wird ohne weitere Argumentation klar, dass die Kostenführerschaftsstrategie keine Anknüpfungspunkte für eine derartige Ausformulierung bietet. Börner merkt an, dass Kostenführerschaftsstrategien grundsätzlich für Banken selten vorgeschlagen werden, da Bankleistungen nicht industriell erstellt werden können.[549]

Die Vertrauenswürdigkeit zu einem Wettbewerbsvorteil ausbauen könnten Banken vielmehr infolge einer Differenzierungsstrategie, denn die Vertrauenswürdigkeit einer Bank wird für die Kunden eine wahrnehmbare und wichtige Eigenschaft darstellen und mit einem Nutzenvorteil verbunden sein, der bereits bei der Ausarbeitung des RBV dargelegt wurde. Die diesbezügliche Argumentation kann hier analog verwendet werden. Höhere Gewinne durch die Differenzierungsstrategie können zustande kommen, wenn Banken aufgrund der Vertrauensbeziehung den Kunden leichter weitere Leistungen anbieten können, denn infolge einer Vertrauensbeziehung wird nicht nur der Informationsfluss zwischen Vertrauensgeber und Vertrauensnehmen höher sein, wodurch die Bank vielmehr private Informationen über die finanzielle Situation des Kunden und seinen Bedürfnissen erhalten und den über die Anlageberatung hinausgehenden weiteren Bedarf an Bankleistungen entsprechend einfacher bestimmen kann, sondern eine Vertrauensbeziehung wird die Bank auch in die komfortable Situation bringen, in der Kunden neue Produkte und Angebote offen und weniger kritisch aufnehmen werden. Wenn eine Bank also vertrauenswürdig ist, kann sie den Markt ein Stück weit dominieren und zukünftige Ertragspotenziale leichter erschließen.[550]

547 Porter (2014), S. 40.
548 Vgl. Porter (2014), S. 40 f.
549 Vgl. Börner (2005), S. 41.
550 Pontzen und Romeike sprechen in diesem Zusammenhang von der „Definitions- und Deutungsmacht“. Vgl. Pontzen und Romeike (2015), S. 407.

4.1.3 Bestimmung der Wertaktivitäten und Ressourcen von Banken

Nach der Branchenanalyse und der Festlegung auf eine Strategie stellt Porter die Wertkette vor, die als „analytisches Instrument“[551] alle strategisch relevanten Tätigkeiten eines Unternehmens gliedern und ihre Wechselwirkungen aufzeigen soll, um das Kostenverhalten sowie vorhandene und mögliche Differenzierungsquellen als Ursachen von Wettbewerbsvorteilen zu untersuchen.[552] Sie setzt sich aus einer Gewinnspanne und den Wertaktivitäten zusammen. Die Gewinnspanne stellt die Differenz zwischen dem Gesamtwert und der Summe der Kosten, die durch die Ausführung der Wertaktivitäten entstehen dar und lässt sich auf unterschiedliche Weisen messen.[553] In den Wertaktivitäten, die Porter als „physisch und technologisch unterscheidbare, von einem Unternehmen ausgeführte Aktivitäten“[554] definiert, kommt die individuelle Art eines Unternehmens, einzelne Tätigkeiten zu erledigen, zum Ausdruck. An dieser Stelle weist der MBV Parallelen zum RBV auf, denn nach Porter unterscheiden sich die Wertketten der Unternehmen einer Branche aufgrund unterschiedlicher Unternehmensgeschichten („In der Wertkette eines Unternehmens und seiner Art, einzelne Tätigkeiten zu erledigen, spiegeln sich seine Geschichte, seine Strategie, seine Methoden zur Implementierung dieser Strategie und die wirtschaftlichen Grundregeln der Tätigkeiten selbst“[555]). Noch deutlicher wird der Bezug zum RBV, wenn Porter die Funktionsfähigkeit der Wertaktivitäten über Inputs, Ressourcen und Informationen definiert, die „in irgendeiner Form“[556] eingesetzt werden müssen.

Wenn ergo die Vertrauenswürdigkeit einer Bank als Wettbewerbsvorteil angesehen werden kann, und zwar sowohl beim theoretischen Ansatz des RBV, als auch beim theoretischen Ansatz des MBV, und wenn darüber hinaus mit der Wertkette ein Instrument gegeben ist, dass ursprünglich aus dem marktorientierten Ansatz stammt, eine ressourcenorientierte Betrachtung aber ebenfalls berücksichtigt, dann kann die Wertkette beim Übergang von der Theorie in die Praxis genutzt werden, indem sie zuerst auf Banken übertragen wird, um dann nach den Ressourcen in den einzelnen Wertaktivitäten zu suchen, die dazu geeignet erscheinen, durch ihre Verknüpfung bei der Leistungserstel-

551 Porter (2014), S. 61.
552 Vgl. Porter (2014), S.61.
553 Vgl. Porter (2014), S. 66.
554 Porter (2014), S. 66.
555 Porter (2014), S. 65.
556 Porter (2014), S. 67.

lung die Vertrauenswürdigkeit einer Bank zu einem Wettbewerbsvorteil auszubauen. Als nächstes werden deshalb die Wertaktivitäten einer Bank in eine Wertkette übertragen und die benötigten Ressourcen identifiziert, bevor im letzten Schritt Vorschläge gemacht werden, wie diese Ressourcen bei der Leistungserstellung ineinander greifen sollten, damit sich am Ende die Vertrauenswürdigkeit einer Bank zu einem Wettbewerbsvorteil entwickeln kann.

4.1.3.1 Transaktions- und Transformationsleistungen als Wertaktivitäten einer Bank

Wird der institutionenökonomische Ansatz zugrunde gelegt, existieren Banken, weil die Ersparnis an Transaktionskosten aus ihrer Zwischenschaltung die Kosten ihrer Inanspruchnahme übersteigt. Solange Marktprozesse Kosten verursachen, Informationen weder kostenlos, noch vollständig erhältlich sind und eine Allokation von Kapital unter Unsicherheit erfolgt, erbringen sie als Finanzintermediäre Transaktions- und Transformationsleistungen.[557]

Transaktionsleistungen von Banken

Ihre Transaktionsleistung besteht in der Reduktion der Transaktionskosten und der asymmetrischen Informationsverteilung. Indem sie wie „institutionalisierte „Treffpunkte“ für Kapitalanbieter und -nachfrager“[558] fungieren, senken sie die Kosten im Vergleich zu einer individuellen Suche nach einem adäquaten Kontraktpartner. Kosten für die Suche eines Kontrahenten, die Beschaffung von kontrahentenspezifischen Informationen, die Vertragskonfiguration und die Vertragsüberwachung entfallen, wenn Banken als Transaktionsvermittler zwischen Akteuren mit Kapitalüberschuss und Akteuren mit Kapitaldefizit interagieren. Aufgrund ihrer Professionalisierung verfügen sie zudem über Spezialisierungsvorteile bei der Beschaffung, Auswertung und Überlassung von Informationen und ermöglichen einen Informationsausgleich kostengünstiger als bei einer direkten Informationsbeschaffung der beteiligten Akteure.[559]

557 Vgl. Büschgen und Börner (2003), S. 19 ff.
558 Büschgen (1999), S. 38.
559 Vgl. Börner (2000a), S. 158.

Transformationsleistungen von Banken

Die aufgezeigten Transaktionsleistungen in Form von Reduktion der Transaktionskosten und der asymmetrischen Informationsverteilung sind notwendige, aber keine hinreichenden Bedingungen für die Bankgeschäftstätigkeit. Erst wenn eine Bank selbst als Kontrahent in die zwischen originärem Kapitalanbieter und originärem Kapitalnachfrager abzuschließenden Verträge eintritt und das unmittelbare Anspruchs- und Verpflichtungsverhältnis durch zwei eigenständige Vertragsverhältnisse ersetzt, kann von Finanzintermediation im engeren Sinne die Rede sein.[560] Erst dann kann sie Kontrakte hinsichtlich ihrer Losgröße, Fristigkeit und Risikostruktur verändern und als derivativer Nachfrager und Anbieter von Geld divergierende Bedürfnisse zwischen Marktteilnehmern ausgleichen.[561]

Eine Losgrößentransformation ist erforderlich, weil sich der Betrag, den ein Anleger bereitstellen möchte von dem, den ein Kapitalnehmer benötigt unterscheidet. Zu denken sind bspw. an Unternehmen, die Finanzmittel in einer Größenordnung benötigen, die ein einzelner Sparer kaum erreichen dürfte. Selbst wenn dies der Fall sein sollte, wird ein einzelner Anleger aus Risikogesichtspunkten selten dazu bereit sein, als alleiniger Investor tätig zu werden.[562] Alternativ könnte auch ein Großanleger einer Vielzahl von Kapitalnehmern mit geringerem Kapitalbedarf gegenüberstehen.[563] Banken sammeln die sich in der Höhe unterscheidenden Finanzmittel und ermöglichen die Mobilität und Fungibilität von Kapital und bringen so die Vorstellungen der Kapitalgeber und Kapitalnehmer bezüglich der zu handelnden Größen transaktionskostengünstiger zusammen, weil die Beteiligten ausschließlich mit der Bank übereinkommen und nicht mit einer Vielzahl von Anbietern bzw. Nachfragern.[564]

Neben der betragsmäßigen Übereinstimmung des Anlage- und Finanzbedarfs sorgen Banken auch für eine Harmonisierung der Kapitalüberlassungsdauer und der Kapitalnutzungsdauer. Während private Haushalte eher sicherheitsorientiert und an einer kurz- bis mittelfristigen Verfügbarkeit ihrer Einlagen orientiert sein werden, wird der Kapitalbedarf von Investoren über einen längeren Zeitraum bestehen.[565] Banken ermöglichen

560 Vgl. Bitz (1989), S. 430.
561 Vgl. Börner (2000a), S. 160.
562 Vgl. Fischer und Rudolph (2000), S. 375.
563 Vgl. Schierenbeck und Hölscher (1998), S. 23.
564 Vgl. Hartmann-Wendels et al. (2015), S. 5.
565 Vgl. Fischer und Rudolph (2000), S. 376.

die Transformation der Fristen, indem sie mithilfe von Erfahrungswerten und Wahrscheinlichkeiten von einem bestimmten Bodensatz der Einlagen ausgehen, die ihnen langfristig zur Verfügung stehen und somit über einen längeren Zeitraum ausgeliehen werden können.[566] Darin kommen zum einen das Prolongationsprinzip und zum anderen das Substitutionsprinzip zum Ausdruck. Nach dem Prolongationsprinzip können Banken damit rechnen, dass nicht alle Einlagen bei Fälligkeit abgezogen werden, sondern ein Teil über ihre de jure Fälligkeit hinaus prolongiert wird. Das Substitutionsprinzip besagt, dass die de facto abgerufenen Einlagen bei Fälligkeit durch neue ersetzt werden.[567] Darin liegt aber auch ein Risiko für die Bank, denn wenn die langfristige Kreditvergabe mittels Prolongation und Substitution der kurzfristigen Einlagen erfolgt, kann dies zu einem Anschlussrisiko führen, wenn die revolvierende Finanzierung nicht realisiert werden kann.

Aus der unterschiedlichen Fristigkeit zwischen der Aktivseite (Forderungen) und der Passivseite (Einlagen) ihrer Bilanz entstehen für die Bank zusätzliche Risiken. Wenn bedacht wird, dass nicht nur Einlagen längerfristig zur Verfügung stehen, sondern auch Kredite überzogen werden, kann ein Liquiditätsproblem resultieren, wenn die Bank geforderte Einlagen nicht zurückzahlen kann. Weiter muss bedacht werden, dass Kredite und Einlagen zinsreagible Finanztitel sind und somit Änderungen der Zinssätze zu Veränderung ihrer Marktpreise führen. Solange die Zinsstrukturkurve einen ansteigenden Verlauf hat und Banken ihre Finanzmittel kurzfristig zu niedrigeren Zinsen beschaffen und längerfristig zu höheren Zinsen vergeben, erzielen sie einen Ertrag. Nimmt die Zinsstrukturkurve einen inversen Verlauf an, können Ertragsproblemen entstehen.[568] Für den Bankkunden liegt der Vorteil darin, nur einen Vertrag über die gesamte gewünschte Laufzeit mit der Bank abzuschließen, statt mehrere aufeinanderfolgende Verträge im Zeitablauf.[569]

Schließlich können Banken durch ihren Eintritt zwischen originären Geldgeber und originären Geldnehmer die Ausfallrisiken eines Kredites reduzieren und so Anlagemöglichkeiten bereitstellen, denen ein geringeres Risiko inhärent ist als bei einer direkten Anlage, wodurch auch risikoaverse Anleger angesprochen werden. Damit die Kreditausfallrisiken nicht vollumfänglich auf die Einleger durchschlagen sind drei Aspekte

---

566 Vgl. Hartmann-Wendels et al. (2015), S. 385.
567 Vgl. Hartmann-Wendels et al. (2015), S. 213.
568 Vgl. Schierenbeck und Hölscher (1998), S. 24.
569 Vgl. Börner (2000a), S. 161 f.

ursächlich; die Eigenmittel der Bank, die Risikodiversifikation im Kreditportefeuille und die Durchsetzung von Anreiz- und Kontrollmechanismen.

Das Eigenkapital der Bank dient grundsätzlich der Abdeckung von Risiken und sorgt für einen Verlustausglich bei Eintritt eines Kreditereignisses. Das Ausfallrisiko tragen nicht wie bei einer intermediärlosen Kontrahierung die Geldgeber, sondern vorrangig die Gesellschafter einer Bank. Zweitens kann eine Bank das unsystematische Risiko in ihrem Kreditportefeuille aufgrund von Kostendegressionseffekten kostengünstiger diversifizieren als ein einzelner Einleger und drittens kann unterstellt werden, dass eine Bank aufgrund von bisherigen Geschäftsbeziehungen über Informationen über den Kreditnehmer verfügt und ihn aufgrund seiner Marktmacht eher zu einem vertragskonformen Verhalten drängen kann als viele kleine einzelne Kreditgeben, wodurch eine Abschwächung der vorvertraglichen hidden information und der vertragsbegleitenden hidden action Probleme erzielt wird.[570]

4.1.3.2 Identifikation der Ressourcen entlang der Wertkette

Nachdem die Wertaktivitäten einer Bank vor dem Hintergrund des institutionenökonomischen Ansatzes dargelegt wurden, können sie als nächstes in eine Wertkette übertragen werden, um die erforderlichen Ressourcen zur Durchführung dieser Tätigkeiten zu bestimmen.

Um Transaktions- und Transformationsleistungen erbringen zu können, müssen Banken zunächst einmal mit Kunden in Kontakt treten, wodurch dem Vertrieb eine essentielle Rolle zukommt – und zwar unabhängig von einer konkreten Vertriebswegeauswahl. Essentiell ist dieser Bereich auch deshalb, weil er großen Einfluss darauf ausübt, wie gut der externe Faktor Kunde in die Leistungserstellung integriert wird. Als „Schnittstelle zwischen dem Kunden und der Bank“[571] besteht die Vertriebsfunktion darin, den Kontakt zum Kunden aufzubauen, seinen Bedarf festzustellen, ihn zu beraten und ihn in die Leistungserbringung einzugliedern. Die nötigen Ressourcen zur Erfüllung der Vertriebsfunktion sind zunächst einmal materieller Natur wie Geschäftsräume, Einrichtung und Ausstattung. Diese physische Dimension des Vertriebs stellt vielmehr eine triviale Basis dar und ist um eine immaterielle Ebene zu erweitern, auf der sich die eigentliche Bewältigung der Vertriebsfunktion vollzieht. Auf dieser Ebene kommt es auf die Hu-

[570] Vgl. Büschgen (1999), S. 40.
[571] Vgl. Börner (2000a), S. 171.

manressource, also auf den im Kundenkontakt stehenden Mitarbeiter an, der neben Fachwissen über ausgeprägte soziale Fähigkeiten verfügen muss, damit er einen erfolgreichen Dialog mit den zunehmend anspruchsvoller und bankmündiger werdenden Kunden vollziehen kann.

Neben dem Vertrieb als wichtige Wertaktivität in der Wertkette ist zu berücksichtigen, dass eine Bank als ein Portfolio von Finanzkontrakten definiert werden kann, wenn auf die Transformationsleistung fokussiert wird.[572] Dieses Portfolio beinhaltet alle Geschäfte mit Kunden sowie die Eigenhandelsgeschäfte und ist innerhalb der regulatorischen Vorgaben aktiv zu steuern, was einer weiteren wertstiftenden Aktivität entspricht. Zur erfolgreichen Umsetzung sind auch hier zunächst Räumlichkeiten und Betriebssysteme grundlegend. Viel wichtiger sind aber erneut personengebundene Fähigkeiten, die aus Erfahrungen resultieren und mit Begriffen wie Finanzmarktverständnis oder Expertenwissen der Entscheidungsträger umschrieben werden können.[573] Zum Transformationsbereich einer Bank gehören daneben zwei weitere wichtige Ressourcen, nämlich Liquiditätsreserven in Form eines Bestandes an Zentralbankgeld und Eigenkapital.

Die Umsetzung der Vertriebs- und Transformationsleistungen baut einerseits auf internen Strukturen und Prozessen auf, andererseits lösen Vertrieb und Transformation Aufgaben in nachgelagerten Bereichen aus, wodurch die Abwicklungsfunktion einer Bank ebenfalls einen wertstiftenden Charakter erhält. In vielen Fällen wird die Gestaltung der Abwicklungsprozesse nach vorab definierten Schritten und Routinen ohne personengebundenes Spezialwissen automatisiert erfolgen. Allerdings ist davon auszugehen, dass die zunehmenden regulatorischen Bedingungen die Anforderungen an die in der Abwicklung eingesetzten Systeme und Personen erhöhen, so dass auch hier neben den Datenverarbeitungssystemen erneut die Humanressource als wichtige Ressource ausgemacht werden kann.

Vertrieb, Transformation und Abwicklung als wertstiftende Aktivitäten können nur dann erfolgreich sein, wenn eine Führungsebene sie steuert. Führungsprozesse, die die Koordination und Motivation in den einzelnen Bereichen und auf Gesamtbankebene sicherstellen, vervollständigen die Wertkette einer Bank und sind verantwortlich dafür,

[572] Vgl. Börner (2000a), S. 176.
[573] Vgl. Börner (2000a), S. 242.

dass einige Banken erfolgreicher sind als andere. Die dafür benötigte Ressource kann als Führungskompetenz bezeichnet werden.[574]

4.2 Ableitung von Handlungsempfehlungen für die Praxis

In diesem Kapitel wurde bislang ausgearbeitet, dass die Vertrauenswürdigkeit einer Bank als Wettbewerbsvorteil ausgelegt werden kann, wenn vor dem Hintergrund eines planungsorientierten Strategieverständnisses der RBV und MBV als theoretische Bezugsgrößen für Wettbewerbsvorteile herangezogen werden. Anschließend wurden die wertstiftenden Aktivitäten einer Bank in eine Wertkette übertragen und die Mitarbeiter sowie die Führungsebene, die mit ihren Vorgaben verantwortlich für das Verhalten der Humanressource ist, als zentrale Ressourcen ausgemacht.

In Kapitel 3 wurde ausgearbeitet, dass die Einschätzung der Vertrauenswürdigkeit eines Kooperationspartners auf der subjektiven Wahrnehmung des Vertrauensgebers aufbaut und diese Einschätzung sich aus den Merkmalen Können, Wollen und Rechtschaffenheit zusammensetzt.

Nun geht es im letzten Schritt darum, diese beiden Stränge zusammenzuführen, d.h. danach zu fragen, wie die aufgezählten – und für sich betrachtet zunächst nicht unbedingt ungewöhnlichen – Ressourcen im Vertrieb, in der Transformation, in der Abwicklung und in der Unternehmensführung bei der Bereitstellung von Bankleistungen zusammenarbeiten und ineinandergreifen sollten, damit in der Wahrnehmung der Kunden die Merkmale Können, Wollen und Rechtschaffenheit ausgebaut werden, bis die Vertrauenswürdigkeit einer Bank den Charakter einer distinktiven Ressource bzw. eines distinktives Ressourcenbündels erhält.

Dabei sollte auch immer bewusst sein, dass Banken sehr vielen Einflussfaktoren unterliegen, die in die Überlegungen angemessen einzubeziehen sind. Die Bankenaufsicht fordert in MaRisk AT 4.2.1. von dem Management der Institute, bei der Festlegung und Anpassung der Geschäftsstrategie interne sowie externe Einflussfaktoren zu berücksichtigen und im Hinblick auf die zukünftige Entwicklung der relevanten Einflussfaktoren Annahmen zu treffen.[575]

574 Vgl. Börner (2000a), S. 244 ff.
575 Vgl. BaFin Rundschreiben (2012), o.P.

Besonders einflussreich sind längerfristige (Mega-)Trends, weil sie gesellschaftliche, politische und ökonomische Systeme nachhaltig beeinflussen, indem sie Veränderungsprozesse für zukünftige Rahmenbedingungen auslösen und Werte, Normen, Verhaltensmuster, Strukturen oder Abläufe neu definieren können.[576] Deshalb sollten bei der Deduktion von Handlungsempfehlungen gegenwärtige Trends wie demografischer Wandel, digitales Leben, technologischer Fortschritt oder die Verknappung von Ressourcen im Blick behalten und gegebenenfalls in die Überlegungen aufgenommen werden.

4.2.1 Vertrauenswürdigkeit durch Kompetenz

Das Merkmal „Können" bezieht sich auf Zutrauen im Sinne von Vorhandensein der fachlichen Kompetenz und Fähigkeit beim Vertrauensnehmer, die er benötigt, um die an ihn herangetragene und anvertraute Aufgabe ausführen zu können.[577] Die zu klärenden Fragen auf dieser Ebene lauten also, wie eine Bank ihre fachliche Kompetenz in den einzelnen Wertaktivitäten ausbauen und sie den Kunden signalisieren kann.

4.2.1.1 Qualifikation der Personalressource

Wenn die Wertschöpfung im Bankensektor in dominanter Form durch die Personalressource erfolgt, besteht ein zentrales Handlungsfeld der Unternehmensführung zur Erzielung eines hohen Kompetenzlevel im Vertrieb, in der Transformation und in der Abwicklung darin, die Voraussetzungen dafür zu schaffen, dass qualifiziertes Personal eingestellt und weiterentwickelt wird.

Beeinflusst wird die Personalsituation in den nächsten Jahren sicherlich durch den demografischen Wandel. Während einerseits immer mehr qualifizierte und erfahrene Mitarbeiter die Altersgrenze erreichen und aus den Instituten ausscheiden, sinken andererseits die Zahlen der Bewerber.[578] Hinzu kommt, dass auch andere Branchen auf dem Arbeitsmarkt immer stärker gut ausgebildete Banker nachfragen, wodurch die Situation für das Personalmanagement weiter verschärft wird.[579]

[576] Vgl. Meybom (2016), S. 44.
[577] Vgl. Kapitel 3.1.4.1.
[578] Vgl. Thurner und Vielhaber-Hase (2015), S. 52.
[579] Vgl. Hartmann und Strenske (2015), S. 74.

Während bislang die Mitarbeiter aus den Jahrgängen 1945 bis etwa 1965 sowie die Generation X (Jahrgänge Anfang 1960er bis etwa 1980) den größten Teil der arbeitenden Bevölkerung bildeten, etabliert sich gerade die Generation Y (Jahrgänge Ende der 1970er Jahre bis etwa 1995) in der Arbeitswelt und eine noch jüngere Generation Z (geboren ab 1995) steht kurz davor.[580] Mit diesem Wandel in der Belegschaft geht auch eine Änderung der Werte und Erwartungen einher, die Banken berücksichtigen sollten, wenn sie qualifizierte Kandidaten an sich binden wollen.

Aktuelle Studien belegen, dass die Karrieremöglichkeiten, die Weiterbildungsangebote und eine angemessene Vergütung Kriterien sind, die Arbeitgeber für die Generation Y attraktiv machen.[581] Hervorzuheben ist auch, dass neben der Förderung der beruflichen Entwicklung und einer leistungsgerechten Vergütung den Arbeitsinhalten eine sehr hohe Bedeutung zugesprochen wird.[582] Ein weiteres interessantes Ergebnis ist, dass über 40% der Befragten für mehr Freizeit weniger Geld akzeptieren würden.[583] Gutes Personal lässt sich also nicht allein mit Geld überzeugen, sondern mit einem Angebotsmix aus „Work-Life Balance“ und herausfordernden, abwechslungsreichen und vor allem sinnhaften Aufgaben. Die Nähe zum Wohnort oder attraktive Zusatzleistungen wie z.B. ein Dienstwagen sind dagegen für die jüngeren Menschen nicht so wichtig. Ebenso spielt die Familienfreundlichkeit eine (noch) untergeordnete Rolle.[584]

Neben einem attraktiven Angebot an die gut ausgebildeten jungen Menschen erscheint es für die Erhaltung und den weiteren Ausbau von Kompetenz wichtig, den Wissenstransfer innerhalb der Bank zu fördern. Wissen kann definiert werden als „Information, die durch ihre Bewertung und Zuordnung für das Unternehmen einen Wert darstellt und zur Wertschöpfung beiträgt. Damit ist Wissen kein Selbstzweck, sondern ein entscheidender Produktions- und Wettbewerbsfaktor“[585].

Während die Vermittlung von kodifizierbarem Wissen über Seminare oder Schulungen vergleichsweise einfach erfolgen kann, liegt die Herausforderung beim Wissenstransfer darin, Verhaltensweisen und Handlungen zu fördern, die darauf abzielen, personengebundenes und schwer kodifizierbares Wissen weiterzugeben. Um die Zirkulation des

[580] Vgl. Thurner und Vielhaber-Hase (2015), S. 53.
[581] Vgl. Böckelmann und Haselhorst (2015), S. 48.
[582] Vgl. Grimm (2016), S. 47.
[583] Vgl. Böckelmann und Haselhorst (2015), S. 48.f.
[584] Vgl. Böckelmann und Haselhorst (2015), S.49.
[585] Breuer (2007), S. 2307.

(Spezial-)Wissens in einer Bank von den Mitarbeitern, die es aktuell haben zu den Mitarbeitern, die es in Zukunft brauchen werden, zu fördern, könnten Anreize geschaffen werden. Führungskräfte im Vertrieb, die bspw. über eine ausgeprägte Sozialkompetenz verfügen und als Vorbilder im Kundendialog gelten, Fachkräfte im Bereich der Transformation, die bspw. Marktdaten besonders gut analysieren können und erfahrene Mitarbeiter in der Abwicklung, die bspw. tiefergehende Prozesszusammenhänge kennen, könnten bei der Festlegung einer variablen Vergütung oder bei anstehenden Beförderungen auch stärker danach beurteilt werden, inwieweit sie jüngeren Kollegen Zugang zu ihrem impliziten Wissen ermöglichen oder sich an Mentoring-Programmen innerhalb der Bank beteiligen.

Neben Anreizen kann der Wissenstransfers innerhalb einer Bank auch über die Unternehmenskultur gefördert werden. Wenn die Unternehmenskultur als Grundgesamtheit gemeinsamer Werte, Normen und Einstellungen definiert wird, die die Entscheidungen, Handlungen und das Verhalten der Organisationsmitglieder prägen sollen, dann sollten Entscheidungen, Handlungen und Verhaltensweisen, die darauf abzielen, Wissen nicht nur aufzunehmen, sondern auch abzugeben, gefördert werden.[586] Förderung heißt in diesem Zusammenhang, dass innerhalb der Bank eine offene Informations- und Kommunikationspolitik gelebt wird. Für die tägliche Arbeit in der Praxis bedeutet das, dass ein Wissensträger keine Angst haben darf, dass die Weitergabe seines Wissens den Wert seiner Arbeitskraft schmälern könnte und der Wissensnehmer nicht die Befürchtung, dass die Nachfrage nach Wissen als Inkompetenz ausgelegt wird.

Einen dritten Weg zur Kompetenzerhaltung bietet der Transfer-Coaching Ansatz, der 2011 bei der Bausparkasse Schwäbisch Hall eingeführt wurde. Dort wird im Rahmen des jährlich stattfindenden Personalmanagementgesprächs zwischen den Führungskräften aus den Fachbereichen und den Vertretern des Personalbereichs besprochen, welche Mitarbeiter das Unternehmen verlassen werden und welche dieser ausscheidenden Mitarbeiter über erfolgskritisches Wissen verfügen. Anschließend wird entschieden, ob ein Coaching beim Wissenstransfer eingesetzt wird.[587]

[586] Zur Definition der Unternehmenskultur vgl. Lies (2014), S. 3260.
[587] Vgl. Imkamp (2014), S. 34.

4.2.1.2 Kompetenzerhaltung am Beispiel des Wissenstransfer-Coachings der Schwäbisch Hall

Ein solches Wissenstransfer-Coaching besteht aus acht Schritten. Die ersten beiden Schritte dienen einer Analyse der aktuellen Situation und der Kontaktaufnahme der Führungskraft des ausscheidenden Mitarbeiters zu einem Coach, der durch eine Tochtergesellschaft der Schwäbisch Hall bereitgestellt wird und den Wissenstransfer begleiten und moderieren soll. Diese frühen Phasen dienen der Klärung von Fragen wie „Wer wird sein Nachfolger?, „Ist er bereits im Unternehmen?" oder „Welchen Charakter hat dieses Wissen?". Anschließend bespricht die Führungskraft das geplante Coaching mit dem ausscheidenden Mitarbeiter und holt sein Commitment hierzu ein (Schritt 3). Mit dem Coach wird dann sein Spezialwissen analysiert und eine Priorisierung bei der Vermittlung vereinbart (Schritt 4). Im fünften Schritt wird der Nachfolger darüber informiert, wie der Transfer abläuft, wozu er dient und um welche Inhalte es dabei geht. Schritt sechs und sieben beinhalten die Umsetzung des gemeinsam erstellten Transferplans unter der Moderation des Coachs, bevor im letzten Schritt eine Evaluation des Transferprozesses vorgenommen wird.[588]

Bei planbaren Stellenwechseln erstreckt sich der beschriebene Ablauf über ein halbes Jahr. Steht dieser Zeitraum nicht zur Verfügung, wird das Prozess-Design den jeweiligen Rahmenbedingungen angepasst.[589] Die Erfahrungen mit diesem Modell beschreibt die Bausparkasse als positiv. Durch das Transfer-Coaching erfolge die Vermittlung von erfolgskritischem Wissen in einer systematisierten Form, wodurch die Einarbeitung neuer Stelleninhaber schneller und reibungsloser gelinge. Zudem wird hervorgehoben, dass die Wissensgeber und Wissensnehmer den Coaching-Prozess als Zeichen der Wertschätzung ihrer Person und ihrer Arbeit erfahren.[590]

Die Gewinnung qualifizierten Personals und die Förderung der Wissensweitergabe sind wichtige Bausteine, damit Banken kompetent gegenüber Kunden auftreten können. Das heißt aber auch, dass dem Personalbereich eine zentrale Rolle zukommt, wenn es darum geht, Kompetenz sicherzustellen. Deshalb sollte der Personalbereich weiterhin eine bedeutende Stellung innerhalb der Bank einnehmen und keinem Bedeutungsverlust unter-

---

[588] Vgl. Imkamp (2014), S. 34 f.
[589] Vgl. Imkamp (2014), S. 34 f.
[590] Vgl. Imkamp (2014), S. 35.

liegen, weil Themen wie Kostensenkung und Digitalisierung oder die Umsetzung von Regulierungsmaßnahmen aktuell eine sehr große Aufmerksamkeit erhalten.[591]

4.2.1.3 Weitere Möglichkeiten zur Signalisierung der Kompetenz

Nutzung konstitutiver Größen

Personalmanagement und Wissensmanagement können als zwei zentrale Anknüpfungspunkte bei der Sicherstellung eines hohen Kompetenzlevels ausgemacht werden. Daneben gibt es auch vergleichsweise einfache Möglichkeiten, Kunden auf eine ausgeprägte Kompetenz hinzuweisen. Eine Möglichkeit besteht in der Hervorhebung eines weit zurückliegenden Gründungsjahres. Durch einen einfachen Hinweis auf eine lange Unternehmensgeschichte lässt sich die Botschaft vermitteln, das eine Bank über viel Erfahrung verfügt und bereits vielzählige erfolgreiche Kundenbeziehungen vorweisen kann. Deshalb stößt man bspw. im Internetauftritt von Bankhaus Lampe schnell auf den Satz „Verantwortung seit 1852“ oder bei HSBC Deutschland auf „Wir gestalten Zukunft. Seit 1785“.

Nutzung von Referenzprojekten

Das Gründungsjahr ist eine konstitutive Größe, auf das die aktuelle Unternehmensführung keinen Einfluss hat. Eine Bank, die keine weit zurückliegende Jahreszahl vorweisen kann, könnte ihre Kompetenz den Zielkunden bspw. durch Referenzprojekte signalisieren. Aus einer Pressemitteilung der HSBC Deutschland bspw. geht hervor, dass sie nun für die Würth-Gruppe einen automatisierten grenzüberschreitenden Liquiditätsaustausch zwischen Euro und Renminbi ermöglicht hat, wodurch die Liquidität der chinesischen Konzerngesellschaften aus Deutschland zentral gesteuert werden kann. Für den Kunden bedeutet dieses neue Verfahren eine Erhöhung seiner Transparenz im Liquiditätsmanagement und eine verbesserte Möglichkeit zur Steuerung von Währungsrisiken und Zinskosten aus Deutschland heraus.[592] Die Bank hingegen kann dieses Projekt als Referenz nutzen, um Firmenkunden, die ebenfalls im Ausland aktiv sind und nach Verbesserungen in ihrem Cash Management suchen, von ihrer Kompetenz auf diesem Gebiet zu überzeugen.

---

[591] Zum Bedeutungsverlust des Personalbereichs vgl. Hasebrook und Singer (2016), S. 34.
[592] Vgl. HSBC Deutschland (2015), o.P.

Eigenkapital als Ressource

Eine weitere Möglichkeit, auf eine starke Kompetenzebene hinzudeuten, liegt im Ausbau der Eigenkapitalausstattung. Unter Eigenkapital werden Mittel verstanden, die einer Bank von den Gesellschaftern zur Verfügung gestellt werden und die u.a. Risiken abdecken sollen. Je nach Zielsetzung der Betrachtung können zwischen ökonomischen, aufsichtsrechtlichen und bilanziellen Eigenkapitaldefinitionen unterschieden werden.[593] Eine Bank, die über einen hohen Eigenkapitalanteil und eine stabile Eigentümerstruktur verfügt, wird eine gewisse Kompetenz ausstrahlen, denn aus der Vertrauensperspektive betrachtet lässt sich das Eigenkapital als ein Vertrauensvorschuss der Gesellschafter interpretieren, die der Kompetenz der in der Bank tätigen Akteure vertrauen – andernfalls würden sie der Bank kein haftendes Kapital überlassen.

4.2.2 Vertrauenswürdigkeit durch Wohlwollen und Integrität

Um als vertrauenswürdig wahrgenommen zu werden, muss eine Bank ihr Expertenwissen zum Wohlergehen der Kunden einsetzen. Wohlwollendes Verhalten liegt u.a. vor, wenn der Vertrauensnehmer situativen Gelegenheiten eines Vertrauensmissbrauchs nicht folgt und Maßnahmen ergreift, die einen Vertrauensverlust verhindern und sich aktiv um das Wohlergehen des Vertrauensgebers bemüht.[594] Diese differenzierte Aufzählung ist allerdings vielmehr theoretischer Natur, die bei der Ausarbeitung von Vorschlägen behilflich sein soll, denn in der Praxis werden alle Aspekte ineinandergreifen, d.h. Handlungen des Vertrauensnehmers, die einen Vertrauensverlust verhindern, implizieren, dass er situativen Gelegenheiten eines Vertrauensmissbrauchs nicht folgt und können gleichzeitig dazu beitragen, sein Interesse am Wohlergehen des Vertrauensgebers zu signalisieren. Wie können nun entsprechende Maßnahmen zur Verhinderung eines Vertrauensverlustes in der Praxis aussehen?

Grundsätzlich geht Vertrauen verloren, wenn am Ende einer Kooperation das tatsächliche Ergebnis unter dem vom Vertrauensgeber erwarteten Ergebnis bleibt. Die erschwerende Besonderheit des Bankgeschäfts und insbesondere der Anlageberatung ist allerdings, dass bei einer ertragsorientierten Beurteilung ein negatives Ergebnis nicht durchgehend auf eine schlechte Beratung zurückgeführt werden kann, weil Finanzprodukte in starkem Maße von Determinanten abhängen, deren Einflüsse auf den Ertrag zum Zeit-

---

593 Vgl. Hartmann-Wendels et al. (2015), S. 301.
594 Vgl. Kapitel 3.1.4.1.

punkt der Beratung nicht immer bekannt sind.[595] Deshalb sollte eine Bank, die das Ziel einer Vertrauensverlustverhinderung verfolgt, daran ansetzen, dass Kunden eine angemessene Erwartungshaltung an den Ausgang der Zusammenarbeit entwickeln.

Erwartungen hinsichtlich des Ergebnisses der Kooperation werden im Dialog mit der Bank aufgebaut. Für die Anlageberatung bedeutet dies, dass die Bank den Dialog mit dem Kunden dazu nutzen sollte, stärker das Risiko von Bankgeschäften in das Bewusstsein des Kunden zu rücken (Risikoverständnis-Ansatz) und die Anlageentscheidung in seinen Verantwortungs- und Entscheidungsbereich zu legen (Coaching-Ansatz), statt ihn absatzpolitisch getrieben zu bestimmten Produkten zu lenken. Beide Vorschläge werden nachfolgend detaillierter vorgestellt.

Anschließend wird die aktuelle Diskussion um die Präsenz von Banken aufgegriffen und die Schließung von Filialen wegen schlechter Ertragssituation aus der Vertrauensperspektive beurteilt, denn die Erreichbarkeit und die Verfügbarkeit des Vertrauensnehmers gelten als zentrale Ausdrucksmöglichkeiten wohlwollenden und integren Verhaltens.[596] Dabei wird der Blick auch nach Österreich gehen, wo die Erste Bank Wien die aktuelle Situation als Anlass genommen hat, alle Strukturen und Abläufe in ihren Filialen zu hinterfragen und grundlegende Änderungen einzuleiten, die beides gleichzeitig sicherstellen sollen, Präsenz und Kostensenkung.

Wenn wohlwollendes Verhalten zudem bedeutet, sich aktiv um das Wohlergehen des Vertrauensgebers zu bemühen und wird Wohlergehen als Zufriedenheit aufgefasst, dann dürfen Überlegungen rund um die Kundenzufriedenheit hier ebenfalls nicht fehlen und werden deshalb im vorletzten Unterpunkt behandelt.

Dass wohlwollendes und integres Verhalten nicht immer nur auf die Kunden gerichtet erfolgen muss, sondern durch soziales Engagement auch gegenüber der Gesellschaft ausgestrahlt werden kann und damit die Glaubwürdigkeit erhöht, wird Thema des letzten Unterpunktes sein.

---

[595] Vgl. Kapitel 3.2.1.3.
[596] Vgl. Kapitel 3.1.4.1.

4.2.2.1 Der Risikoverständnis-Ansatz

Während der persönlichen Kommunikation im Rahmen der Anlageberatung gehört die Erfassung des Risikos zu den ersten Schritten, die ein Mitarbeiter vornimmt. Allerdings tritt damit zugleich ein zentrales Problem auf, denn eine einheitliche Definition oder ein einheitliches Verständnis von Risiko existiert nicht. Jonen bspw. zählt ausgehend von der Betriebswirtschaftslehre über 50 Definitionsansätze für Risiko auf.[597] Der Kunde und sein Berater werden also mit sehr unterschiedlichen Risikoverständnissen in ein Gespräch einsteigen. Der Berater als Experte wird über ein umfangreiches Verständnis verfügen, während der Kunde vermutlich eher ein aus seinen Erfahrungen abgeleitetes, individuell geprägtes Verständnis von Risiko mitbringen wird, das er möglicherweise aus einem anderen Kontext kennt und nun auf seine Bankgeschäfte überträgt. Die erste Herausforderung für einen wohlwollenden Berater liegt nun darin, ein gemeinsames Risikoverständnis als Basis für das weitere Gespräch festzulegen, damit am Ende des Gesprächs keine falschen Erwartungen entstehen.

Trotz der Begriffsvielfalt empfiehlt es sich für die Anlageberatung, sich dabei an zwei zentralen, historisch hergeleiteten Definitionslinien zu orientieren. Die erste Definitionslinie setzt an der Etymologie des Risikobegriffs an und leitet daraus die Steuerbarkeit von Risiko ab.[598] Für die Erwartungsbildung in der Anlageberatung macht es einen Unterscheid, ob ein Kunde Risiko eher als etwas Beeinflussbares anerkennt oder vom Gegenteil ausgeht. Ein Kunde, für den Risiko steuerbar ist, wird Verluste bzw. Gewinne auf eine schlechte bzw. gute Steuerung zurückführen und ein Kunde, der Risiko als gegeben begreift, wird – im Extremfall – die volle Verantwortung auf den Berater übertragen und ihm uneingeschränkt folgen und hoffen, dass er keine Verluste erleidet. Falls diese dennoch eintreten, wird er sie eher als sein Schicksal hinnehmen. Die zweite Definitionslinie betrifft nicht die Steuerbarkeit von Risiko, sondern seine Bewertung. Ein Kunde, der Risiko nur einseitig als einen Schaden begreift, wird immer – auch wenn sein Verlust unter dem Verlust einer Benchmark liegt – enttäuscht sein. Kunden, die Risiko als Verlust, aber auch als Gewinnmöglichkeit ansehen, bringen hingegen für die Anlageberatung realistische Annahmen mit.[599]

---

597 Vgl. Jonen (2006), S. 29 f.
598 Vgl. Jonen (2006), S. 4 ff. und die dort aufgeführte weiterführende Literatur.
599 Vgl. Müller (2013), S. 267 f.

Erstes Zwischenziel einer wohlwollenden Anlageberatung sollte deshalb darin bestehen, das Risikoverständnis des Kunden anhand der Kriterien Beeinflussbarkeit und Bewertung zu identifizieren und ggf. zu einem rationalen Verständnis zu verhelfen. Ein rationales Entscheidungsfundament liegt in der Anlageberatung vor, wenn der Kunde sich im Klaren ist, dass jede Form der Anlage mit Risiko verbunden ist, dieses gesteuert werden kann und er Risiko in Verbindung mit Gewinnen und Verlusten bringt. Je transparenter und nachvollziehbarer ein Berater diesen Schritt zu einem gemeinsamen Anfangsverständnis über Risiko in der Anlageberatung vollzieht, umso eher wird ein Kunde dies auch annehmen und umso geringer wird die Gefahr gegeben sein, dass Erwartungen entstehen, die nicht erfüllt werden können und in einem Vertrauensverlust enden.

An dieser Stelle kommt es erneut auf die Personalressource Mitarbeiter an, der sein Fachwissen mit ausgeprägten sozialen Fähigkeiten verknüpfen muss, um ein identisches Verständnis von Risiko in der Anlageberatung als Ausgangspunkt des weiteren Gesprächs herzustellen. Wohlwollend handelt die Bank in der Anlageberatung also dann, wenn sie in dem Informationsnachteil des Kunden keinen Vertriebsvorteil für sich erkennt, sondern diesen Nachteil zum Anlass nimmt, zuerst einmal ein gemeinsames Verständnis von Risiko aufzubauen.

4.2.2.2 Der Coaching-Ansatz

Im nächsten Schritt sollte eine wohlwollende Anlageberatung darauf ausgerichtet sein, den Kunden stärker als bislang in den Entscheidungsprozess einzubinden. Damit ist gemeint, dass der Berater eher in eine passive Rolle rücken sollte, in der er vielmehr neutral Informationen und seine Analysekompetenz bereitstellt, statt den Kunden durch bestimmte Fragetechniken zu bestimmten Anlagen zu lenken. Das weitere Gespräch sollte also dazu dienen, den Kunden zu einem Finanzentscheider mit einem klaren Bewusstsein für Risiken zu coachen. Coachen bedeutet in diesem Zusammenhang, dass der Mitarbeiter dem Kunden dabei behilflich ist, seine Gedanken und Einstellungen zu Geld zu reflektieren und einzuordnen und sein Wissen auszubauen.[600] Das Ziel des Gesprächs besteht dann nicht mehr darin, dass der Kunde am Ende des Gesprächs ein Finanzprodukt erwirbt, dessen Funktionsweise er möglicherweise nicht verstanden hat,

[600] Vgl. Müller (2013), S. 290 f.

sondern darin, dass er sich Kompetenz in Finanzanlagen aneignet. Wenn ein Kunde eine realistische Wahrnehmung von Risiken bei Finanzanlagen entwickelt und sich eine gewisse Beurteilungskompetenz aneignet, dann wird er in der Lage sein, realistische Erwartungen zu bilden. Wenn der Kunde in die Lage gebracht wird, realistische Erwartungen zu bilden, weil er sich mit Risiken auskennt und mithilfe des Beraters eine gewisse Analysekompetenz angeeignet hat, dann sinkt die Gefahr, das er mit zu hohen oder unrealistischen Erwartungen das Gespräch verlässt und bei Nichteintreten dieser Erwartungen das Vertrauen in die Bank verliert. Das Ziel einer solchen Vorgehensweise besteht nicht darin, jeden Kunden zu einem Fachmann in Finanzfragen auszubilden und den Berater dann überflüssig erscheinen zu lassen, sondern jeden Kunden dabei zu assistieren, sich so viel Wissen anzueignen, das er benötigt, um seine finanziellen Überschüsse nachvollziehbar zu steuern. Wenn Kunden dabei geholfen wird, sich besser mit Finanzfragen auszukennen, dann kann das zusätzlich zur Folge haben, dass sie gute Produkte nachfragen und schlechte Produkte aus dem Markt verschwinden.

Eine erfolgreiche Umsetzung dieser beiden Ansätze in der Anlageberatung ist allerdings nur möglich, wenn die Unternehmensführung den Beratern keine Vorgaben oder Anreize setzt, die eine solche Vorgehensweise konterkarieren könnten. Um also auf der Ebene Wohlwollen hervorzustechen, brauchen die Mitarbeiter, die im Kundendialog einen Vertrauensverlust verhindern sollen, die „Rückendeckung“ der Unternehmensführung, d.h. die Unternehmensführung müsste ein Vorgehen unterstützen, bei dem nicht der Abschluss eines Vertrags das vordergründige Ziel der Beratung ist.

4.2.2.3 Die Bedeutung der Verfügbarkeit für das Vertrauensverhältnis

Eine wichtige Eigenschaft, die bei der Ermittlung wohlwollenden und integren Verhaltens ausgearbeitet wurde, ist die Erreichbarkeit und die Verfügbarkeit des Vertrauensnehmers. Aus der Verfügbarkeit durch die lokale Präsenz, wie das bspw. bei den Sparkassen mit ihren knapp 15 Tsd. Geschäftsstellen in Deutschland der Fall ist (Stand Januar 2016),[601] wird der Kunde eine gewisse Sicherheit für seine Entscheidung bzw. riskante Vorleistung ableiten. Ein dichtes Filialnetz wird zudem mit einem hohen Kundenstamm in Verbindung gebracht werden, was einem potenziellen Kunden das Gefühl vermitteln dürfte, auch für das eigene Anliegen der kompetente und wohlwollende Ansprechpartner zu sein. An dieser Stelle wird deutlich, dass es durchaus fließende Über-

[601] Vgl. DSGV (2016), o.P.

gänge zwischen den Merkmalen der Vertrauenswürdigkeit (hier Kompetenz und Wohlwollen) geben kann.

Wird danach gefragt, welche weiteren Möglichkeiten Banken haben, ihre Verfügbarkeit auszustrahlen, sollten zwei Aspekte Berücksichtigung finden. Ein erster wichtiger Punkt in der Kunde-Bank-Beziehung ist sicherlich die Termintreue. Pünktlich, mit einem gepflegten Erscheinungsbild und – je nach Anlass – vorbereitet in ein Gespräch zu gehen sind einfache Möglichkeiten, Interesse am Wohlergehen des Kunden auszudrücken.

Der zweite relevante Punkt in diesem Zusammenhang betrifft die Kontinuität in der Zuordnung der Berater zu den Kunden. Finanzinstitute sind in den letzten Jahren stärker dazu übergegangen, Kunden außerhalb der klassischen Segmentierungskriterien wie Einkommen oder Vermögen in weitere Zielgruppen zu clustern und diese mit speziellen Beratern zu besetzten.[602] Die Sparkasse Pforzheim Calw bspw. setzt in ihrem Standort auf dem Campus verstärkt Mitarbeiter ein, die selbst eine Hochschule besucht haben.[603] Die Hamburger Sparkasse beschäftigt eine Mitarbeiterin, die die Gebärdensprache beherrscht, um auch für hörgeschädigte Menschen verfügbar zu sein.[604] Bei der Stadtsparkasse Düsseldorf gibt es seit vielen Jahren ein Japan-Desk mit japanisch-stämmigen Mitarbeitern, die sich um die vielen Expatriates aus Japan in der Stadt kümmern.[605]

Wenn Banken an der einen Stelle diese organisatorischen Anstrengungen unternehmen, um die Lebenswelten und Vorstellungen ihrer Kunden besser zu verstehen, dann darf dieser sinnvolle Ansatz an einer anderen Stelle nicht dadurch abgeschwächt werden, indem häufig und insbesondere unangekündigt Beraterwechsel vollzogen werden. Dem langjährigen persönlichen Kontakt zu dem gleichen Berater kommt in einer durch Diskretion gekennzeichneten Kooperation beim Aufbau einer Vertrauensbeziehung eine starke Bedeutung zu, die bspw. Privatbanken schon lange erkannt haben und erfolgreich umsetzen. Der Vorstand der Privatbank Otto M. Schröder Bank in Hamburg zählt zu den Erfolgsfaktoren seiner Bank „die Kontinuität in der Beratung dank langjähriger und

602 Vgl. Kühner (2015a), S. 36.

603 Vgl. Kühner (2015a), S. 36.

604 Vgl. Haspa (2016), o.P.

605 Studienergebnisse und Erfahrungen aus der Praxis zeigen, dass Kunden den Mehrwert einer Beratung als höher empfinden, wenn sie von Bankmitarbeitern aus demselben Kulturkreis betreut werden. Das trifft laut Studienergebnissen sogar dann zu, wenn die Kunden bereits in der zweiten oder dritten Generation in Deutschland leben und über höhere sprachliche Fähigkeiten verfügen. Vgl. Kühner (2015a), S. 37.

loyaler Mitarbeiter“[606], ebenso die Vorstandsvorsitzende von HSBC Deutschland: „Eine Stärke dieser Bank war immer die Kontinuität: in der Strategie, in der Kundenbetreuung, in der Belegschaft, nicht zuletzt in der Führung“[607].

Durch die Ausrichtung „One face to the customer“ wie sie bspw. bei der Sparkasse Pforzheim Calw verfolgt wird, können auch Nicht-Privatbanken die Grundlage langfristige Vertrauensbeziehung legen.[608] Eine solche Devise lässt sich allerdings nur dann erfolgreich in der Praxis umsetzen, wenn die Unternehmensführung und der Personalbereich langjährige Betriebszugehörigkeiten ihrer Mitarbeiter fördern – wodurch der Personalressource und ihrem Management erneut eine wichtige Rolle zukommt.

Erscheint ein Beraterwechsel tatsächlich notwendig, sollte er gut vorbereitet erfolgen, d.h. der Kunde sollte rechtzeitig informiert werden, um sein Verständnis für die Situation zu gewinnen und um eine Vertrauensbeziehung nicht leichtfertig zu gefährden. Erwähnt werden muss in diesem Kontext aber auch, dass ein Beraterwechsel nicht immer negativ besetzt sein muss. Wenn ein Kunde sich bspw. finanziell in ein nächsthöheres Segment entwickelt, wird er einem Beraterwechsel sicherlich gerne zustimmen, wenn dieser mit einer höherwertigeren Betreuung einhergeht.[609] Nicht unerwähnt sollte auch der Fall bleiben, bei dem ein Beraterwechsel vom Kunden gewünscht wird, weil das Vertrauensverhältnis zu dem bisherigen Betreuer gestört ist. Dann sollte die Bank schnell reagieren und versuchen, den Kunden über einen anderen Berater zu gewinnen, bevor er den Entschluss fasst, die Bank ganz zu verlassen.

4.2.2.4 Beurteilung der aktuellen Diskussion um die Verfügbarkeit

Nun übt aktuell die bereits länger anhaltende und voraussichtlich weiter andauernde Niedrigzinsphase Druck auf die Ertragslage vieler Banken aus und lenkt den Fokus auf die Kostenstrukturen. Ein Rückzug aus der breiten Fläche durch die Straffung des Filialnetzes und der Mitarbeiterzahlen scheint mittlerweile kein Tabuthema mehr im Privatkundengeschäft zu sein.[610] Aus der Vertrauenswürdigkeitsperspektive betrachtet sind diese Überlegungen hinsichtlich der Verfügbarkeit allerdings äußerst kritisch zu bewerten. Die Stärke der regional tätigen Banken resultiert aus ihrer historisch gewachsenen

[606] Spincke und von Hirschausen (2015), S. 35.
[607] Von Schmettow (2015), S. 2.
[608] Vgl. Kühner (2015a), S. 38.
[609] Vgl. Kühner (2015a), S. 38.
[610] Vgl. bspw. Kring (2016), S. 6 f.

lokalen Nähe – dessen Ursprung übrigens im Wegfall der Bedarfsprüfung im Jahre 1958 liegt, denn bis dahin prüfte die Bankenaufsicht auf der Grundlage des Kreditwesengesetzes, ob ein örtlicher Bedarf für eine Filiale überhaupt bestand.[611] Die physische Präsenz, die Beteiligung an örtlichen Programmen, kulturellen und sportlichen Aktivitäten über Sponsoring und ähnliches sowie die Bereitstellung von Arbeitsplätzen ermöglicht ihnen nicht nur eine gute Informationsausstattung über die Region, sondern auch eine emotionale Nähe zu den Menschen und eine gegenseitige Verbundenheit, was wichtige Elemente einer Vertrauensbeziehung darstellen. Mit einem Rückzug würden diese über mehrere Jahrzehnte aufgebauten Vorteile schnell verloren gehen und müssten bei einer erneuten Ausweitung zu einem späteren Zeitraum mühselig und langwierig erneut aufgebaut werden, denn Vertrauenswürdigkeit kann nicht gelagert oder zu einem späteren Zeitpunkt ohne neue Investitionen beansprucht werden.

Erfahrungen aus anderen Branchen zeigen zudem, dass Unternehmen, die im umfangreichen Stil Stellen abbauen, von Kunden oftmals boykottiert werden. Als Electrolux im Jahr 2005 bekannt gab, sein AEG-Werk in Nürnberg zu schließen, sank der Marktanteil des Haushaltsgeräteherstellers in Deutschland um 4%, während der Markanteil in Europa konstant blieb. Opel verlor während der Debatte über die Schließung des Standorts in Bochum zwischen 2007 und 2012 im Ruhrgebiet 41 % Marktanteil bei Automobilen, während der deutsche Marktanteil außerhalb des Ruhrgebiets um lediglich 26 % einbrach.[612]

In den 409 Sparkassen in Deutschland mit etwa 14900 Geschäftsstellen sind rund 240 Tsd. Mitarbeiter tätig (Stand Januar 2016),[613] d.h. viele Menschen werden über ihren Freundes- oder Verwandtenkreis eine gewisse Nähe zu den Beschäftigten haben oder selbst Kunde bei den Sparkassen sein. Hitzige Diskussion in der Öffentlichkeit über Filialschließungen oder einen Stellenabbau können statt Kosten zu senken schnell negative Effekte auslösen, die vor solchen radikalen Schritten zusätzlich einkalkuliert werden sollten. Die Filialschließungen und der Stellenabbau müssen dabei nicht einmal groß angelegt oder im umfangreichen Stil erfolgen. Als bspw. die Sparkasse Hilden-Ratingen-Velbert ankündigte, ihre Filiale in einem Seniorenheim zum 1. Juli 2016 zu schließen, d.h. die zwei Mitarbeiter aus der Filiale, die täglich nur zwei Stunden geöff-

[611] Vgl. Brock et al. (2016), S. 38.
[612] Vgl. Heinz (2015), S. 13.
[613] Vgl. DGSV (2016), o.P.

net hatte, dort abzuziehen und in der Hauptfiliale einzusetzen, wurde in der Rheinischen Post (RP) ausführlich über den Unmut der „gebrechlichen Senioren“[614] berichtet, die das Vorgehen der Bank als „rücksichtslos und unmoralisch“[615] beschrieben und der Bank vorwarfen, ihrer „Verantwortung gegenüber den Menschen“[616] nicht nachzukommen.[617] Im Westdeutschen Rundfunk (WDR), der einen mehrminütigen Radiobeitrag zu der Schließung der Filiale im Seniorenheim sendete, war sogar schnell die Rede vom „Sparkassen-sterben“[618].

4.2.2.5 Der Umgang mit der Verfügbarkeitsherausforderung bei der Ersten Bank Wien

Die aktuelle Situation könnte vielmehr als Anlass genommen werden, die bislang gängigen Prozesse in den Filialen zu analysieren und nach Möglichkeiten zu suchen, die Kosten zu senken und gleichzeitig die Vertrauenswürdigkeit auszubauen. Diese beiden Aspekte müssen sich nämlich nicht durchgehend gegenseitig ausschließen. Die Erste Bank Wien in Österreich bspw. hat zur Steigerung der Kundenzufriedenheit und zur Senkung der Kosten die Initiative „Operative Exzellenz“ ausgerollt, an der insgesamt 120 Teams mit rund 1400 Mitarbeitern beteiligt waren.[619] Während dieses Projektes wurden „alle Arbeitsprozesse in den Filialen von Anfang bis zum Ende analysiert und von unnötigem Ballast befreit. Klare Strukturen, weniger administrative Tätigkeiten, einfache Abläufe und einheitliche Arbeitsplätze sollen den Arbeitsalltag erleichtern, die Effizienz steigern und zu mehr Zeit am Kunden führen. Aufbauend auf einer strukturierten Vorgehensweise wurden Abläufe neu geschaffen und eine am Kunden ausgerichtete Filialchoreografie entwickelt“[620].

Wie sehen nun die neu geschaffenen Abläufe und auf Kunden ausgerichtete Filialen bei der Ersten Bank Wien aus? Eine Erneuerung durch dieses Projekt war die Neuorganisation der Arbeitsplätze in den Filialen. Im ersten Schritt wurden alle Arbeitsmaterialien, die in einem papierlosen Büro nicht benötigt werden, entsorgt, was 800 Tonnen an überflüssigen Möbeln, IT-Hardware und sonstigem entsprach. Nach diesem Clean Desk

[614] RP Online (2016a), o.P.
[615] RP Online (2016a), o.P.
[616] RP Online (2016a), o.P.
[617] Vgl. RP Online (2016a), o.P. und RP Online (2016b), o.P.
[618] WDR Radiobeitrag (2016).
[619] Vgl. Quitt und Schmoll (2016), S. 69.
[620] Quitt und Schmoll (2016), S. 69.

Schritt wurde festgestellt, dass in einer Filiale aufgrund von Kundenbesuchen, Schulungen, Krankheiten oder Urlaub nur selten alle Mitarbeiter gleichzeitig anwesend sind und deshalb eine bestimmte Anzahl von Arbeitsplätzen durchgehend unbenutzt bleibt. Das veranlasste die Bank dazu, ein Desk Sharing mit einem Verhältnis von 10:8 einzuführen, d.h. für zehn Mitarbeiter werden acht Arbeitsplätze bereitgestellt. Alle Mitarbeiter einschließlich der Führungskräfte in den Filialen erhalten ergo keinen fixen Arbeitsplatz mehr, sondern können sich ausgestatten mit einem Notebook und einem Smartphone an einen verfügbaren Platz setzen oder ein Kundengespräch einfach an einen beliebigen anderen Ort (z.B. in die Wohnung des Kunden) verlagern. Diese Neugestaltung ermöglicht der Bank zudem den flexiblen Einsatz der Mitarbeiter zwischen den Filialen.[621]

Neben der neu geschaffenen Arbeitsplatzorganisation wurde die Filialarchitektur umgestaltet, indem ein Infopoint als erste Anlaufstelle für alle Kunden leicht sichtbar in unmittelbarer Nähe des Eingangs positioniert wurde. Dort erhalten alle Kunden erste Hilfestellung und werden ihrem Anliegen nach an die Spezialisten weitergeleitet.[622] Zur räumlichen Umgestaltung gehört auch, dass der Kassenbereich nicht mehr im zentralen Blickfeld der Kunden liegt, weil Kassatransaktionen immer weniger nachgefragt werden.

Um langfristig die Mitarbeiter aus den einfacheren Vorgängen abzuziehen und ihnen mehr Zeit für den direkten Kundendialog bei anspruchsvolleren Anliegen zu schaffen, soll der Kontakt zu den Kunden aktuell auch dazu genutzt werden, ihnen die Funktionen der SB-Geräte und des Online-Bankings näherzubringen. Durch den stärkeren Einsatz eines elektronischen Kalenders, auf den auch bereichsübergreifende Personen und Stellen Einsicht erhalten, um Termine leichter abstimmen zu können, soll das Zeitmanagement der Mitarbeiter weiter verbessert werden. Zusätzlich soll eine weitere Synchronisierung der im Hintergrund vieler Bankleistungen ablaufenden Prozesse erzielt werden. Beim Kreditprozess bspw. besteht die Hürde darin, die Koordination zwischen den Stellen, die eine Kreditprüfung vornehmenden und den Mitarbeitern, die im Kontakt zu den Kunden stehen, besser zu harmonisieren. Eine Empfehlung an dieser Stelle ist die Implementierung verbindlicher Qualitätsstandards über Service Level Agreements, damit

[621] Vgl. Quitt und Schmoll (2016), S. 70 f.
[622] Vgl. Quitt und Schmoll (2016), S. 71 f.

für alle Beteiligten Klarheit bezüglich der benötigten Unterlagen für Kreditentscheidungen und Richtwerte für die Bearbeitungszeiten vorliegen.[623]

Clean Desk, Desk Sharing, Info Point, Umgestaltung der Räumlichkeiten, Lenkung der Kunden zu automatisierten Kanälen bei einfacheren Vorgängen oder Änderungen im Zeitmanagement können Kosteneinsparungen ermöglichen und Kapazitäten schaffen, die dann für den Kundendialog frei stehen. Letztlich ermöglichen sie eine Erhöhung der Widerstandsfähigkeit der Bank gegenüber Ertragsschwankungen und tragen dazu bei, die Erreichbarkeit und die Verfügbarkeit, und damit zentrale Säulen wohlwollenden Verhaltens, weiterhin sicherzustellen. Die Umsetzung dieser Maßnahmen wird – wie das auch bei der Ersten Bank Wien erwartungsgemäß anfangs der Fall war – sicherlich zunächst zu Widerständen bei den betroffenen Mitarbeitern führen, insbesondere das Desk Sharing dürfte als Verlust der persönlichen Sphäre empfunden werden. Um diese Widerstände abzubauen und die Mitarbeiter für den Wandel zu überzeugen, sollte die Unternehmensführung die Notwendigkeit für Neuerungen klar begründen, offen, wertschätzend und ehrlich kommunizieren.

Bei der Ersten Bank Wien scheint diese Umsetzung gut zu gelingen, denn sie konnte 2015 erneut den Spitzenplatz beim "Recommender Award" für „exzellente Kundenorientierung“ in der Kategorie „Großbanken“ belegen.[624] Diese Auszeichnung wird jährlich durch das Finanz-Marketing Verband Österreich (FMVÖ) vergebenen und „steht für die Zufriedenheit und Weiterempfehlungsbereitschaft der Kunden des österreichischen Finanzdienstleistungssektors“[625].

4.2.2.6 Sicherstellung der Kundenzufriedenheit

Über die bislang ausgearbeiteten Maßnahmen hinaus kann eine Bank wohlwollendes Verhalten signalisieren, indem sie sich aktiv um das Wohlergehen der Kunden bemüht. Wird Wohlergehen als Kundenzufriedenheit aufgefasst, sollte sie in regelmäßigen Abständen ermittelt und bei Unzufriedenheit mithilfe geeigneter Maßnahmen erhöht werden. Die dabei erhaltenen Informationen sollten zudem für Verbesserungen von Prozessen und Abläufen genutzt werden.

---

[623] Vgl. Quitt und Schmoll (2016), S. 72.
[624] Vgl. Tiroler Sparkasse (2015), o.P.
[625] Tiroler Sparkasse (2015), o.P. Zum Weiterempfehlungsaward des FMVÖ vgl. Redl (2014), S. 24 f.

Definition und Verfahren zur Ermittlung von Zufriedenheit

Die Kundenzufriedenheit ist „das Resultat eines komplexen psychischen Vergleichsprozesses“[626] zwischen den Erfahrungen beim Gebrauch eines Sachgutes oder der Inanspruchnahme einer Dienstleistung (Ist- Leistung) mit einem Vergleichswert (Soll- Leistung). Ihre Ermittlung kann mithilfe objektiver oder subjektiver Verfahren erfolgen (vergleiche Abbildung 18).

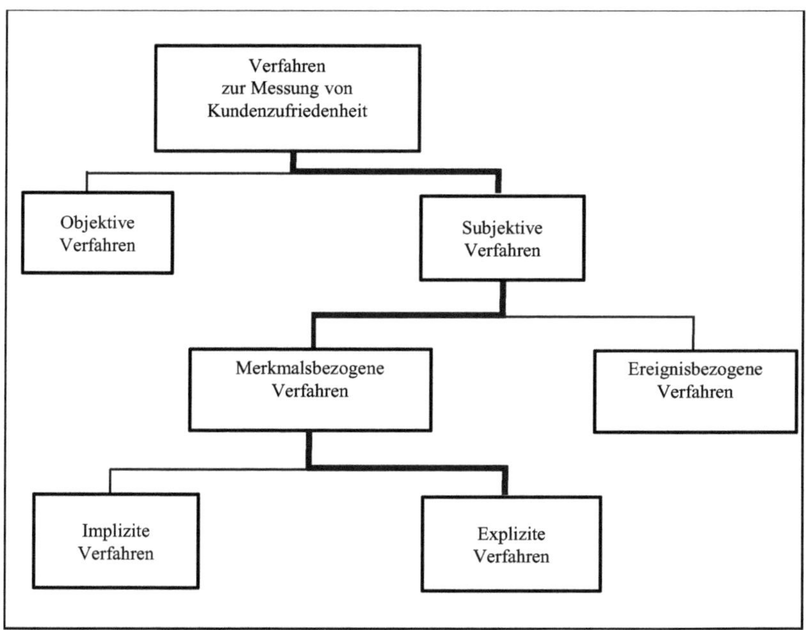

Abbildung 18: Systematisierung von Ansätzen zur Messung von Kundenzufriedenheit.[627]

Bei den objektiven Verfahren wird die Kundenzufriedenheit aus der Entwicklung von Kennzahlen wie Umsatz, Marktanteil oder Gewinn abgeleitet, was als sehr problematisch zu beurteilen ist, weil die Zufriedenheit bzw. Unzufriedenheit zeitlich verzögert in diese Werte einfließt und diese Größen von zahlreichen weiteren Faktoren beeinflusst werden.[628]

[626] Fürst (2016), S. 128.
[627] Vgl. Fürst (2016), S. 129.
[628] Vgl. Fürst (2016), S. 128.

Subjektive Verfahren stellen auf die vom Kunden wahrgenommene Zufriedenheit ab und können ereignisbezogen oder merkmalsbezogen ermittelt werden. Ereignisbezogene Messungen zielen auf transaktionsspezifische (einzelfallbezogene) Kundenzufriedenheit ab, weshalb sie für eine umfassende Ermittlung der Kundenzufriedenheit ungeeignet sind. Merkmalsbezogene Messungen hingegen berücksichtigen ein breites Spektrum von Merkmalen, über die sich ein Kunde im Laufe der Zeit eine Meinung gebildet hat und werden daher auch als kumulative Ansätze bezeichnet.[629]

Merkmalsbezogene implizite Verfahren setzen die Ermittlung an den Kundenbeschwerden an, was voraussetzt, dass Kunden ihre Unzufriedenheit auch ausdrücken (dazu Tax et al.: „customers who choose to complain are offering firms the opportunity to demonstrate their trustworthiness“[630]). Empirische Studien belegen allerdings, dass sehr viele Kunden den Beschwerdeweg gar nicht gehen.[631] Um ergo proaktiv ein Bild über die Zufriedenheit der Kunden zu erhalten, sollten explizite Verfahren wie die direkte Befragung genutzt werden.

Umsetzung der Befragung bei Banken

Wenn Banken den Weg der direkten Befragung nutzen – wie das bspw. die Deutsche Bank über den in ihrem Haus verankerten Chief Client Officer macht oder die Bremer Landesbank in Zusammenarbeit mit darauf spezialisierten Dritten[632] –, um aktiv die Zufriedenheit der Kunden zu ermitteln, dann sollte die Befragung den Fokus auf den Dienstleistungsaspekt legen, d.h. in einer Befragung sollten interaktionsbezogene Aspekte in den Vordergrund gestellt werden und weniger produktbezogene, weil produktbezogenen Aspekte im Bankgeschäft bei der Entstehung von Kundenzufriedenheit eine nachrangige Rolle spielen.[633] Empfehlenswert ist auch das Vorgehen der Bremer Landesbank. Dort versendet der Vorstand vor einer Befragung eine schriftliche Information mit der persönlichen Bitte an die Kunden, an der bevorstehenden Befragung teilzunehmen und verfasst anschließend einen „Dankesbrief“, in dem die Ergebnisse zusammen-

[629] Vgl. Fürst (2016), S. 128 f.
[630] Tax et al. (1998), S. 72.
[631] Vgl. Homburg und Fürst (2007), S. 43 ff.
[632] Vgl. Bubmann et al. (2012), S. 606; Fuchs und Klenk (2012), S. 453.
[633] Vgl. Fuchs und Klenk (2012), S. 448. Bei der Auswahl der Form der Befragung stehen schriftliche (postalisch oder per Internet), persönliche und telefonische Interviews zur Verfügung. Einen Überblick über die Vor- und Nachteile der einzelnen Befragungsformen bietet Fürst (2016), S. 136.

gefasst sind.[634] So kann die Bereitschaft der Kunden gestärkt und die hohe Stellung ihrer Zufriedenheit für die Bank ausgedrückt werden. Die Befragung selbst sollte statt grobe Standardantworten abzufragen nach Möglichkeiten auf einem Dialog aufbauen, um umfassende Erkenntnisse für Verbesserungsmaßnahmen und Informationen über die zukünftigen Erwartungen der Kunden zu erhalten. Über den offenen Dialog kann auch leichter ermittelt werden, inwieweit den Kunden die Leistungsangebote der Bank bekannt sind. Berücksichtigt werden sollte auch, Frageblöcke inhaltlich klar abzugrenzen, um im Hinblick auf die Maßnahmenbestimmung ein möglichst detailliertes Bild darüber zu erhalten, ob Schwierigkeiten bspw. in der Vertriebsansprache liegen oder sich auf die nachgelagerten Abwicklungsbereiche beziehen. Gleichzeitig ist eine angemessene Formulierung der Fragen sicherzustellen. Insbesondere sollte auf Einfachheit (z.B. durch Verzicht auf Fachbegriffe), Eindimensionalität (z.B. durch Vermeidung von Vermischung mehrerer Aspekte in einer Frage), Relevanz (z.B. durch Fokussierung auf Fragen, deren Inhalte auf alle Mitglieder der Zielgruppe zutreffen) und Neutralität (z.B. durch Verzicht von Suggestivformulierungen) geachtet werden. Ebenso sollte die Frage nach einer extremen Erfahrung vorweg besprochen werden, um die weitere Befragung nicht durch ein besonderes Ereignis zu verzerren.[635] Die Frage nach der generellen Zufriedenheit mit der Bank sollte ziemlich spät folgen, weil Kunden ihre Einschätzung dann aufgrund von Einzelbewertungen besser reflektieren können.[636]

Kommunikation der Ergebnisse und Ableitung von Maßnahmen

Wird die Kundenzufriedenheit über die direkte Befragung ermittelt, müssen anschließend die Ergebnisse kommuniziert und Maßnahmen festgelegt und umgesetzt werden. Eine sinnvolle Kommunikation der Ergebnisse bedeutet, dass auf jeder Empfängerebene (Vorstand, Geschäftsbereichsleitung, Teamleiter) die Erkenntnisse im Vordergrund stehen, auf die diese Ebene durch Maßnahmen Einfluss nehmen kann. Positive Ergebnisse sollten dazu genutzt werden, die Mitarbeiter zu motivieren, negative, um Abläufe und Prozesse zu hinterfragen.

Bei der Ableitung von Maßnahmen erscheint es vorteilhaft, nach zentralen und dezentralen Handlungsfeldern zu unterschieden und dezentrale Aufgaben in Arbeitsgruppen oder in Projektteams abzuarbeiten. Bei der Umsetzung sollten klare Verantwortlichkei-

---

634 Vgl. Fuchs und Klenk (2012), S. 454 und 457.
635 Vgl. Fürst (2016), S. 136 f.
636 Vgl. Fuchs und Klenk (2012), S. 448 ff.

ten festgelegt und möglichst klare Ziele bspw. auf der Geschäftsfeld- und Gruppenebene festgelegt und schriftlich festgehalten werden.[637]

4.2.2.7 Ausdruck wohlwollenden Verhaltens über soziales Engagement

Wohlwollendes Verhalten können Banken nicht nur unmittelbar gegenüber ihren Kunden zeigen, sondern durch soziales Engagement auch gegenüber ihrem sozialen Umfeld. Soziales Engagement bei Unternehmen umfasst diejenigen Aktivitäten, die der Gesellschaft zugutekommen, freiwillig erfolgen und über die reine Geschäftstätigkeiten hinausgehen.[638] Glaubwürdig wirkt soziales Engagement bei Banken, wenn sie nicht nur Geld, sondern weitere Ressourcen wie Mitarbeiterengagement, fachliches Know-how, Ordnungskompetenz oder Informationen einbringen.[639]

Zu den Instrumenten sozialen Engagements gehören:

- das Spendenwesen: Die Berenberg Bank bspw. konnte mit der Initiative „Berenberg Kids“ in den letzten fünf Jahren über 500 Tsd. Euro für bedürftige Kinder und Jugendliche sammeln; die Südwestbank unterstützt mit Spenden seit vielen Jahren das Palliativzentrum des Klinikums Stuttgart.[640]

- das Sponsoring: die National-Bank bspw. finanzierte eine große Ausstellung von Werken Joseph Beuys` und Anselm Kiefers im Duisburger Museum Küppersmühle und die Gursky-Ausstellung im Museum Kunstpalast in Düsseldorf.[641]

- das Stiftungswesens: Die M.M. Warburg & Co Bank stellt ihre Räumlichkeiten für die von ihr und der HSH Nordbank gemeinsam gegründete Stiftung Elbphilharmonie zur Verfügung und führende Vertreter der Bank engagieren sich in wichtigen Stiftungsfunktionen.[642]

- die Unterstützung des privaten oder korporativen ehrenamtlichen Mitarbeiterengagements: Mitarbeiter der Stadtsparkasse Düsseldorf betreiben freiwillig am Düsseldorfer Flughafen mehrmals die Woche in den späten Abendstunden eine Wechselstube für Flüchtlinge, weil zu dieser Zeit dort Züge mit Flüchtlingen ankommen;

[637] Vgl. Fuchs und Klenk (2012), S. 456 ff.
[638] Vgl. Fabisch (2004), S. 30 ff.
[639] Vgl. Habisch (2003), S. 58.
[640] Vgl. Jung (2013a), S. 75; Jung (2014), S. 64.
[641] Vgl. Jung (2013b), S. 36.
[642] Vgl. Jung (2012b), S. 43.

Mitarbeiter der ING DiBa veranstalten mit Jugendlichen aus Syrien, Afghanistan und Eritrea Wanderungen durch den Taunus oder unterstützen Registrierungsaktionen der Deutschen Knochenmarkspenderdatei.[643]

- Maßnahmen, die bestimmten, benachteiligten gesellschaftlichen Gruppen zugutekommen: Die Commerzbank unterstützt mit ihrem „Bildungspaten-Programm" Jugendliche, die Schwierigkeiten haben, einen Schulabschluss zu erreichen, einen Ausbildungsplatz zu finden oder Gefahr laufen, ihre Ausbildung abzubrechen; die Metzler Stiftung unterstützt über ein Familienhaus in Frankfurt Eltern, die in sehr belastenden Umständen leben und vor der Geburt eines Kindes stehen.[644]

Diese Instrumente und Beispiele zeigen, dass wohlwollendes Verhalten nicht allein auf Kunden gerichtet erfolgen muss, sondern Banken als Teil der Gesellschaft durch soziales Engagement ihr wohlwollendes und integres Verhalten auch ohne Kundenkontakt signalisieren können.

4.2.3 Vertrauenswürdigkeit durch Rechtschaffenheit

Als vertrauenswürdig wird ein Kooperationspartner eingestuft, wenn er kompetent ist, sich wohlwollend verhält und rechtschaffend handelt. Rechtschaffend handelt ein Vertrauensnehmer, wenn er rechtliche und moralische Standards und Regeln beachtet und Dritten, die nicht an der Kooperation teilnehmen, keinen Schaden zufügt.

Nun sind die Strafzahlungen, die Banken wegen finanzwirtschaftlicher Delikte leisten mussten, zwischen den Jahren 2009 und 2014 um das 75-fache angestiegen und summierten sich auf über 150 Mrd. US $.[645] Die nach der Bilanzsumme zehn größten Instituten in Europa und den USA mussten allein 2014 umgerechnet knapp 47 Mrd. € Strafen zahlen.[646] Auch wenn ein Großteil der Strafzahlungen auf Probleme im Zusammenhang mit US-Immobilienfinanzierungen bzw. deren Verbriefungen entfällt, lauten weitere Vergehen Beihilfe zur Geldwäsche und zum Steuerbetrug, manipulierte Devisenkurse und Edelmetalpreise, Missachtung von US-Sanktionen durch Transaktionen für Länder wie Iran und Sudan, Insiderhandel usw. In dem „Bankenstrafen Ticker" der FAZ finden sich für den Zeitraum von Februar 2011 bis April 2015 über 25 Einträge, in de-

[643] Vgl. Kühner (2015), S.38; Jung (2016), S. 35.
[644] Vgl. Jung (2015), S. 36 f.; Jung (2012), S. 38 f.
[645] Vgl. Käfer (2016), S. 45.
[646] Vgl. Hirschmann (2015), S. 11.

nen ausführlich über die unterschiedlichsten Skandale namhafter Banken wie Deutsche Bank, Morgan Stanley, Goldman Sachs, Royal Bank of Scotland, Commerzbank, Citigroup, JP Morgen, UBS, HSBC oder BNP Paribas berichtet wird.[647] Dass kaum ein größeres Institut auf eine Organisationsstruktur verweisen kann, die strafbare Handlungen vollumfänglich vermeiden konnte, legt nahe, dass die Risiken finanzwirtschaftlicher Delikte von den Banken systematisch unterschätzt und infolge dessen nur unzureichend gemanagt wurden.[648]

Ein rechtschaffend handelndes Institut sollte deshalb stärkere Maßnahmen zur Vermeidung von Geschäften mit Kriminellen und Terroristen implementieren und seine internen Kontrollen ausweiten, um Fehlverhalten der eigenen Mitarbeiter rechtzeitig aufzudecken. Beide Ansatzpunkte werden nachfolgend detaillierter untersucht. Zum Abschluss dieses Kapitels wird dann die Frage zu klären sein, inwieweit es weitere Anknüpfungspunkte geben kann, rechtschaffendes Verhalten auszudrücken. An dieser Stelle werden (Mega-)Trends wie Umweltschutz und Ressourcennutzung in die Überlegungen aufgenommen.

4.2.3.1 Bekämpfung von Finanzkriminalität

Um Geschäfte mit Kriminellen und Terroristen zu verhindern, haben Banken in den letzten Jahren aktiv Wissen, Technologien und organisatorische Schlagkraft eingekauft, wie das bspw. von staatlichen Diensten, den Öl- und Gasproduzenten oder Lebensmittelkonzernen bereits länger unternommen wird. So kommt es heute vor, dass im Hauptquartieren der HSBC in London oder bei amerikanischen Instituten zunehmend mehr Experten arbeiten, die zuvor bei Nachrichtendiensten wie MI5, CIA oder dem Bundeskriminalamt tätig waren. Ihre Aufgaben reichen von der Leitung globaler Anti-Finanzkriminalitätsfunktionen oder Anti-Betrugseinheiten bis hin zur gezielten Analyse von Geschäftspartnern, Unternehmen oder Projekten in Spezialteams. Immer häufiger kommt es auch zu Kooperationen zwischen Banken und der Verteidigungs- und Sicherheitsbranche, um Verhaltensmuster und Netzwerke der Kunden und Geschäftspartner besser verstehen und einschätzen zu können. Gleichzeitig investieren Banken heute weltweit jährlich über 6,5 Mrd. US-$ in Software-Lösungen, die auf das Entdecken und

[647] Vgl. FAZ (2015), o.P.; Hirschmann (2015), S. 11 ff.
[648] Vgl. Käfer (2016), S. 44.

Verhindern von Finanzkriminalität spezialisiert sind. Diese Investitionen bedeuten eine Steigerungsrate von über 60 Prozent seit dem Jahr 2009 – Tendenz weiter steigend.[649]

4.2.3.2 Implementierung eines Three Lines of Defense Modells

Um Fehlverhalten der in der Bank tätigen Akteure zu verhindern, wird es in Zukunft darauf ankommen, inwieweit Banken ein ganzheitliches Governance-System im Hinblick auf die Risikosteuerung implementieren werden. Der Baseler Ausschuss für Bankenaufsicht (Basel Committee on Banking Supervision, BCBS) hat im Oktober 2014 ein Konsultationspapier und im Juli 2015 die Guidelines „Corporate governance principles for banks" veröffentlicht, in denen mit dem Three Lines of Defense Modell ein umfassender Bezugsrahmen und systematischer Ansatz zur Identifikation und Handhabung von Unternehmensrisiken vorgestellt wird.[650] In den USA hat das Office of the Comptroller of the Currency (OCC) im September 2014 einen vergleichbaren Anforderungskatalog veröffentlicht.[651]

Das Three Lines of Defense Modell organisiert im Kern die Akteure und Komponenten des internen Steuerungs- und Kontrollsystems, indem es klare Definitionen für alle Rollen und Verantwortungsbereiche – bei angemessener Unabhängigkeit voneinander – über alle Funktionen fordert und bietet den leitenden Unternehmensorganisationen damit eine gute Möglichkeit zur effizienten Steuerung des operationalen Risikos.[652] Das operationelle Risiko kann definiert werden als „die Gefahr von Verlusten, die infolge der Unangemessenheit oder des Versagens von internen Verfahren und Systemen, Menschen oder infolge externer Ereignisse eintreten. Diese Definition schließt Rechtsrisiken ein"[653].

Die First Line of Defense ist beim operativen Management angesiedelt und umfasst bei allen Unternehmen einheitlich die Steuerungs- und Kontrollelemente im Wertschöpfungsprozess. Die Geschäftsleitung implementiert die verschiedenen Steuerungs- und Kontrollmaßnahmen entlang der Wertschöpfungskette – d.h. direkt in die operativen Prozesse – und gibt diese in die Verantwortung der Prozesseigner, wodurch die Grundlage gelegt wird, potenzielle Risiken, die jeder operativen Tätigkeit inhärent sind, prä-

649 Vgl. Käfer (2016), S. 44 f.
650 Vgl. BCBS (2014), S. 1 ff.; BCBS (2015), S. 1 ff.
651 Vgl. OCC (2014), S. 40 ff.
652 Vgl. Daumann (2015), S. 59.
653 § 269 Abs. 1 Solvabilitätsverordnung.

ventiv zu verhindern oder möglichst früh im Prozess zu erkennen und zu mitigieren. Die Prozesseigner berichten an die Geschäftsleitung und geben ihr damit die Möglichkeit, Eingriffe und Korrekturen direkt an der Quelle anzubringen, sofern unerwünschte Abweichungen oder nicht akzeptable Risiken auftreten.[654]

Im Gegensatz zur First Line of Defense hängt die Ausgestaltung der ebenfalls prozessabhängigen Second Line of Defense vom jeweiligen Geschäftsmodell und den damit verbundenen Risiken ab. Deshalb werden die dieser Verteidigungslinie zuzuordnenden Geschäftseinheiten unternehmensindividuell durch die Geschäftsleitung festgelegt. Hier können bspw. die Compliance, die Qualitätssicherung, der Personalbereich, das Controlling oder die Legal-Einheit angesiedelt werden.[655] Auch sie unterstehen der Geschäftsleitung. Sie nehmen verschiedene Funktionen in der Aufsicht, der Kontrolle und der Unterstützung der Risikoeigner (bspw. durch die Bereitstellung von Tools) im operativen Management zur Risikosteuerung wahr, erstellen im Auftrag der Geschäftsleitung Richtlinien und Frameworks zur Umsetzung der vorgegebenen Strategie, identifizieren übergeordnete Gefahren und Trends, organisieren themenspezifische Aus- und Weiterbildungen der Angestellten und helfen bei der Berichterstattung innerhalb der Organisation.[656] In gewissem Maße übernehmen die Teams der zweiten Verteidigungslinie ein Risikomanagement auf Portfolioebene und ermittelt Risikokonzentrationen in einzelnen Bereichen oder abteilungsübergreifender Art.[657]

Durch die enge Verbindung der zweiten Verteidigungslinie zu den Prozess- und Risikoeignern im operativen Management und zur Geschäftsleitung fehlt ihr die notwendige Distanz, um die Geschäftsprozesse und deren Risiken mit der notwendigen Unabhängigkeit beurteilen zu können. Daraus resultiert der Bedarf einer Third Line of Defense. Diese dritte Verteidigungslinie übernimmt die Kontrolle darüber, wie angemessen und wirksam eine Bank ihre Risiken beurteilt und steuert und wie die erste und zweite Verteidigungslinie ihre Aufgaben erfüllen. Sie darf deshalb keine eigene Verantwortung im Design oder in der Umsetzung von Kontrollen erhalten.[658] Für diese übergeordnete Aufgabe ist das interne Audit vorgesehen. Das interne Audit wird unabhängig vom Wertschöpfungsprozess durch den Aufsichtsrat bzw. dem Verwaltungsrat eingesetzt,

[654] Vgl. Ruud und Kyburz (2014), S. 762 f.
[655] Vgl. Aldenhoven und Schöning (2015), S. 299.
[656] Vgl. Ruud und Kyburz (2014), S. 762; Daumann (2015), S. 59.
[657] Vgl. Kaiser (2015), S. 22.
[658] Vgl. Poppensieker (2015), S. 655.

um „Assurance über den Zustand der Prozesse – sei es auf Ebene der 1st oder der 2nd Line of Defense – zu erhalten.“[659] Eine zusätzliche, administrative Berichterstattungslinie zur Geschäftsleitung ist möglich, dieses Vorgehen zielt aber explizit darauf ab, die Unabhängigkeit des internen Audits vom Management sicherstellen und dem Aufsichtsrat eine objektive Analysen über alle Unternehmensbereiche zu ermöglichen. [660]

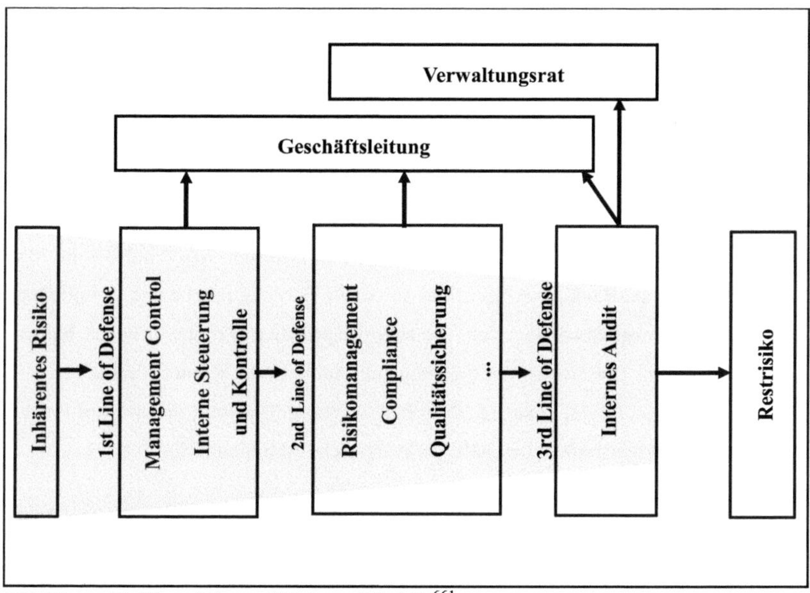

Abbildung 19: Three Lines of Defense Modell.[661]

Mit dieser dreifachen, parallel agierenden Absicherung der inhärenten Unternehmensrisiken steht dem Aufsichtsrat und der Geschäftsleitung ein ganzheitliches Instrument zur Verfügung, das sicherstellen kann, dass das verbleibende Restrisiko mit dem vorgegebenen „Risk Appetite“[662] des Unternehmens im Einklang steht (vergleiche Abbildung 19).[663] Von außen wirken auf die drei Verteidigungslinien die externen Wirtschaftsprü-

[659] Ruud und Kyburz (2014), S. 762.
[660] Vgl. Kaiser (2015), S. 22; Daumann (2015), S. 59; Ruud und Kyburz (2014), S. 763 f.
[661] Vgl. Ruud und Kyburz (2014), S. 762 f.
[662] BCBS (2015), S. 1. BCBS definiert risk appetite als „aggregate level and types of risk a bank is willing to assume, decided in advance and within its risk capacity, to achieve its strategic objectives and business plan". BCBS (2015), S.1.
[663] Vgl. Ruud und Kyburz (2014), S. 763.

fer und der Regulator ein.[664] Diese bilden eine Art Fourth Line of Defense, werden jedoch als unternehmensexterne Einheiten nicht zum Kernmodell gezählt.[665]

4.2.3.3 Umsetzung des Three Lines of Defense Modells bei der Deutschen Bank

Die Deutsche Bank versucht seit 2014 ein zentrales Three Lines of Defense Programm umzusetzen und hat dem Thema Kontrollmanagement eine sehr hohe strategische Bedeutung zugesprochen, als sie es als sechste Dimension in ihre „Strategie 2020“ etablierte.[666] Dazu wurde Ende 2013 Thomas Poppensieker von McKinsey verpflichtet, der als Sonderbeauftragter direkt dem Vorstand unterstellt war – allerdings ist er bereits im Frühjahr 2016 zu seinem früheren Arbeitgeber zurückgekehrt.[667]

Zur ersten Verteidigungslinie der Deutschen Bank gehören die Geschäftsbereiche Private & Business Clients, Global Transaction Banking, Deutsche Asset and Wealth Management, Corporate Banking & Securities sowie die Servicebereiche wie IT und Operations in den Infrastrukturfunktionen. Sie sind die primären Verantwortlichen für alle operativen Risiken. Die zweite Verteidigungslinie umfasst die Kontrollfunktionen wie Risiko, Compliance, Recht, Finanzen, Personal, aber auch Bereiche, die sich mit Fragen von IT- und Sicherheitsrisiken beschäftigen (vergleiche Abbildung 20).[668]

Um die Kontrollen nichtfinanzieller Risiken zu vereinheitlichen und den einzelnen Zuständigkeits- und Kontrollbereichen der zweiten Verteidigungslinie zuordnen zu können, wurde als erste Maßnahme das Management für nichtfinanzielle Risiken in divisionale Kontrollfunktionen unter Leitung eines Divisional Control Officers gebündelt.[669] Dieser berichtet direkt an die Geschäftsleitung der Division und ist zentrale Schnittstelle für die zweite Verteidigungslinie. Zu den Hauptaufgaben gehören die Identifikation von Kontrollschwächen sowie die Priorisierung und das Monitoring von Kontrollverbesserungsprogrammen nichtfinanzieller Risiken, während die volle Risiko- und Kontrollverantwortung weiterhin in den operativen Geschäftsbereichen liegt.

---

[664] Vgl. Aldenhoven und Schöning (2015), S. 300.
[665] Vgl. Ruud und Kyburz (2014), S. 763.
[666] Zur „Strategie 2020“ siehe Deutsche Bank (2015), o.P.
[667] Vgl. Bartz (2016), o.P.
[668] Vgl. Poppensieker (2015), S. 654 f.
[669] Nichtfinanzielle Risiken werden analog zu operationalen Risiken definiert als „Risiken, welche aus inadäquaten oder fehlerhaften internen Prozessen, menschlichem Verhalten oder externen Ereignissen resultieren (einschließlich Reputationsrisiken, ausschließlich Geschäfts- und strategische Risiken).“ Poppensieker (2015), S. 655.

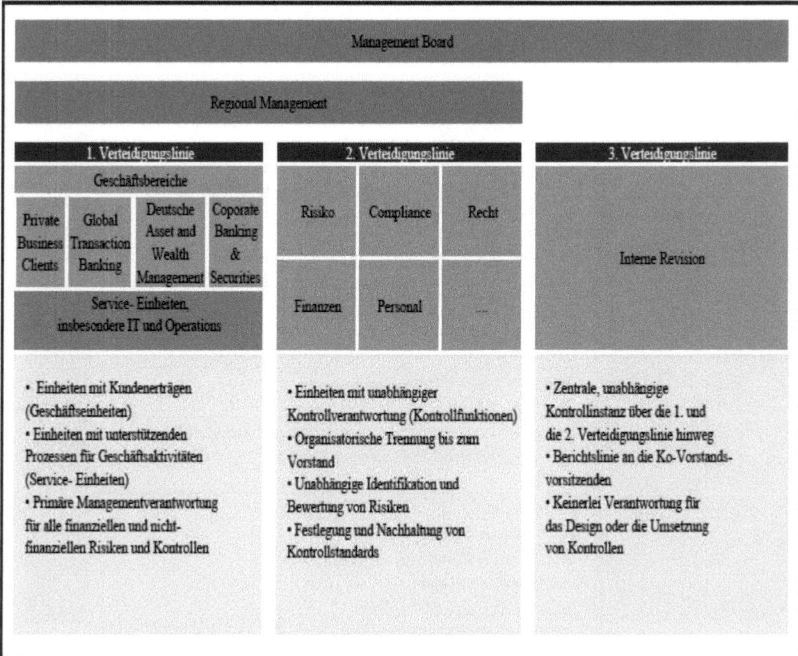

Abbildung 20: Three Lines of Defense Grundmodell der Deutschen Bank.[670]

Als zweite Maßnahme wurden mehr als 100 nichtfinanzielle Risikoarten identifiziert und den Kontrollbereichen der zweiten Verteidigungslinie zugeordnet (vergleiche Abbildung 21). Die Definition von Standards und die Festlegung eindeutigen Zuständigkeiten bei der Kontrolle und Bewertung der nichtfinanziellen Risiken auf der zweiten Verteidigungslinie soll die Umsetzung und Einhaltung der Standards durch die erste Verteidigungslinie sicherstellen.

Als dritte Maßnahme bzgl. des Managements nichtfinanzieller Risiken wurde die Kompetenzstruktur erweitert, indem auf Konzernebene neben dem Komitee für finanzielle Risiken ein weiteres Risikokomitee für nichtfinanzielle Risiken etabliert wurde.[671]

670 Poppensieker (2015), S. 655.
671 Vgl. Poppensieker (2015), S. 655 f.

Bereich	Wesentliche Kontrollbereiche für nichtfinanzielle Risiken	Anzahl Risikoarten
Risiko	• Transaktionsabwicklungsrisiken • Projekt- und Transformationsrisiken • Beteiligung an/Nutzung von Benchmarks und Indizes • Modellrisiken	~10
Compliance	• Verbraucherschutz, Interessenkonflikte • Gute Unternehmungsführung • Regulatorische Änderungen • Geldwäsche, Embargos, Betrug, Bestechung	~50
Recht	• Vertragsrisiken, Rechsstreitigkeiten, Gesetzinterpretationen • Datenschutzbestimmungen	~5
Personal	• Personalprozesse, Arbeitsrecht,Kompensation	~10
Finanzen	• Bewertungen, Finanzberichterstattung, finanzbezogene aufsichtsrechtliche Berichterstattung • Direkte und indirekte Steuern, steuerliche Mitteilungspflichten	~5
IT- und Sicherheitsrisiken	• Informationssicherheit, Cyber-Risiken, Zugriffsrechte • IT-Entwicklungs- und Produktionsrisiken • Outsourcing- und Lieferantenrisiken • Geschäftsausfall,Notfallplanung • Datenmanagement, Dokumentationspflichten	~20
	Gesamt	>100

Abbildung 21: Kontrollbereiche für nichtfinanzielle Risiken.[672]

4.2.3.4 Beurteilung des Three Lines of Defense Modells

Abschließend bewertend betrachtet kann das Three Lines of Defense Modell als ein geeigneter Bezugsrahmen und Ansatzpunkt beim Umgang mit operationalen Risiken angesehen werden, weil es die Sensibilisierung der operativen Einheiten erhöhen und den Ausbau der Kontrolleinheiten fördern kann, indem es ihnen eine systematische Erfassung und die klare Fokussierung auf ihren Verantwortungsbereich ermöglicht. Das Three Lines of Defense Modell als reiner organisatorischer Rahmen ist aber kein Erfolgsgarant per se.[673] Vielmehr sind bei der praktischen Umsetzung weitere Bedingungen zu beachten, wenn zukünftige Strafzahlungen minimiert werden sollen.

So sieht das Deutsche Institut für Interne Revision in der Integration der Kontrollkonzepte bei gleichzeitiger klarer Abgrenzung der Funktionen eine wesentliche Vorausset-

[672] Vgl. Poppensieker (2015), S. 655.
[673] Vgl. Aldenhoven und Schöning (2015), S. 312; Ruud und Kyburz (2014), S. 766.

zung für eine effiziente Umsetzung.[674] Eine klare Abgrenzung ist bspw. zwischen den Einheiten der zweiten Verteidigungslinie nötig, damit sie miteinander kooperieren und nicht konkurrieren (Vermeidung von Silo-Denken). Auch sollte die zweite und die dritte Verteidigungslinie ihre Review-Tätigkeiten über die erste Verteidigungslinie so abstimmen, dass keine Überbelastungen durch redundante Prüfungen entstehen.[675]

Risikomanagementspezialisten sollten nicht nur auf der zweiten und der dritten Verteidigungslinie beschäftigt sein, sondern auch auf der ersten Verteidigungslinie, um bereits dort ein eigenes und umfangreiches Risikomanagement aufbauen zu können, denn die erste Verteidigungslinie ist im Tagesgeschäft dafür verantwortlich, Risiken zu identifizieren, zu kontrollieren und innerhalb der durch die Unternehmensführung festgelegten Bandbreite zu halten. Um auf dieser operativ tätigen Ebene ein umfangreiches Risikomanagement etablieren zu können, sollten die Risikospezialisten eher aus langjährigen und erfahrenen Mitarbeitern bestehen, die das tägliche Bankgeschäft mit seinen Facetten kennen und weniger aus Kräften, denen das Tagesgeschäft fremd ist.[676]

Wenn auf der ersten Verteidigungslinie in Risikofragen kompetente Mitarbeiter eingesetzt werden, dann sollten sie auch klare Verantwortung für ihre Entscheidungen und Handlungen übernehmen, d.h. jedem der ersten Verteidigungslinie zugeordneten Risiko sollte ein Risk-Owner zugewiesen werden, der das Management des Risikos verantwortet.[677]

Und letztlich wird der Umsetzungserfolg auch davon abhängen, wie diszipliniert und konsequent die Findings und Empfehlungen der dritten Verteidigungslinie umgesetzt werden.[678]

Kleineren Institute, denen die Ressourcen zum Aufbau und zur Aufrechterhaltung der entsprechenden Kompetenzen fehlen, kann empfohlen werden, die Risiken durch das operative Management direkt im Prozess zu steuern (Risk-Ownership), eine Überwachung und Unterstützung durch die Geschäftsleitung zu implementieren (Risk-Control)

---

[674] Vgl. Deutsches Institut für Interne Revision (2011), S. 10.
[675] Vgl. Teschner et al. (2008), S. 4; Saul und Esser (2013), S. 2 ff.
[676] Vgl. Schweizer Bank (2008), o.P.
[677] Vgl. Liebert und Bussmann (2009), S. 41; Ernst & Young (2013), S. 3.
[678] Vgl. Liebert und Bussmann (2009), S. 41.

und sicherzustellen, dass der Verwaltungsrat bzw. Aufsichtsrat Entscheidungen auf unabhängigen Informationen trifft (Risk-Assurance).[679]

4.2.3.5 Signalisierung rechtschaffenden Verhaltens durch die Förderung nachhaltiger Technologien

Zum Abschluss dieses Kapitels bleibt zu klären, welche weiteren Möglichkeiten neben der Bekämpfung von Finanzkriminalität und der Etablierung wirkungsvoller Verteidigungslinien Banken haben, ihre Rechtschaffenheit auszudrücken?

In den nächsten Jahren werden sicherlich Inhalte rund um den Umweltschutz und die Ressourcennutzung noch stärker in den Vordergrund gesellschaftlicher Aufmerksamkeit rücken. Themen wie CO2- Belastung, globaler Temperaturanstieg, Knappheit wichtiger Rohstoffe oder von Frischwasser werden das Umdenken bei der Energieerzeugung und -nutzung weiter vorantreiben.[680] Statt knappe Ressourcen wie fossile Energieträger, Mineralstoffe oder Frischwasser einzusetzen, wird die Entwicklung sauberer Technologien voranschreiten. Weiter intensiviert wird dieser Ansatz immer wieder durch Initiativen wie die Divestment-Bewegung, die öffentlichkeitswirksam den Abzug von Investitionen aus fossile Energien und die Reinvestition in nachhaltige Anlagen fordern. So entschied sich das Parlament in Oslo bspw., einen 835 Mrd. schwerer Staatsfonds aus Unternehmen abzuziehen, bei denen Kohle mehr als 30 Prozent des Geschäfts ausmacht.[681] Ebenso ist die Rockefeller-Familie dabei, sich von ihren Anteilen an Unternehmen zu trennen, die ihr Geschäft mit fossilen Brennstoffen machen. „Wir können nicht mit einem Unternehmen in Verbindung gebracht werden, das dem öffentlichen Interesse anscheinend Verachtung entgegenbringt“[682] heißt es in einer Stellungnahme der Familienstiftung.[683]

Die Trends zur ökologischen Nachhaltigkeit und die voranschreitende Entwicklung der grünen Technologien zu einem wesentlichen Wirtschaftsfaktor bieten auch Banken mehrere Anknüpfungspunkte, sich zu positionieren und diese Entwicklung aktiv mitzutragen und so letztlich ihr rechtschaffendes Verhalten auszudrücken. So könnten Pro-

---

679 Vgl. Ruud und Kyburz (2014), S. 766.
680 Die internationale Energieagentur erwartet bis 2030 einen Anstieg des globalen Energieverbrauchs um 40 Prozent. Die Water Resources Group schätzt, dass im Jahr 2030 das weltweite Angebot an Frischwasser nur 60 Prozent des Bedarfs decken wird. Vgl. Meybom, (2016), S. 47.
681 Vgl. Manager Magazin (2015), o.P.
682 Manager Magazin (2016), o.P.
683 Vgl. Manager Magazin (2016), o.P.

jektfinanzierungen angeboten, Venture Capital für Start-ups bereitgestellt oder Anlageprodukte zur Förderung von Recyclingeffizienz oder Wasserexploration entwickelt werden. Denkbar ist auch eine Förderung von Krediten an Nullenergiehäusern oder die Emission von Green-Bonds, wie sie zuletzt erfolgreich der KfW Bank gelungen ist.[684] Das Anlagevolumen nachhaltiger Fonds erreichte in Deutschland 2014 mit 34,8 Mrd. Euro einen Rekordwert. Global betrachtet haben sich die Investitionen in saubere Energien in den letzten zwölf Jahren verfünffacht und 2015 ein Rekordniveau von 329 Mrd. Dollar erreicht.[685] Aus einer Umfrage unter 98 Fondsmanagern, die gemeinsam knapp 20 Milliarden US-Dollar verwalten, resultiert, dass der Anteil an nachhaltigen Kapitalanlagen in den nächsten zwei Jahren von 10 auf voraussichtlich 35 % steigen wird.[686] Bei der GLS Bank bspw. besteht eine wichtige Säule des Geschäfts aus der Finanzierung von Projekten und Unternehmen, die in erneuerbare Energien und ökologische Landwirtschaft investieren. Während die auf Nachhaltigkeitsprodukte spezialisierte Bank 2005 weniger als 50 Tsd. Kunden hatte, konnte sie ihren Kundenstamm in den letzten 10 Jahren vervierfachen. Aktuell kommen jeden Monat 2000 neue Kunden hinzu.[687] Die Schweizer Privatbank J. Safra Sarasin setzt seit dem Jahr 2009 ebenfalls ausschließlich auf nachhaltige Anlagen und unterhält eines der größten auf Nachhaltigkeit spezialisierten Researchteams der Finanzbranche. Über ein speziell entwickeltes Analyse-Rahmenwerk stellen sie sicher, dass ihren Kunden ausschließlich nachhaltige Produkte empfohlen werden.[688]

4.2.4 Nutzung sozialer Medien zur Vermittlung von Vertrauenswürdigkeit

Nachdem unterschiedlichste Vorschläge für die drei Ebenen der Vertrauenswürdigkeit ausgearbeitet wurden, stellt sich abschließend die Frage, ob es auch Maßnahmen geben kann, die sich nicht den drei genannten Bereichen zugeordnet lassen, aber dennoch bei der Einschätzung der Vertrauenswürdigkeit Relevanz besitzen. Eine solche Querschnittsdisziplin stellt im Jahre 2016 sicherlich der Umgang mit den sozialen Netzwerken dar. Banken (und diese Überlegung gilt ebenso für andere Unternehmen und Orga-

[684] Ein Nullenergiehaus liegt vor, wenn der Energieverbrauch eines Hauses rechnerisch seiner produzierten Strommenge (Energiemenge) entspricht. Als Green Bond wird ein verzinsliches Wertpapier bezeichnet, dessen Emissionserlös zur Finanzierung von Umwelt- und Klimaschutzprojekten verwendet wird. Vgl. KfW Bank (2014), S.1.

[685] Vgl. Kühner (2015b), S. 36; Böcking (2016), o.P.

[686] Vgl. Pontzen und Romeike (2015), S. 404.

[687] Vgl. GLS Bank (2006), S. 1; GLS Bank (2015a), S.1; GLS Bank (2015b), S. 1.

[688] Vgl. Kühner (2015b), S. 37 f.

nisationen) stehen heute nicht mehr vor der strategischen Entscheidung, ob sie im social web vertreten sein möchten, sondern unmittelbar vor der Herausforderung, soziale Netzwerke und Plattformen sinnvoll zu managen.[689] Deshalb werden als nächstes Möglichkeiten untersucht, die Banken nutzen können, um ihr Profil als vertrauenswürdige Bank über soziale Medien auszubauen.

Vertrauenswürdigkeit über soziale Medien

Soziale Medien sind Plattformen, die Internetnutzer verwenden, um zu kommunizieren. Sie bieten neben aktuellen Inhalten eine einfache Bedienung, einen kostengünstigen Zugang, eine hohe Reichweite und die Möglichkeit, Text, Ton und bewegte Bilder miteinander zu kombinieren.[690] Die weitere genuine Besonderheit sozialer Netzwerke liegt in der Förderung des interaktiven Informationsaustauschs, wodurch Nutzern zwei zentrale Handlungsfelder eröffnet werden, die Banken hinsichtlich ihres Vertrauensmanagements berücksichtigen sollten.[691] Erstens besitzen Nutzer die Möglichkeit, ihre Einschätzung über die Vertrauenswürdigkeit einer Bank schnell und einfach mit vielen anderen zu teilen, d.h. jede Erfahrung, die ein Kunde mit einer Bank macht, kann in sozialen Netzwerken gespiegelt werden. Zweitens werden soziale Netzwerke zur Informationsgewinnung genutzt, d.h. über die Kompetenz und das wohlwollende und rechtschaffende Verhalten einer Bank kann ein Kunde sich zuerst über das Internet informieren. Die Herausforderung für Banken besteht nun darin, auf diesen beiden Ebenen derart aktiv zu sein und sie – soweit möglich – so zu managen, dass negative Implikationen für die Vertrauenswürdigkeit verhindert werden und die Möglichkeit genutzt wird, über diese Plattformen eine Vertrauensbeziehung aufzubauen oder zu verstärken. Was lässt sich nun aus dieser Ausgangslage für die Praxis ableiten?

4.2.4.1 Monitoring sozialer Netzwerke und Intervention

Wenn jeder Kunde einfachen, kostengünstigen und schnellen Zugang zu Netzwerken hat und jedes Fehlverhalten veröffentlichen und verbreiteten kann, sollten Banken Expertenteams einsetzten, die das Internet nach kritischen Inhalten hinsichtlich der Vertrauenswürdigkeit der Bank durchsuchen (Monitoring). Die ING DiBa bspw. hat hierfür ein „Command Center", in der während den üblichen Bürozeiten alle relevanten Kanäle

[689] Vgl. Kinter und Ott (2014), S. 15 f.
[690] Vgl. Geißler (2010), S. 31.
[691] Vgl. Strauss und Seidel (2014), S. 540.

und Medien engmaschig beobachtet werden und zusätzlich zwei weitere Mitarbeiter, die sieben Tage die Woche rund um die Uhr Monitoring betreiben.[692] Aufgedeckte negative Beiträge sollten dann schnell von weiteren Experten nach ihrem Gefahrenpotenzial für die Vertrauenswürdigkeit beurteilt und bei einer negativen Einstufung zeitnah an Mitarbeiter aus den Fachbereichen weitergeleitet werden, die deeskalierend eingreifen sollen, bevor sich ein Fehlverhalten in eine unkalkulierbare Empörungswelle in den sozialen Netzwerken umschlägt. Bei der ING DiBa wird in solchen Situationen der diensthabende Pressesprecher alarmiert, der dann die Aufgabe hat, das Reputationsrisiko ad hoc zu bewerten und gegebenenfalls ein Team zusammenzustellen, zu dem alle durch das Issue betroffenen Stellen hinzugezogen werden.[693] Das schnelle Auffinden und Beurteilen negativer Beiträge in sozialen Netzwerken hinsichtlich ihrer Gefahr für die Reputation und ein schneller, deeskalierender Eingriff (Intervention) sind wichtig, damit sich ein Fehlverhalten nicht zu einem sog. Social Storm in den sozialen Netzwerken mit unberechenbaren Folgen auf die Kundeneinschätzung über die Vertrauenswürdigkeit ausbreitet.

Um einen angemessenen Umgang mit dieser Gefahr sicherzustellen, sollten Banken Prozesse aufbauen, die drei Funktionen erfüllen: Erstens müssen kritische Inhalte in sozialen Netzwerken zeitnah identifiziert werden, wobei diese Teilaufgabe auch an Spezialisten ausgelagert werden kann – die DZ Bank bspw. betreibt das Monitoring über einen externen Dienstleister.[694] Zweitens muss der Content durch Fachleute schnell nach seiner Gefahr für die Vertrauenswürdigkeit beurteilt und drittens zügig der Bereich, der das Fehlverhalten verschuldet hat und die Situation fachlich am besten einschätzen kann, hinzugezogen werden, um das weitere Vorgehen festzulegen.

Folgendes Beispiel aus der Praxis soll die Idee und die Relevanz verdeutlichen:[695] Bei einer Sparkasse wurde wegen einer fehlenden Sozialversicherungsnummer für einen Riester-Vertrag die EC-Karte einer Kundin gesperrt und anschließend aus Sicherheitsgründen eingezogen. Das offenkundige Fehlverhalten wurde dann schnell im Blog des Freundes der Kundin veröffentlicht und verbreitete sich in kürzester Zeit mit weiteren negativen Kommentaren auf sozialen Netzwerken. Aufgrund des Monitorings wurde die Sparkasse ebenfalls zeitnah informiert, so dass dann der Filialleiter und der Kundenbe-

[692] Vgl. Kauselmann und Wolf (2014), S. 179.
[693] Vgl. Kauselmann und Wolf (2014), S. 179.
[694] Vgl. Petersen (2014), S. 135.
[695] Das Beispiel ist aus Ghubbar (2014), S. 217.

treuer mit einer persönlichen Entschuldigung die Betroffene besänftigen konnten. Die positive Wendung wurde anschließend ebenfalls im Blog thematisiert und die Sparkasse für ihre schnelle und zuvorkommende Reaktion gelobt. Auch dieser Artikel verbreitete sich schnell in den sozialen Netzwerken. Statt einer unkontrollierbaren Empörungswelle über die Kompetenz und das fehlende wohlwollende Verhalten der Sparkasse konnte mithilfe des Monitorings und der schnellen Intervention ein positives Kundenerlebnis erzeugt und die Bank vor negativen Kundeneinschätzungen hinsichtlich ihrer Vertrauenswürdigkeit geschützt werden.

Ein anderes Beispiel zeigt allerdings, dass die Gefahr einer reputationsschädlichen Empörungswelle in den sozialen Netzwerken nicht immer durch ein Fehlverhalten der Bank ausgelöst werden muss, die Situation mit der passenden Reaktion aber zur Stärkung der Vertrauenswürdigkeit genutzt werden kann.

Als im Jahr 2012 in einem Werbespot der IND DiBa der Basketballstar Dirk Nowitzki eine Scheibe Wurst verspeiste, sahen viele Veganer darin eine versteckte Botschaft für mehr Fleischkonsum.[696] Die ING DiBa entschied sich, die folgende hitzige Diskussion zum Thema Fleischkonsum für einen begrenzten Zeitraum auf ihrer Facebook-Präsenz zuzulassen und beschränkte sich allein auf den Hinweis des größtmöglichen gegenseitigen Respekts und die Beachtung der Unternehmenswerte Fairness und Toleranz. Mit diesem „Schachzug" nutzte sie die soziale Plattform dazu, einem breiten Publikum (innerhalb von zwei Wochen wurden über 15 Tsd. Kommentare abgegeben) ihre Unternehmenswerte Fairness und Toleranz vorzuleben, wofür sie anschließend von Veganern, Fleischbefürwortern und Unbeteiligten positives Feedback erhielt. Bei dem abschließenden Beitrag der Bank klickten 14% Prozent der Besucher auf „Gefällt mir", was einer bis dahin von der ING DiBa unerreichten Like-Quote entsprach.[697]

4.2.4.2 Signaling über soziale Netzwerke

Kontinuierliche und zeitnahe Identifizierung, Bewertung und Intervention, bevor negative Kommentare oder Blogeinträge in sozialen Netzwerken auf die Vertrauenswürdigkeit durchschlagen und die Reputation verschlechtern, stellen die erste große Heraus-

[696] Das Wurstessen wird von der Metzgerin mit „Wie haben wir früher immer gesagt?" kommentiert, woraufhin Dirk Nowitzki mit „Damit du groß und stark wirst" antwortet und alle in der Metzgerei lachen.

[697] Vgl. Kauselmann und Wolf (2014), S. 184.

forderung für Banken beim Umgang mit den sozialen Medien dar. Wenn Trendforscher einen wachsenden „Cocooning-Effekt“ ausmachen,[698] wonach sich Menschen immer häufiger aus der Öffentlichkeit in das häusliche Privatleben zurückziehen und dabei immer mehr Zeit in sozialen Netzwerken verbringen, dann dürfen Banken, wenn sie ihre Vertrauenswürdigkeit zu einem Wettbewerbsvorteil ausgerufen haben, diese Ebene nicht vernachlässigen und sollten ebenfalls in sozialen Netzwerken vertreten sein, um ihre Kompetenz und ihr wohlwollendes und rechtschaffendes Verhalten zu signalisieren. Dabei kommt erschwerend hinzu, dass Banken in den sozialen Medien auf neue Konkurrenten stoßen. Unternehmen wie Facebook, das sich gerade darum bemüht, eine Bankenlizenz in Irland zu erwerben, oder Google, das bereits in Großbritannien über eine Bankenlizenz verfügt, könnten in naher Zukunft aus ihrem gewohnten Terrain heraus Marktanteile klassischer Banken angreifen.[699] Die zweite große Herausforderung beim Umgang mit den sozialen Medien besteht also weniger in dem Schutz der Vertrauenswürdigkeit durch Identifikation negativer Einträge sowie deeskalierender und damit reputationsschützender Intervention, sondern bezieht sich auf die Art und Weise der Informationsbereitstellung (Signalisierung von Kompetenz) und den aktiven Ausbau von Vertrauenswürdigkeit durch Einbindung der Kunden (Signalisierung von Wohlwollen und rechtschaffendem Verhalten), denn soziale Netzwerke spiegeln nicht nur die Erfahrungen in der realen Welt wider, sondern verknüpfen sie auch und sind deshalb dazu geeignet, die in einer Filiale entstandene Beziehung zu verlängern und zu verstärken oder eine erste Kontaktaufnahme mit Kunden zu ermöglichen, bevor sie in einer Geschäftsstelle begrüßt werden.

Wie können nun Banken soziale Netzwerke aktiv zur Vermittlung ihrer Vertrauenswürdigkeit nutzen? Die erste Hürde dabei ist sicherlich zunächst einmal die Aufmerksamkeit und das Interesse der Menschen einzufangen, denn im Internet werden pro Minute 100 Tsd. Tweets versendet, 1,3 Mio. Videos bei You Tube angeschaut und alle zehn Sekunden ein neuer Artikel auf Wikipedia veröffentlicht. Hinzu kommt, dass Angelegenheiten rund um die Bank sich nicht leicht visualisieren lassen, um sie emotional und bildbetont in sozialen Netzwerken darzustellen, wie das bspw. ein Autobauer bei der Vorstellung eines neuen Modells machen kann. Andererseits ist Geld ein Thema, das

[698] Zum „Cocooning-Effekt“ vgl. Hönle (2013), S. 26 f.
[699] Vgl. Kupka (2014), S. 40.

sehr viele Zielgruppen täglich persönlich berührt und bei dem der Informationsbedarf hoch ist.[700]

Um innerhalb dieses Handlungsfeldes Vertrauenswürdigkeit zu signalisieren, kann zunächst an die einfache Möglichkeit eines weiterführenden Dialogs im Internet gedacht werden, wie sie bspw. bei der Sparkasse genutzt wird, die auf ihrem Corporate Blog „Geld einfach verstehen" Kunden die Möglichkeit anbietet, Finanzfragen zu stellen.[701] Kunden diese Option anzubieten stellt sicherlich eine sinnvolle Ergänzung zum restlichen Angebot dar, wenn es allerdings darum geht, Aufmerksamkeit zu erzielen und wohlwollendes Verhalten hervorzuheben, sollte über die reine Frage-Antwort-Technik hinausgedacht werden.

Vielmehr lässt sich wohlwollendes Verhalten zeigen, indem Kunden die Möglichkeit gegeben wird, sich aktiv einzubinden, wie das bspw. bei dem Projekt „Aus Liebe zur Region" der Volksbank Bühl gemacht wird. Dort dürfen Privatkunden über soziale Netzwerke mitbestimmen, in welche nachhaltigen Projekte aus der Region die Bank investieren soll.[702] Die GLS Bank bspw. investiert ausschließlich in ökologische und soziale Projekte und wirbt auf ihrer Startseite im Internet damit, dass sie keine Atomkraft, Rüstung, Kinderarbeit, „Agrogentechnik" und „Ideen ohne Zukunft" finanziert. Gleichzeitig wird im Internet regelmäßig über alle gewerblich vergebenen Kredite berichtet (sog. Transparenzgarantie).[703] Die Kunden dürfen dabei wählen, in welche Projekte, Branchen und Unternehmen die GLS Bank ihr Geld investieren soll, was ihnen das starke Gefühl geben dürfte, Entscheidungen mitzugestalten und mit ihrem Geld etwas Positives für die Gesellschaft zu unternehmen. Auch ihre Bindung zu ihrer Bank dürfte dadurch deutlich stärker ausfallen. Aktiv in Entscheidungen eingebunden waren auch die Kunden bei der Fidor Bank, bei der die Höhe der Verzinsung ihres Guthabens von den Facebook-Likes der Bank abhing. Bei der „Like-Zins-Aktion" stieg die Verzinsung um 0,1% p.a. pro 2000 Likes bis maximal 1,5% p.a., wodurch die Kunden nicht nur extrem stark in die Produktausgestaltung eingebunden waren, sondern gleichzeitig dabei halfen, die Bekanntheit der Bank auszuweiten.[704]

---

[700] Vgl. Bethge (2014), S. 101 ff.
[701] Vgl. Sparkasse (2016), o.P.
[702] Vgl. Volksbank Bühl (2016), o.P.
[703] Vgl. GLS Bank (2016), o.P.
[704] Vgl. Fidor Bank (2012), o.P.

Vertrauenswürdiges Verhalten über soziale Netzwerke zu signalisieren bedeutet allerdings nicht nur, Kunden einzubinden, um ihnen zu zeigen, wie wichtig ihre Sichtweise, ihre Interessen und letztlich ihr Wohlwollen für die Bank ist, sondern beinhaltet auch die Informationsbereitstellung und die Bedienung der Informationsnachfrage über soziale Medien, also übergeordnet betrachtet, die Signalisierung der Vertrauenseigenschaft Kompetenz. Ein wichtiger Punkt dabei ist, dass es nicht allein auf den Content ankommt, sondern auch auf den Kontext der Bereitstellung. Damit ist gemeint, dass die Bereitstellung von Informationen in die „Lebens- und Arbeitswelt“[705] der Empfänger integriert werden muss, damit er sie wahrnimmt. Ein Beispiel ist die Währungsrechner-Anwendung des Bundesverbandes deutscher Banken (BdB), die zum Start der Sommerferien veröffentlicht wurde, also zu einer Zeit, in der sie besonders benötigt wird. Ein anderes Beispiel aus dem BdB ist die Versendung des Newsletters „Wichtiges des Tages“ um 16:00 Uhr. Diese Uhrzeit wurde von den Akteuren bewusst gewählt, weil sie weit nach der Mittagspause ist, in der viele Menschen im Internet Nachrichten aufrufen, aber vor Büroschluss, um nicht mit dem Autoradio oder den Vorabend-Nachrichten zu konkurrieren.[706]

Ein weiterer Erfolgsfaktor bei der Informationsbereitstellung über soziale Plattformen ist die offene Kommunikation der Bearbeitungszeiten von Kundenanfragen, denn soziale Plattformen sind zwar rund um die Uhr zugänglich, eine Bearbeitung der Anfragen wird aber sicherlich nicht rund um die Uhr und täglich erfolgen. Deshalb sollten Kunden über Guidelines bspw. darüber informiert werden, zu welchen Uhrzeiten Anfragen beantwortet werden. Noch besser wäre es, wenn Kunden eine Information über die Bearbeitungsdauer ihres Anliegens erhalten könnten, um von Anfang an klar Missverständnisse, falsche Erwartungen und Frustrationen zu vermeiden.[707]

[705] Bethge (2014), S. 105.
[706] Vgl. Bethge (2014), S. 105.
[707] Vgl. Bethge (2014), S. 105 f.

5 Abschließende Betrachtung

Die übergeordnete Zielsetzung der Arbeit bestand darin, zwischen der heterogenen Vertrauensforschung und der Bankbetriebstätigkeit eine Verbindung herzustellen, um dann einen praxisbezogenen Handlungsrahmen für Banken beim Umgang mit dem Thema Kundenvertrauen auszuarbeiten. Dazu musste zunächst ein Vertrauensverständnis hergeleitet werden, das sich auf die Geschäftsbeziehung zwischen dem Kunden und der Bank übertragen lässt.

Vertrauen zu vergeben stellt eine Möglichkeit beim Umgang mit der Verhaltensunsicherheit in Kooperationen dar. Durch die Vertrauensvergabe grenzt der Vertrauensgeber bestimmte Verhaltensweisen des Vertrauensnehmers aus seinem Erwartungshorizont aus und erlangt dadurch zusätzliche Handlungsfähigkeit. Die Vergabe von Vertrauen bleibt aber zugleich eine riskante Vorleistung, weil die Freiräume des Vertrauensnehmers weiterhin bestehen und dadurch die Gefahr eines Vertrauensmissbrauchs gegeben ist. Ein Vertrauensgeber ist sich diesem Enttäuschungspotential bewusst, wenn er eine Vertrauensbeziehung eingeht. Vertrauen zu vergeben ermöglicht also einerseits Handlungsfähigkeit, bedeutet aber andererseits, sich verletzbar zu machen.

Die Vergabe von Vertrauen hängt von der Einschätzung und Wahrnehmung der Vertrauenswürdigkeit ab. Einschätzung und Wahrnehmung deshalb, weil die Vertrauenswürdigkeit keine unmittelbar ablesbare Eigenschaft darstellt und von der subjektiven Sicht des Vertrauensgebers abhängt. Die Vertrauenswürdigkeit setzt sich aus den Merkmalen Kompetenz, Wohlwollen und Rechtschaffenheit zusammen. Ein Vertrauensnehmer gilt als kompetent, wenn er über das nötige Expertenwissen verfügt, um die an ihn herangetragene Aufgabe auszuführen, als wohlwollend, wenn er dieses Expertenwissen zum Wohlergehen des Vertrauensgebers einsetzt und als rechtschaffend, wenn er bei der Ausübung seiner Tätigkeit moralische und rechtliche Standards beachtet und Dritten keinen Schaden zufügt. Wenn diese drei Größen gleichzeitig eine aus der Sicht des Vertrauensgebers kritische Schwelle überschreiten und wenn das Risiko, das mit der Vertrauensvergabe verbunden ist, die subjektive Risikobereitschaft eines Vertrauensgebers nicht übersteigt, wird Vertrauen vergeben.

Der Vertrauensnehmer als Empfänger des Vertrauens steht dann vor der Wahl, das Vertrauen entweder zu bestätigen oder opportunistisch zu handeln und das Vertrauen zu enttäuschen. Er wird das Vertrauen bestätigen und sich vertrauenswürdig verhalten, wenn er weitere Kooperationen mit dem Vertrauensgeber eingehen kann und die zukünftigen erwarteten Erträge aus der Zusammenarbeit seine gegenwärtigen Opportunitätskosten aus dem Verzicht auf opportunistisches Verhalten übersteigen. Wenn ein Vertrauensgeber mit anderen Vertrauensgebern kommunizieren kann, wird vertrauenswürdiges Verhalten zudem die Kooperationsmöglichkeiten mit anderen Akteuren erhöhen.

Wird dieses Verständnis einer Vertrauensbeziehung auf die Kunde-Bank-Beziehung übertragen, bei dem der Kunde der Vertrauensgeber und die Bank der Vertrauensnehmer ist, wäre zu erwarten, dass Banken, das ihnen entgegengebrachte Vertrauen bestätigen, indem sie kompetent, wohlwollend und rechtschaffend handeln, um die bestehenden Geschäftsbeziehungen zu stärken und durch ein gute Reputation neue Kunden zu gewinnen. Die in der Einleitung aufgezählten Studien und die aktuelle öffentliche Wahrnehmung zeichnen allerdings ein dieser Annahme widersprechendes Bild.

Als Ursachen dafür, dass Banken kurzfristige Opportunitätsgewinne längerfristigen Investitionen in ihre Vertrauenswürdigkeit in den letzten Jahren in starkem Maße vorzogen, können die Persistenz der Informationsasymmetrie zwischen den Kunden und der Bank, die Existenz hoher Wechselkosten und die Beweislastschwierigkeiten für Kunden im Falle einer Verletzung der Aufklärungs- und Beratungspflichten im Rahmen der Anlageberatung genannt werden. In dieses Themenfeld gehört auch die Tatsache, dass Führungskräfte, die letztendlich verantwortlich für die Unternehmensausrichtung und somit für die Investition in die Vertrauenswürdigkeit sind, bei ihrer Entlohnung an Finanzkennzahlen gemessen werden, die einen kurzen Zeithorizont berücksichtigen. Je kürzer der betrachtete Zeitraum bei der Entlohnung, desto geringer ist die Partizipation an den langfristigen Erträgen und desto geringer der Anreiz, heute auf opportunistisches Verhalten zu verzichten, um in etwas Langfristiges und ertragsmäßig unklares wie Vertrauenswürdigkeit zu investieren.

Die regulatorischen Eingriffe, die als Folge des Vertrauensverlustes und zur Verhinderung weiteren opportunistischen Verhaltens in Form eines Beratungsprotokolls, eines Melderegisters, eines Produktinformationsblattes eingeleitet wurden sowie die Forderung nach einer stärkeren Förderung der Honorarberatung sind nur begrenzt geeignet, das Vertrauen der Kunden in die Banken wiederherzustellen. Hinzu kommt, dass eine fremdbestimmte Bindung grundsätzlich einen deutlich schwächeren Effekt auf die wahrgenommene Vertrauenswürdigkeit hat, als die Bindung, die vom Vertrauensnehmer selbst ausgeht.

Allerdings könnten Banken auch von sich aus ein viel stärkeres Interesse daran haben, als vertrauenswürdige Kooperationspartner wahrgenommen zu werden. Wenn Kunden die Qualität einer Bankleistung nicht beurteilen können – was in der Anlageberatung besonders ausgeprägt ist – und sie somit als Entscheidungskriterium nicht heranziehen können, wird die Einschätzung der Vertrauenswürdigkeit bei der Entscheidung für oder gegen eine Geschäftsbeziehung ein viel größeres Gewicht erhalten. Die Vertrauenswürdigkeit einer Bank ist dann die vom Kunden wahrgenommene Eigenschaft, die dafür verantwortlich ist, dass er ihre Leistung, obwohl er sie nicht beurteilen kann, als überlegen ansieht und sie deshalb als Kooperationspartner auswählt. Überlegenheit bedeutet im Falle der Anlageberatung, dass er einer Empfehlung der Bank eine höhere Eignung für sein finanzielles Anliegen zuschreibt als der Empfehlung eines Wettbewerbers.

Wenn ein Kunde eine Bank auswählt, weil er sie als vertrauenswürdiger einstuft als die Wettbewerber, dann stellt die Vertrauenswürdigkeit einen Wettbewerbsvorteil dar. Die Realisierung eines solchen Wettbewerbsvorteils und die Zielsetzung, diesen vor den Wettbewerbern zu erreichen, könnten Banken dazu veranlassen, in die Vertrauenswürdigkeit zu investieren. Dass die Vertrauenswürdigkeit einer Bank als Wettbewerbsvorteil geeignet ist – also die theoretische Überprüfung dieser Argumentationslinie –, kann bestätigt werden, wenn ein planungsorientiertes Strategieverständnis vorausgesetzt und der Resource-based View und der Market-based View als theoretische Konzepte angenommen werden, denn aus der Sicht des Resource-based View lässt sich die Vertrauenswürdigkeit einer Bank als distinktive Ressource bzw. distinktives Ressourcenbündel interpretieren und aus der Perspektive des Market-based View kann argumentiert werden, dass Vertrauenswürdigkeit geeignet ist, eine Differenzierung zu erzielen.

Wenn die Vertrauenswürdigkeit eine schwer greifbare Größe darstellt und gegenwärtige Investitionen erfordert, aber geeignet ist, in einigen Jahren diesen Verzicht durch die Erzielung eines Wettbewerbsvorteil zu überkompensieren, dann sollten Banken, die sich entschließen, diesen Wettbewerbsvorteil zu erschließen, entlang ihrer Wertkette nach

Möglichkeiten suchen, auf den drei Ebenen Kompetenz, Wohlwollen und Rechtschaffenheit sich von anderen Banken abzusetzen. Ein hohes Kompetenzlevel kann eine Bank erreichen, wenn sie über gut ausgebildete Mitarbeiter verfügt und Maßnahmen wie das Kompetenz-Coaching einsetzt, damit erfolgskritisches Wissen im Institut bleibt, auch wenn ein Wissensträger ausscheidet. Wohlwollend handelt eine Bank, wenn sie sich in der Anlageberatung darum bemüht, dass Kunden keine falschen Erwartungen an den Ausgang einer Anlageberatung bilden und bei Nichteintritt dieser Erwartungen enttäuscht werden. Dabei können der Risikoverständnis-Ansatz und der Coaching-Ansatz helfen. Wie trotz sinkender Erträge und Kostendruck zwei wichtige Säulen wohlwollenden Verhaltens, nämlich Erreichbarkeit und Verfügbarkeit, sichergestellt werden können, zeigt aktuell die Erste Bank Wien mit ihrer Initiative „Operative Exzellenz". Die Erfassung der Kundenzufriedenheit und die Ergreifung von Maßnahmen zur Widerherstellung von Zufriedenheit zeichnen ebenfalls wohlwollendes Verhalten aus. Ebenso kann soziales Engagement eine wohlwollende Verhaltensausrichtung unterstreichen. Um sich auf der Ebene Rechtschaffenheit von den Wettbewerbern abzusetzen, sollten Banken Maßnahmen ergreifen, die eine stärkere Bekämpfung gegen Finanzkriminalität sicherstellen. Auch die Implementierung gut funktionierender Verteidigungslinien kann dazu beitragen, Rechtschaffenheit zu signalisieren. Wenn eine Bank auf diesen Handlungsfeldern einen hohen Level erreicht, kann es ihr gelingen, in der Wahrnehmung der Kunden als vertrauenswürdig und damit als überlegen eingestuft und bevorzugt zu werden.

Trotz der Herleitung eines für Bankbetriebswirte klaren Vertrauensverständnisses und umsetzbarer Handlungsempfehlungen darf nicht vergessen werden, dass die Vertrauenswürdigkeit in der Praxis weiterhin als etwas Unklares wahrgenommen wird. Dieses verbreitete Verständnis, ergänzt durch die Überlegung, Vertrauenswürdigkeit schlecht in kurzfristig steuerbare Kennzahlen übertragen zu können, kann den Umsetzungserfolg dieses Wettbewerbsvorteils blockieren. Ebenso die Tatsache, dass der Ausbau von Vertrauenswürdigkeit mit einer sehr starken und dauerhaften Selbstbindung einhergeht. Vertrauenswürdigkeit kann zudem nur erreicht werden, wenn eine ganzheitliche Betrachtung gewählt wird. Je größer die zu steuernde Bank, desto schwieriger dürfte dieses Vorhaben gelingen.

Die aufgezählten Umsetzungsschwierigkeiten können aber zugleich Ansatzpunkte für weitere Forschungsinitiativen eröffnen. Eine sich dieser Arbeit anschließende Fragestellung könnte als Inhalt den empirischen Versuch einer stärkeren Zusammenführung der Parameter Kompetenz, Wohlwollen und Rechtschaffenheit zu einzelnen Geschäftsfeldern einer Bank haben. So könnten die Argumente dieser Arbeit einer empirischen Überprüfung unterzogen werden.

Abschließend bleibt zu sagen, dass es sehr spannend sein wird zu beobachten, ob und wie es Banken in den nächsten Monaten und Jahren gelingen wird, das verlorene Vertrauen ihrer Kunden zurückzuerobern.

Literaturverzeichnis

Aaker, David A. (1991): Managing Brand Equity: Capitalizing on the Value of a Brand Name, New York.

Abels, Heinz; König, Alexandra (2010): Sozialisation: Soziologische Antworten auf die Frage, wie wir werden, was wir sind, wie gesellschaftliche Ordnung möglich ist und wie Theorien der Gesellschaft und der Identität ineinanderspielen, Wiesbaden.

Ahlswede, Sophie (2012): Honorar vs. Provision – Vergütung allein entscheidet nicht über Qualität, in: DB Research, URL: https://www.dbresearch.de/PROD/DBR_INTERNET_DE-PROD/PROD0000000000284826/Honorar+vs_+Provision%3A+Verg%C3%BCtung+allein+entscheide.pdf, aufgerufen am 30.10.2015.

Albach, Horst (1980): Vertrauen in der ökonomischen Theorie, in: Zeitschrift für die gesamte Staatswissenschaft, 136. Jahrgang, Heft 1, S. 2-11.

Alchian, Armen A.; Demsetz, Harold (1973): The Property Right Paradigm, in: The Journal of Economic History, 33. Jahrgang, Heft 1, S. 16-27.

Aldenhoven, Leonard; Schöning, Stephan (2015): Three-Lines-of-Defense-Modell – Auf dem Weg zum Marktstandard?, in: Niehoff, Wilhelm; Hirschmann, Stefan (Hrsg.): Brennpunkt Risikomanagement und Regulierung, Köln, S. 297-317.

Angleitner, Alois (1980): Einführung in die Persönlichkeitspsychologie, Band 1: Nichtfaktorielle Ansätze, Bern.

Appel, Christian (2012): BaFin führt Mitarbeiter- und Beschwerderegister ein: Meldepflicht soll auch Beraterqualität erhöhen, in: Betriebswirtschaftliche Blätter, Heft 9, S. 513-516.

Arora, Patrick (2010): Orientierungshilfe für Privatkunden, in: Die Bank, Heft 10, S. 18-20.

Arrow, Kenneth J. (1969): The Organization of Economic Activity: Issues Pertinent to the Choice of Market versus Non-market Allocation, in: The Analysis and Evaluation of Public Expenditures. The PPB System: A Compendium of Papers Submitted to the Subcommittee on Economy in Government of the Joint Economic Committee, Congress of the United States, Band 1, S. 47-64.

Arrow, Kenneth J. (1972): Gifts and Exchanges, in: Philosophy and Public Affairs, 1. Jahrgang, Heft 4, S. 343-362.

Bachmann, Reinhard (2001): Die Koordination und Steuerung interorganisationaler Netzwerkbeziehungen über Vertrauen und Macht, in: Sydow, Jörg; Windeler, Arnold (Hrsg.): Steuerung von Netzwerken, Nachdruck zur ersten Auflage, Wiesbaden, S. 107-125.

BaFin Jahresbericht (2013): Jahresbericht der Bundesanstalt für Finanzdienstleistungsaufsicht.

BaFin Journal (2010): BaFin Journal Ausgabe 01/10.

BaFin Pressemitteilung (2011a): Prüfergebnisse der BaFin zu den Informationsblättern nach § 31 Abs. 3a WpHG, Pressemitteilung vom 5.12.2011.

BaFin Pressemitteilung (2011b): BaFin sieht Verbesserungsbedarf bei Produktinformationsblättern, Pressemitteilung vom 5.12.2011.

BaFin Rundschreiben (2010): Rundschreiben 4/2010 (WA) – MaComp.

BaFin Rundschreiben (2012): Rundschreiben 10/2012 (BA) - Mindestanforderungen an das Risikomanagement – MaRisk.

BaFin Rundschreiben (2013): Rundschreiben 4/2013 (WA) – Auslegung gesetzlicher Anforderungen an die Erstellung von Informationsblättern gemäß § 31 Abs. 3a WpHG / § 5a WpDVerOV.

Bamberger, Heinz G. (2009): § 50 Anlageberatung, in: Derleder, Peter; Knops, Kai-Oliver; Bamberger, Heinz G. (Hrsg.): Handbuch zum deutschen und europäischen Bankrecht, 2. Auflage, Berlin, S. 1407-1474.

Bartz, Tim (2016): Deutsche Bank verliert Sonderbeauftragten für Kulturwandel, in: Manager Magazin, URL: http://www.manager-magazin.de/koepfe/deutsche-bank-verliert-sonderbeauftragten-fuer-kulturwandel-a-1077481.html, aufgerufen am 1.6.2016.

BCBS (2014): Corporate governance principles for banks – consultative document, URL: https://www.bis.org/publ/bcbs294.htm, aufgerufen am 1.3.2016.

BCBS (2015): Corporate governance principles for banks – Guidelines, URL: https://www.bis.org/bcbs/publ/d328.htm, aufgerufen am 1.3.2016.

Beckmann, Markus; Mackenbrock, Thomas; Pies, Ingo; Sardison, Markus (2009): Mentale Modelle und Vertrauensbildung – Eine wirtschaftsethische Analyse, in: Wittenberg-Zentrum für Globale Ethik, Diskussionspapier Nr. 2009-4, URL: http://www.wcge.org/download/DP_049_Beckmann__Mackenbrock__Pies__Sardison_-_Vertrauen.pdf, aufgerufen am 1.1.2015.

Begner, Jörg (2012): Die Verordnung über den Einsatz von Mitarbeitern in der Anlageberatung, als Vertriebsbeauftragte oder als Compliance-Beauftragte und über die Anzeigepflichten nach § 34d des Wertpapierhandelsgesetzes (WpHG-Mitarbeiteranzeigeverordnung - WpHGMaAnzV), in: Zeitschrift für Bank- und Kapitalmarktrecht, 12. Jahrgang, Heft 3, S. 95-100.

Begner, Jörg (2014): Honorar-Anlageberatung, in: BaFin Journal, Heft 7, S. 11-13.

Berger, Johannes (1998): Das Interesse an Normen und die Normierung von Interessen. Eine Auseinandersetzung mit der Theorie der Normentstehung von James S. Coleman, in: Müller, Hans P.; Schmid, Michael (Hrsg.): Norm, Herrschaft und Vertrauen, Opladen, S. 64-78.

Bethge, Iris (2014): Context is King, in: Kinter, Achim; Ott, Ulrich (Hrsg.): Risikofaktor Social Web – Reputationsrisiken und -chancen managen, Köln, S. 99-117.

Bhattacharya, Rajeev; Devinney, Timothy M.; Pillutla, Madan M. (1998): A Formal Model of Trust Based on Outcomes, in: The Academy of Management Review, 23. Jahrgang, Heft 3, S. 459-472.

Bieta, Volker (2015): Spieltheorie: Das Rechnen mit dem Unvorhergesehenen, in: Gleißner, Werner; Romeike, Frank (Hrsg.): Praxishandbuch Risikomanagement, Berlin, S. 777-800.

Bitz, Michael (1989): Erscheinungsformen und Funktionen von Finanzintermediären, in: Wirtschaftswissenschaftliches Studium, 18. Jahrgang, Heft 10, S. 430-436.

Blut, Markus (2008): Der Einfluss von Wechselkosten auf die Kundenbindung, Wiesbaden.

Böckelmann, Beatrice; Haselhorst, Alexander (2015): Anforderungen an Banken als Arbeitgeber wandeln sich, in: Bankmagazin, 64. Jahrgang, Heft 12, S. 48-51.

Böcking, David (2016): Finanzierung der Energiewende: Banker lernen das Klima lieben, URL: http://www.spiegel.de/wirtschaft/unternehmen/energiewende-banker-lernen-das-klima-lieben-a-1079487.html, aufgerufen am 9.3.2016.

Böhm, Michael (2009): Regierungsentwurf zur Verbesserung der Durchsetzbarkeit von Ansprüchen aus Falschberatung, in: Zeitschrift für Bank- und Kapitalmarktrecht, 9. Jahrgang, Heft 6, S. 221-264.

Börner, Christoph J. (1994): Öffentlichkeitsarbeit von Banken: Ein Managementkonzept auf der Basis gesellschaftlicher Exponiertheit, Wiesbaden.

Börner, Christoph J. (2000a): Strategisches Bankmanagement: Ressourcen- und marktorientierte Strategien von Universalbanken, München.

Börner, Christoph J. (2000b): Porter und der „Resource-based View“, in: Das Wirtschaftsstudium, 29. Jahrgang, Heft 5, S. 689-693.

Börner, Christoph J. (2005): Konzeptioneller Rahmen: Strategisches Management und Strategieparameter, in: Börner, Christoph J.; Maser, Harald; Schulz, Thomas Christian (Hrsg.): Bankstrategien im Firmenkundengeschäft: Konzepte – Management – Dimensionen, Wiesbaden, S. 31-64.

Börner, Christoph J. (2008): Vertrauen aus ökonomischer Sicht – Besser informiert, in: Die Sparkassen Zeitung, Nr. 40, 02.10.2008, S. 15.

Börse Stuttgart (2011): Deutsche beim Thema Geldanlage und Finanzen verunsichert, Pressemitteilung vom 8.11.2011.

Breilmann, Anja (2013): Bankenregulierung, Insolvenzrecht, Kapitalanlagegesetzbuch, Honorarberatung – Bericht über den Bankrechtstag am 28. Juni 2013 in Berlin –, in: Wertpapier-Mitteilungen: Zeitschrift für Wirtschafts- und Bankrecht, 67. Jahrgang, Heft 31, S. 1437-1445.

Breuer, Rolf (2007): Wissensmanagement (Human Resource Management in Banken), in: Gerke, Wolfgang; Steiner, Manfred (Hrsg.): Handwörterbuch des Bank- und Finanzwesens, 4. Auflage, Stuttgart, S. 2303-2311.

Brock, Harald; Dümmler, Michael, Steinhoff, Volker (2016): Die Lösung liegt in der Prozessgestaltung, in: Bankmagazin, 65. Jahrgang, Heft 1, S. 38-40.

Bubmann, Christoph; Blache, Raimund; Chantre, Alexander; Perlwieser, Markus (2012): Von Kunden zu Fans: Kundenzufriedenheit im Retail-Banking messen, steuern und optimieren, in: Homburg, Christian (Hrsg.): Kundenzufriedenheit, 8. Auflage, Wiesbaden, S. 604-615.

Buck-Heeb, Petra (2012): Der Anlageberatungsvertrag – Die Doppelrolle der Bank zwischen Fremd- und Eigeninteresse, in: Wertpapier-Mitteilungen: Zeitschrift für Wirtschafts- und Bankrecht, 66. Jahrgang, Heft 14, S. 625-635.

Büschgen, Hans E. (1999): Bankbetriebslehre: Bankgeschäfte und Bankmanagement, 5. Auflage, Wiesbaden.

Büschgen, Hans E.; Börner, Christoph J. (2003): Bankbetriebslehre, 4. Auflage, Stuttgart.

Caldwell, Cam; Clapham, Stephen (2003): Organizational Trustworthiness: An International Perspective, in: Journal of Business Ethics, 47. Jahrgang, Heft 4, S. 349-364.

Caspari, Karl-Burkhard (2013): Interview mit Karl-Burkhard Caspari, in: BaFin Journal, Heft 11, S. 12-15.

Coase, Ronald H. (1937): The Nature of the Firm, in: Economica, 4. Jahrgang, Heft 16, S. 386-405.

Coase, Ronald H. (1998): The New Institutional Economics, in: The American Economic Review, 88. Jahrgang, Heft 2, S. 72-74.

Coleman, James S. (1991): Grundlagen der Sozialtheorie, Band 1: Handlungen und Handlungssysteme, München. Übersetzung des Orginals „Foundations of Social Theory“ (1990), Harvard.

Conzen, Peter (1996): Erik H. Erikson. Leben und Werk, Stuttgart.

Conzen, Peter (2010): Erik H. Erikson. Grundpositionen seines Werkes, Stuttgart.

Dannenberg, Marius (2000): Strategisches Bankmanagement, Wiesbaden.

Dasgupta, P. (1988): Trust as a Commodity, in: Gambetta, D. (Hrsg.): Trust: Making and Breaking Cooperative Relations, New York, S. 49-72.

Daumann, Martin (2015): Drei Verteidigungslinien – erfolgreiche Verzahnung, in: Die Bank, Heft 10, S. 59-61.

Deutsch, Morton (1958): Trust and Suspicion, in: Journal of Conflict Resolution, 2. Jahrgang, Heft 4, S. 265-279.

Deutsch, Morton (1960): The Effect of Motivational Orientation upon Trust and Suspicion, in: Human Relations, 13. Jahrgang, Heft 2, S. 123-139.

Deutsch, Morton (1973): The Resolution of Conflict – Constructive and Destructive Processes, New York.

Deutsch, Morton (1976): Konfliktregelung – Konstruktive und destruktive Prozesse, München. Übersetzung des Originals „The Resolution of Conflict – Constructive and Destructive Processes" (1973), New York.

Deutsche Bank (2015): Deutsche Bank gibt Details zur Strategie 2020 bekannt, Pressemitteilung vom 29.10.2015.

Deutscher Bundestag (2009): Gesetzentwurf der Bundesregierung: Entwurf eines Gesetzes zur Neuregelung der Rechtsverhältnisse bei Schuldverschreibungen aus Gesamtemissionen und zur verbesserten Durchsetzbarkeit von Ansprüchen von Anlegern aus Falschberatung vom 29.4.2009, Bundestags-Drucksache 16/12814, Berlin.

Deutscher Bundestag (2010): Gesetzentwurf der Bundesregierung: Entwurf eines Gesetzes zur Stärkung des Anlegerschutzes und Verbesserung der Funktionsfähigkeit des Kapitalmarkts (Anlegerschutz- und Funktionsverbesserungsgesetz) vom 8.11.2010, Bundestags- Drucksache 17/3628, Berlin.

Deutsches Aktieninstitut (2014): Regulierung drängt Banken aus der Aktienberatung, URL: https://www.dai.de/files/dai_usercontent/dokumente/studien/2014-7-10%20DAI-Studie%20Regulierung%20der%20Aktienberatung.pdf, aufgerufen am 10.10.2015.

Deutsches Institut für Interne Revision (2011): Stellungnahme des DIIR – Deutsches Institut für Interne Revision e.V. zum EU- Grünbuch „Europäischer Corporate Governance Rahmen", URL:

http://www.diir.de/fileadmin/fachwissen/downloads/DIIR_Stellungnahme.pdf, aufgerufen am 1.4.2016.

Diefenbacher, Hans; Teichert, Volker (2011): Vertrauen, Geld, Banken, in: Weingardt, Markus (Hrsg.): Vertrauen in der Krise, Baden-Baden, S. 223-259.

Dörner, Dietrich (1998): Emotionen, kognitive Prozesse und der Gebrauch von Wissen, in: Klix, Friedhart; Spada, Hans (Hrsg.): Enzyklopädie der Psychologie, Themengebiet C, Serie II, Band 6, Göttingen, S. 301-334.

Drost, Frank; Narat, Ingo; Rezmer, Anke (2011): Finanzexperten beraten am Bedarf vorbei, URL: http://www.handelsblatt.com/finanzen/steuern-recht/recht/verbraucherzentrale-finanzexperten-beraten-am-bedarf-vorbei/4183662.html, aufgerufen am 1.1.2014

DSGV (2016): Sparkassen: Geschäfte, die man versteht, mit Kunden, die man kennt, URL: http://www.dsgv.de/de/sparkassen-finanzgruppe/organisation/sparkassen.html, aufgerufen am 1.3.2016.

Dwyer, Robert F.; Schurr, Paul H.; Oh, Sejo (1987): Developing Buyer-Seller Relationships, in: Journal of Marketing, 51. Jahrgang, Heft 2, S. 11-27.

Eberl, Peter (2003): Vertrauen und Management, Stuttgart.

Eberl, Peter (2012): Vertrauen und Kontrolle in Organisationen, in: Möller, Heidi (Hrsg.): Vertrauen in Organisationen – Riskante Vorleistung oder hoffnungsvolle Erwartung?, Wiesbaden, S. 93-110.

Eckhardt, Philipp (2014): MiFID II und die Verschärfungen beim Anlegerschutz, in: Die Bank, Heft 7, S. 14-16.

Edelmans Trust Report (2011): URL: http://de.slideshare.net/EdelmanDigital/edelman-trust-barometer-executive-findings-6689233, aufgerufen am 26.2.2016.

Eichinger, Michael (2010): Internationale Kooperationen – Ein Ansatz für ein vertrauensbasiertes Management, URL: https://opus4.kobv.de/opus4-bamberg/frontdoor/index/index/year/2010/docId/207, aufgerufen am 30.10.2015.

Eilfort, Michael; Raddatz, Guido (2009): Vertrauen als Voraussetzung für eine funktionierende Marktwirtschaft, in: Wirtschaftspolitische Blätter der Wirtschaftskammer Österreich, 56. Jahrgang, Heft 2, S. 257-267.

Einsele, Dorothee (2008): Anlegerschutz durch Information und Beratung, in: Juristen Zeitung, 63. Jahrgang, Heft 10, S. 477-490.

Endreß, Martin (2002): Vertrauen, Bielefeld.

Engelhardt, Werner; Kleinaltenkamp, Michael; Reckenfelderbäumer, Martin (1993): Leistungsbündel als Absatzobjekte, in: Zeitschrift für betriebswirtschaftliche Forschung, 45. Jahrgang, Heft 5, S. 395-426.

Eppler Martin; Mengis, Jeanne (2004): The Concept of Information Overload: A Review of Literature from Organization Science, Accounting, Marketing, MIS, and Related Disciplines, in: The Information Society, 20. Jahrgang, Heft 5, S. 325-344.

Erikson, Erik H.(1983): Interviewpartner, Der Lebenszyklus und die neue Identität der Menschheit, in: Psychologie Heute, 10. Jahrgang, Heft 12, S. 28-41.

Erikson, Erik H. (2003): Jugend und Krise. Die Psychodynamik im sozialen Wandel, 5. Auflage, Stuttgart.

Erikson, Erik H. (2005): Kindheit und Gesellschaft, 14. Auflage, Stuttgart.

Erikson, Erik H. (2008): Identität und Lebenszyklus, Neuauflage, Frankfurt a.M.

Erikson, Erik H. (2012): Der vollständige Lebenszyklus, 12. Auflage, Frankfurt a.M.

Erikson, Erik H.; Erikson, Joan M. (1997): The Life Cycle Completed, London.

Ernst & Young (2013): Maximizing value from your lines of defense – A pragmatic approach to establishing and optimizing your LoD model, URL: http://www.ey.com/Publication/vwLUAssets/EY-Maximizing-value-from-your-lines-of-defense/$FILE/EY-Maximizing-value-from-your-lines-of-defense.pdf, aufgerufen am 1.4.2016.

Etheber, Thomas; Hackethal (2015): Neue Wege in der Anlageberatung, in: Die Bank, Heft 2, S. 16-19.

Fabisch, Nicole (2004): Soziales Engagement von Banken. Entwicklung eines adaptiven und innovativen Konzeptansatzes im Sinne des Corporate Citizenship von Banken in Deutschland, München.

FAZ (2015): Bankenstrafen-Ticker, URL: http://www.faz.net/aktuell/wirtschaft/unternehmen/millardenstrafe-fuer-morgan-stanley-rbs-und-andere-12852517-p5.html?printPagedArticle=true#Drucken, aufgerufen am 30.10.2015.

Fernández, Esteban; Montes, Jose M.; Vázquez, Camilo J. (2000): Typology and strategic analysis of intangible resources: A resource-based approach, in: Technovation, 20. Jahrgang, Heft 2, S. 81-92.

Fidelity Wordwide Investment (2011): „Anlegerinteressen im Fokus" – Ergebnisse der zweiten europäischen Studie zur Qualität der Anlageberatung, URL: http://www.fondsprofessionell.de/upload/attach/270781.pdf, aufgerufen am 30.10.2015.

Fidor Bank (2012): Erste "Like-Zins" Erhöhung bei der Fidor Bank AG, Pressemitteilung vom 2.7.2012.

Fischer, Christoph; Rudolph, Bernd (2000): Grundformen von Finanzsystemen, in: Hagen, Jürgen von; Stein, Jürgen von (Hrsg.): Obst, Georg; Hintner, Otto (Autoren):

Geld-, Bank- und Börsenwesen: Handbuch des Finanzsystems, 40. Auflage, Stuttgart, S. 371-446.

Fleischer, Holger (2001): Informationsasymmetrie im Vertragsrecht – Eine rechtsvergleichende und interdisziplinäre Abhandlung zu Reichweite und Grenzen vertragsbezogener Aufklärungspflichten, München.

Fock, Till (2013): Anlageberatung im Fokus der zivilrechtlichen Rechtsprechung, in: Tilmes, Rolf; Jakob, Ralph; Nickel, Hans (Hrsg.): Praxis der modernen Anlageberatung, Köln, S. 71-92.

Franke, Nikolaus; Funke, Christian; Gebken, Timo; Johanning, Lutz (2011): Provisions- und Honorarberatung: Eine Bewertung der Anlageberatung vor dem Hintergrund des Anlegerschutzes und der Vermögensbildung in Deutschland, URL: http://www.ed-academy.com/fileadmin/publikationen/Provisions-_und_Honorarberatung_Studie_Franke-Funke-Gebken-Johanning_2011.pdf, aufgerufen am 30.10.2015.

Frevert, Ute (2003): Vertrauen – eine historische Spurensuche, in: Frevert, Ute (Hrsg.): Vertrauen – Historische Annäherungen, Göttingen, S. 7-66.

Fuchs, Oliver; Klenk, Peter (2012): Management von Kundenzufriedenheit im Finanzdienstleistungsbereich: das Beispiel Bremer Landesbank, in: Homburg, Christian (Hrsg.): Kundenzufriedenheit, 8. Auflage, Wiesbaden, S. 445-460.

Fürst, Andreas (2016): Verfahren zur Messung der Kundenzufriedenheit im Überblick, in: Homburg, Christian (Hrsg.): Kundenzufriedenheit, 9. Auflage, Wiesbaden, S. 125-156.

Gälweiler, Aloys (2005): Strategische Unternehmensführung, 3. Auflage, Frankfurt a.M.

Geiger, Hans (2008): Banken und Vertrauen, Abschiedsvorlesung am 27. Mai 2008, URL:

http://www.hansgeiger.ch/wpcontent/uploads/2009/02/banken_und_vertrauen_08_05_27.pdf, aufgerufen am 30.10.2015.

Geißler, Cornelia (2010): Was sind...Socia Media?, in: Harvard Business Manager, Heft 9, S. 31.

GfK Vertrauensindex (2011): Wohltätigkeitsorganisationen und Richter gewinnen international an Vertrauen, Pressemitteilung vom 17.6.2011.

GfK Vertrauensindex (2013): Die Deutschen schenken der Regierung wieder mehr Vertrauen, Pressemitteilung vom 7.2.2013.

GfK Vertrauensindex (2016): Helfende Berufe genießen das Vertrauen der Deutschen, Pressemitteilung vom 3.3.2016.

Ghubbar, Ibrahim (2014): Social-Media-Monitoring und Reputationsmanagement, in: Kinter, Achim; Ott, Ulrich (Hrsg.): Risikofaktor Social Web – Reputationsrisiken und -chancen managen, Köln, S. 213-224.

Giddens, Anthony (1990): Consequences of Modernity, California.

Giddens, Anthony (1995): Konsequenzen der Moderne, Frankfurt a.M., Übersetzung des Originals „Consequences of Modernity" (1990), Oxford.

Gilardi, Fabrizio; Braun, Dietmar (2002): Delegation aus der Sicht der Prinzipal-Agent-Theorie, in: Politische Vierteljahresschrift, 43. Jahrgang, Heft 1, S. 147-161.

Gilbert, Dirk Ulrich (2007): Vertrauen als Gegenstand der ökonomischen Theorie, in: Zeitschrift für Management, 2. Jahrgang, Heft 1, S. 60-107.

Gilbert, Dirk Ulrich (2009): Vertrauen und seine Bedeutung im ökonomischen Kontext: Kritische Anmerkungen zu einem „Management von Vertrauen", in: Wirtschaftspolitische Blätter der Wirtschaftskammer Österreich, 56. Jahrgang, Heft 2, S. 183-199.

Gischer, H.; Stiele, M. (2007): Stellung und Funktion der Bank im Wirtschaftssystem (I), in: Das Wirtschaftsstudium, 36. Jahrgang, Heft 10, S. 1330-1334.

GLS Bank (2006): GLS Bank verdoppelt ihr Bilanzvolumen in nur drei Jahren, Pressemitteilungen 2006.

GLS Bank (2015a): Sinn statt Rendite, Pressemitteilungen 2015.

GLS Bank (2015b): Bilanz der GLS Bank überschreitet 4 Milliarden Euro, Pressemitteilungen 2015.

GLS Bank (2016): GLS Bank – das macht Sinn,
URL: https://www.gls.de/privatkunden/, aufgerufen am 1.4.2016.

Göbel, Elisabeth (2002): Neue Institutionenökonomik – Konzeptionen und betriebswirtschaftliche Anwendungen, Stuttgart.

Göbel, Elisabeth (2004): Vertrauen als ökonomische Ressource, in: Wirtschaftsdienst, 84. Jahrgang, Heft 8, S. 483-487.

Goethe, Johann Wolfgang von (1808): Faust – Der Tragödie erster Teil, Tübingen.

Goldberg, Joachin; von Nitzsch, Rüdiger (2000): Behavioral Finance – Gewinnen mit Kompetenz, 3. Auflage, München.

Gondek, Hans-Dieter; Heisig, Ulrich; Littek, Wolfgang (1992): Vertrauen als Organisationsprinzip, in: Littek, Wolfgang; Heisig, Ulrich; Gondek, Hans- Dieter (Hrsg.): Organisation von Dienstleistungsarbeit: Sozialbeziehungen und Rationalisierung im Angestelltenbereich, Berlin, S. 33-55.

Gravelle, Hugh (1994): Remunerating Information Providers: Commissions versus Fees in Life Insurance, in: The Journal of Risk and Insurance, 61. Jahrgang, Heft 3, S. 425-457.

Grimm, Alexander (2016): Mitarbeiterbindung in der Generation Y, in: Zeitschrift für Führung und Organisation, 85. Jahrgang, Heft 1, S. 45-50.

Groth, Markus (2009): Transaktionskosten und die Gestaltung ökonomischer Austauschbeziehungen – Zum Nobelpreis an Oliver E. Williamson, in: Wirtschaftsdienst: Zeitschrift für Wirtschaftspolitik, 89. Jahrgang, Heft 11, S. 770-776.

Grundmann, Stefan (2012): Wohlverhaltenspflichten, interessenkonfliktfreie Aufklärung und MiFID II – Jüngere höchstrichterliche Rechtsprechung und Reformschritte in Europa, in: Wertpapier-Mitteilungen: Zeitschrift für Wirtschafts- und Bankrecht, 66. Jahrgang, Heft 37, S. 1745-1755.

Günter, Bernd (1997): Wettbewerbsvorteile, mehrstufige Kundenanalyse und Kunden-Feedback im Business-to-Business-Marketing, in: Backhaus, Klaus; Günter, Bernd; Kleinaltenkamp, Michael; Plinke, Wulff; Rafée, Hans (Hrsg.): Marktleistung und Wettbewerb, Wiesbaden, S. 213-231.

Günter, Bernd (2012): Beschwerdemanagement als Schlüssel zur Kundenzufriedenheit, in: Homburg, Christian (Hrsg.): Kundenzufriedenheit, 8. Auflage, Wiesbaden, S. 325-328.

Günther, Thomas (2012): Qualitätskontrolle bei Anlageberatern – Der Sachkundenachweis gemäß § 34d WpHG in der Bankpraxis, in: Wertpapier-Mitteilungen: Zeitschrift für Wirtschafts- und Bankrecht, 66. Jahrgang, Heft 48, S. 2267-2272.

Günther, Thomas (2013): Anlegerschutz – Kontrolle und Überwachung von Anlageberatung durchführenden Personen, in: Monatsschrift für deutsches Recht, 67. Jahrgang, Heft 3, S. 125-128.

Güthoff, Judith (1998): Dienstleistungsqualität als strategischer Wettbewerbsvorteil, in: Wirtschaftswissenschaftliches Studium, 27. Jahrgang, Heft 12, S. 610-615.

Habisch, André (2003): Corporate Citizenship. Gesellschaftliches Engagement von Unternehmen in Deutschland, Berlin.

Halbleib, Gernot (2011): Der Einsatz von Mitarbeitern in der Anlageberatung nach der Neuregelung des § 34d WpHG, in: Wertpapier-Mitteilungen: Zeitschrift für Wirtschafts- und Bankrecht, 65. Jahrgang, Heft 15, S. 673-678.

Hamel, Gary (1994): The Concept of Core Competence, in: Hamel, Gary; Henne, Aimé (Hrsg.): Competence-based Competition, Chichester, S. 11-33.

Hartmann-Wendels, Thomas; Pfingsten, Andreas; Weber, Martin (2015): Bankbetriebslehre, 6. Auflage, Berlin.

Hartmann, Martin (2011): Die Praxis des Vertrauens, Berlin.

Hartmann, Thomas; Strenske, Lars-Eric (2015): Personalpolitik in der Bank: Zwischen allen Stühlen, in: Die Bank, Heft 12, S. 73-75.

Hasebrook, Joachim; Singer, Maren (2016): Personalmanagement als Erfolgsgarant, in: Bank und Markt, Heft 2, S. 31-34.

Haspa (2016): Haspa Beratung für Hörgeschädigte, URL: https://www.haspa.de/beratung-fuer-hoergeschaedigte/, aufgerufen am 1.3.2016.

Heinz, Matthias (2015): Die Folgen von Stellenstreichungen, in: Börsen-Zeitung, 4.9.2015, S. 13.

Hellenkamp, Detlef (2006): Bankvertrieb: Privatkundengeschäft der Kreditinstitute im Wandel, Köln.

Henneccius, Jens (2003): Financial Planning im Private Banking, in: Krauss, Peter J. (Hrsg.): Neue Kunden mit Financial Planning – Strategien für die erfolgreiche Finanz- und Vermögensberatung, Wiesbaden, S. 95-130.

Heskett, James L.; Sasser, Earl; Hart, Christopher (1990): Service Breakthrough: Changing the Rules of the Game, New York.

Heyd, David (1982): Supererogation: Its status in ethical Theory, Cambridge.

Heyd, Reinhard; Beyer, Michael (2011): Die Prinzipal-Agenten-Theorie – Eine Einführung mit Anknüpfungspunkten an die finanzwirtschaftliche Praxis, in: Heyd, Reinhard; Beyer, Michael (Hrsg.): Die Prinzipal-Agenten-Theorie in der Finanzwirtschaft Analysen und Anwendungsmöglichkeiten in der Praxis, Berlin, S. 15-41.

Hilke, Wolfgang (1989): Dienstleistungs-Marketing, Wiesbaden.

Hirschmann, Stefan (2015): Die Rechtsfalle, in: Die Bank, Heft 7, S. 11-15.

Hochhold, Stefanie; Rudolph, Bernd (2009): Prinzipal-Agent-Theorie, in: Schwaiger, Manfred; Meyer, Anton (Hrsg.): Theorien und Methoden der Betriebswirtschaft, München, S. 131-145.

Holler, Manfred; Illing, Gerhard (2009): Einführung in die Spieltheorie, 7. Auflage, Berlin.

Homburg, Christian; Fürst, Andreas (2007): Beschwerdeverhalten und Beschwerdemanagement: Eine Bestandsaufnahme und Agenda für die Zukunft, in: Die Betriebswirtschaft, 67. Jahrgang, Heft 1, S. 41-74.

Homölle, Susanne; Neumann, Wenke; Sydow, Sebastian (2013): Ist die Honorarberatung die bessere Beratung?, in: Die Bank, Heft 1, S. 38-43.

Hönle, Jan Helmut (2013): Online beraten und verkaufen, Wiesbaden.

HSBC Deutschland (2015): HSBC führt automatisiertes grenzüberschreitendes Renminbi Sweeping für deutsche Kunden ein, Pressemitteilung vom 10.3.2015.

Hungenberg, Harald (2014): Strategisches Management in Unternehmen, 8.Auflage, Wiesbaden.

Imkamp, Bernadette (2014): Mit Coaching gegen Know-how-Verlust, in: Wirtschaft & Weiterbildung, 26. Jahrgang, Heft 2, S. 34-35.

Isenbart, Friedrich (2012): Unter verstärkter Beobachtung, in: Die Bank, Heft 3, S. 80-83.

Jansen, Harald (2004): Verfügungsrechte und Transaktionskosten, in: Wirtschaftswissenschaftliches Studium, 33. Jahrgang, Heft 10, S. 597-602.

Jensen, Michael C.; Meckling, William H. (1976): Theory of the Firm: Managerial behavior, agency costs and ownership structure, in: Journal of Financial Economics, 3. Jahrgang, Heft 4, S. 305-360.

Jonen, Andreas (2006): Semantische Analyse des Risikobegriffs – Strukturierung der betriebswirtschaftlichen Risikodefinitionen und literaturempirische Auswertung, in: Lingnau Volker (Hrsg.): Beiträge zur Controlling-Forschung des Lehrstuhls für Unternehmensrechnung und Controlling der Technischen Universität Kaiserslautern.

Jones, Michael A.; Mothersbaught, David L.; Beatty, Sharon E. (2002): Why customers stay: measuring the underlying dimensions of services switching costs and managing their differential strategic outcomes, in: Journal of Business Research, 55. Jahrgang, Heft 6, S. 441-450.

Jost, Peter-J. (2001): Die Spieltheorie in der Betriebswirtschaftslehre, Stuttgart.

Jung, Christian (2012a): Einen Teil des Erfolgs zurückgeben, in: Die Bank, Heft 11, S. 38-39.

Jung, Christian (2012b): Wo soziales Engagement eine lange Tradition hat, in: Die Bank, Heft 4, S. 42-43.

Jung, Christian (2013a): Der Tradition verpflichtet, dem Neuen zugewandt, in: Die Bank, Heft 11, S. 74-75.

Jung, Christian (2013b): In das kreative Potenzial der Region investieren, in: Die Bank, Heft 4, S. 36-38.

Jung, Christian (2014): Blick über den eigenen Tellerrand, in: Die Bank, Heft 5, S. 64-65.

Jung, Christian (2015): Corporate Volunteering, in: Die Bank, Heft 5, S. 36-37.

Jung, Christian (2016): Engagement ist Teil der Unternehmenskultur, in: Die Bank, Heft 3, S. 34-35.

Jungermann, Helmut; Belting, Julia (2004a): Interaktion des als ob: Privatanleger und Anlageberater, in: Gruppendynamik und Organisationsberatung, 35. Jahrgang, Heft 2, S. 239-257.

Jungermann, Helmut; Belting, Julia (2004b): Wir verstehen uns doch – nicht wahr! Psychologische Aspekte der Altersvorsorge und Anlageberatung, in: Kritische Vierteljahresschrift für Gesetzgebung und Rechtswissenschaft, 87. Jahrgang, Heft 3, S. 325-344.

Jungermann, Helmut; Pfister, Hans-Rüdiger; Fischer, Katrin (2010): Die Psychologie der Entscheidung – Eine Einführung, 3. Auflage, Heidelberg.

Kaas, Klaus P.; Fischer, Marc (1993): Der Transaktionskostenansatz, in: Das Wirtschaftsstudium, 22. Jahrgang, Heft 8/9, S. 686-693.

Käfer, Dominik (2016): Finanzkriminalität als strategisches Risiko, in: Die Bank, Heft 3, S. 44-45.

Kaiser, Thomas (2015): Management von Non-Financial Risks, in: Die Bank, Heft 12, S. 20-25.

Kauselmann, André; Wolf, Heiko (2014): Think before you post!, in: Kinter, Achim; Ott, Ulrich (Hrsg.): Risikofaktor Social Web – Reputationsrisiken und -chancen managen, Köln, S. 177-190.

Keniston, Kenneth (1983): Erikson und seine Zeit in Harvard, in: Psychologie Heute, 10. Jahrgang, Heft 12, S. 31.

Kerschner, Svetlana (2015): Ist die Quirin Bank mit ihrer Honorarberatung gescheitert?, URL: http://www.dasinvestment.com/berater/news/datum/2015/06/17/ist-die-quirin-bank-mit-ihrer-honorarberatung-gescheitert/, aufgerufen am 10.10.2015.

KfW Bank (2014): „Green Bonds – Made by KfW" überzeugen Investoren, Pressemitteilung vom 14.07.2014.

Kilduff, Martin (2006): Editor`s Comments: Prize-Winning Articles for 2005 and the First Two Decades of "AMR", in: The Academy of Management Review, 31. Jahrgang, Heft 4, S. 792-793.

Kind, Sandra (1998): Die Grenzen des Verbraucherschutzes durch Information – aufgezeigt am Teilzeitwohnrechtegesetz, Berlin.

Kindler, Alexandra (2014): Beratungsprotokolle – viel Aufwand, wenig Mehrwert, in: Die Bank, Heft 2, S. 34-35.

Kinter, Achim; Ott, Ulrich (2014): Paradigmenwechsel im Reputationsmanagement – was verändert sich durch das Social Web?, in: Kinter, Achim; Ott, Ulrich (Hrsg.): Risikofaktor Social Web – Reputationsrisiken und -chancen managen, Köln, S. 15-26.

Klein, Nico C. (2011): Honorarberatung als „die einzig wahre Lösung"?, in: Wertpapier-Mitteilungen: Zeitschrift für Wirtschafts- und Bankrecht, 65. Jahrgang, Heft 45, S. 2117-2120.

Klemperer, Paul (1987): Markets with Consumer Switching Costs, in: The Quarterly Journal of Economics, 102. Jahrgang, Heft 2, S. 375-394.

Kohlert, Daniel (2009): Anlageberatung und Qualität – ein Widerspruch? Zur Utopie qualitativ hochwertiger Anlageberatung im Retail Banking, Baden-Baden.

Kohlert, Daniel; Oehler, Andreas (2009): Scheitern Finanzdienstleistungen am Verbraucher? Eine theoretische Analyse rationalen Verbraucherverhaltens im Rahmen des Anlageberatungsprozesses, in: Vierteljahreshefte zur Wirtschaftsforschung, 78. Jahrgang, Heft 3, S. 81-95.

Koller, Ingo (2006): Die Abdingbarkeit des Anlegerschutzes durch Information im europäischen Kapitalmarktrecht, in: Baums, Theoder; Wertenbruch, Johannes (Hrsg.): Festschrift für Ulrich Huber zum siebzigsten Geburtstag, Tübingen, S. 821-840.

Koller, Ingo (2012): § 31 WpHG, in: Assmann, Heinz-Dieter; Schneider, Uwe H. (Hrsg.): Wertpapierhandelsgesetz – Kommentar, 6. Auflage, Köln, S. 1365-1527.

Kramer, R.M. (1999): Trust and Distrust in Organizations: Emerging Perspectives, Enduring Questions, in: Annual Review of Psychology 1999, 50. Jahrgang, Heft 1, S. 569-598.

Kring, Thorn (2016): Geschäftsmodell auf dem Prüfstand, in: BankInformation, Heft 1, S. 6-10.

Kühner, Anja (2015a): Kunden wollen ihre Berater lange behalten, in: Bankmagazin, 64. Jahrgang, Heft 12, S. 36-38.

Kühner, Anja (2015b): Grün nicht nur fürs gute Gewissen, in: Bankmagazin, 64. Jahrgang, Heft 5, S. 36-38.

Kupka, Katja (2014): Banken in Social Media, in: Social Media Magazin, Heft 3, S. 38-45.

Lahno, Bernd (2002): Der Begriff des Vertrauens, Paderborn.

Lang, Volker (2000): Die Beweislastverteilung im Falle der Verletzung von Aufklärungs- und Beratungspflichten bei Wertpapierdienstleistungen, in: Wertpapier-Mitteilungen: Zeitschrift für Wirtschafts- und Bankrecht, 54. Jahrgang, Heft 9, S. 450-467.

Langevoort, Donald C. (2008): Commentary: Investors, IPOs, and the Internet, in: Ohio State Entrepreneurial Business Law Journal, 2. Jahrgang, Heft 2, S. 767-771.

Legner, Michael (2011): Aspekte der Beratungsqualität, in: Berger, Herbert; Legner, Michael (Hrsg.): Anlageberatung im Privatkundengeschäft, Frankfurt a.M., S. 29-98.

Lenk, Hans (2010): Vertrauen als relationales Interpretations- und Emotionskonstrukt, in: Maring, Matthias (Hrsg.): Vertrauen – zwischen sozialem Kitt und der Senkung von Transaktionskosten, Karlsruhe, S. 27-44.

Leuering, Dieter; Zetzsche, Dirk (2009): Die Reform des Schuldverschreibungs- und Anlageberatungsrechts – (Mehr) Verbraucherschutz im Finanzmarktrecht?, in: Neue Juristische Wochenschrift, Heft 39, S. 2849-2912.

Lewis, David; Weigert, Andrew (1985): Trust as a Social Reality, in: Social Forces, 63. Jahrgang, Heft 4, S. 967-985.

Liebert, Thorsten; Bussmann, Johannes (2009): Drei effektive Verteidigungslinien – Rückkehr zur Best Practice im Risikomanagement, in: Betriebswirtschaftliche Blätter, Heft 1, S. 41.

Lies, Jan (2014): Unternehmenskultur, in: Winter, Eggert (Hrsg.): Gabler Wirtschaftslexikon, 18. Auflage, Wiesbaden, S. 3260.

Loose, Achim; Sydow, Jörg (1997): Vertrauen und Ökonomie in Netzwerkbeziehungen – Strukturationstheoretische Betrachtung, in: Sydow, Jörg; Windeler, Arnold (Hrsg.): Management interorganisationaler Beziehungen – Vertrauen, Kontrolle und Informationstechnik, Opladen, Nachdruck zur ersten Auflage, S. 160-193.

Lorz, Stephan (2009): Nobelpreis für Ostrom und Williamson, in: Börsen-Zeitung, 13.10.2009, S. 7.

Luce, Duncan; Raiffa, Howard (1957): Games and Decisions – Introduction and Critical Survey, New York.

Luhmann, Niklas (1980): Komplexität, in: Grochla, Erwin (Hrsg.): Handwörterbuch der Organisation, 2. Auflage, Stuttgart, Spalte 1164-1170.

Luhmann, Niklas (1991): Soziale Systeme: Grundriss einer allgemeinen Theorie, 4. Auflage, Frankfurt a.M.

Luhmann, Niklas (2014): Vertrauen. Ein Mechanismus der Reduktion sozialer Komplexität, 5. Auflage, Konstanz und München.

Macharzina, Klaus; Wolf, Joachim (2015): Unternehmensführung, 9. Auflage, Wiesbaden.

Maier, Arne (2011): Das obligatorische Beratungsprotokoll: Anlegerschutz mit Tücken, in: Verbraucher und Recht, 26. Jahrgang, Heft 1, S. 3-11.

Manager Magazin (2015): Norwegens Staatsfonds macht Schluss mit RWE, URL: http://www.manager-magazin.de/unternehmen/energie/norwegen-beschliesst-rueckzug-seines-staatsfonds-aus-kohle-a-1035966.html, aufgerufen am 9.3.2016.

Manager Magazin (2016): „Rockefeller finanziert Verschwörung gegen uns", URL: http://www.manager-magazin.de/unternehmen/energie/exxon-konzern-sieht-sich-als-opfer-einer-rockefeller-verschwoerung-a-1083933.html, aufgerufen am 27.3.2016.

Matthews, R. C. O. (1986): The Economics of Institutions and the Sources of Growth, in: The Economic Journal, 96. Jahrgang, Heft 384, S. 903-918.

Mauelshagen, Jan Oliver (2007): Vertrauen in den Abschlussprüfer: Entstehung, Nutzen und Grenzen der Beeinflussbarkeit, URL: http://duepublico.uni-duisburg-essen.de/servlets/DerivateServlet/Derivate-18505/Trust.pdf, aufgerufen am 30.10.2015.

Mayer, Roger C.; Davis, James H.; Schoorman, F. David (1995): An Integrative Model of Organizational Trust, in: The Academy of Management Review, 20. Jahrgang, Heft 3, S. 709-734.

Mayer, Roger C.: Davis, James H.; Schoorman, F. David (2007): An Integrative Model of Organizational Trust: Past, Present and Future, in: The Academy of Management Review, 32. Jahrgang, Heft 2, S. 344-354.

McKnight, Harrison D.; Chervany, Norman L. (2001): Conceptualizing Trust: A typology and E-commerce customer relationship model, in: Proceedings of the 34th Annual Hawaii International Conference on System Sciences.

Meffert, Heribert; Bruhn, Manfred (2012): Dienstleistungsmarketing, 7. Auflage, Wiesbaden.

Meifert, Matthias (2003): Vertrauensmanagement in Unternehmen: Eine empirische Studie über Vertrauen zwischen Angestellten und ihren Führungskräften, 2. Auflage, München.

Mensch, Gerhard (1999): Grundlagen der Agency-Theorie, in: Das Wirtschaftsstudium, 28. Jahrgang, Heft 5, S. 686-688.

Merten, Klaus (2007): Einführung in die Kommunikationswissenschaft, Band 1: Grundlagen der Kommunikationswissenschaft, 3. Auflage, Berlin.

Meybom, Peter (2016): Strategie auf Megatrends ausrichten, in: Die Bank, Heft 1, S. 44-49.

Michel, Marion; Yoo, Chan-Jae (2013): Anlageberatung – Beratungsprotokoll und Mitarbeiter- und Beschwerderegister in der Aufsichtspraxis, in: BaFin Journal, Heft 7, S. 19-22.

Milgrom, Paul; Roberts, John (1992): Economics, Organization and Management, New Jersey.

Möllers, Thomas M. J.; Kernchen, Eva (2011): Information Overload am Kapitalmarkt, in: Zeitschrift für Unternehmens- und Gesellschaftsrecht, 40. Jahrgang, Heft 1, S. 1-26.

Morschbach, Marcel (2014): Im Interview, in: Börsen-Zeitung, 14.06.2014, S.3.

Müchler, Henny (2012): Die neuen Kurzinformationsblätter – Haftungsrisiken im Rahmen der Anlageberatung, in: Wertpapier-Mitteilungen: Zeitschrift für Wirtschafts- und Bankrecht, 66. Jahrgang, Heft 21, S. 974-983.

Müller, Monika (2013): Risiko als zentraler Anknüpfungspunkt in der modernen Anlageberatung, in: Tilmes, Rolf; Jakob, Ralph; Nickel, Hans (Hrsg.): Praxis der modernen Anlageberatung, Köln, S. 259-298.

Mußler, Hanno (2015): Quirin Bank wächst langsamer in der Honorarberatung, in: FAZ, 13.06.2015, S. 5.

Nakayachi, Kazuya; Watabe, Motoki (2005): Restoring trustworthiness after adverse events: The signaling effects of voluntary „Hostage Posting“ on trust, in: Organizational Behavior and Human Decision Processes, 97. Jahrgang, Heft 1, S. 1-17.

Neidhardt, Friedhelm (1980): Soziale und sozio-technische Systeme, in: Grochla, Erwin (Hrsg.): Handwörterbuch der Organisation, 2. Auflage, Stuttgart, Spalte 2077-2087.

Neumann, John von; Morgenstern, Oskar (1944): Theory of Games and Economic Behavior, Princeton.

Niemeyer, Frank (2013): Honorarberatung – ein Erfolgsmodell?, in: Die Bank, Heft 2, S. 30-33.

Noack, Juliane (2010): Erik H. Erikson: Identität und Lebenszyklus, in: Jörissen, Benjamin; Zirfas, Jörg (Hrsg.): Schlüsselwerke der Identitätsforschung, Wiesbaden, S. 37-53.

Nooteboom, Bart (2002): Trust: Forms, Foundations, Functions, Failures and Figures, Northampton.

Nuissl, Henning (2002): Bausteine des Vertrauens – Eine Begriffsanalyse, in: Berliner Journal für Soziologie, 12. Jahrgang, Heft 1, S. 87-108.

OCC (2014): OCC Guidelines Establishing Heightened Standards for Certain Large Insured National Banks, Insured Federal Savings Associations, and Insured Federal Branches; Integration of Regulations (Final Rule), URL: http://www.occ.gov/news-issuances/news-releases/2014/nr-occ-2014-117.html, aufgerufen am 1.3.2016.

Oehler, Andreas; Kohlert, Daniel; Jungermann, Helmut (2009): Zur Qualität der Finanzberatung von Privatanlegern: Probleme des Beratungsprozesses und Lösungsansätze: Stellungnahme des Wissenschaftlichen Beirats für Verbraucher- und Ernährungspolitik beim BMELV, URL: http://www.bmel.de/SharedDocs/Downloads/Ministerium/Beiraete/Verbraucherpolitik/2009_11_Finanzberatung.pdf?__blob=publicationFile, aufgerufen am 30.10.2015.

Orion, Tobias (2007): Vertrauen in Transaktionsbeziehungen – Marketingwissenschaftliche Grundlegung und praktische Ansatzpunkte für ein strategisches Vertrauensmanagement, Frankfurt a.M.

Ortmann, Mark; Tutone, Simone (2014): Evaluierung der Beratungsdokumentation im Geldanlage- und Versicherungsbereich, URL: http://www.bmjv.de/SharedDocs/Downloads/DE/pdfs/20140625_Beratungsprotokolle_Studie.pdf?__blob=publicationFile, aufgerufen am 30.10.2015.

Palandt (2015): Bürgerliches Gesetzbuch, Kommentar, 72. Auflage, München.

Parsons, Talcott; Shils, Edwar A.; Allport, Gordon W.; Kluckhahn, Clyde; Murray, Henry A.; Sears, Robert R.;Sheldon, Richard R.; Stauffer, Samuel A.; Tolma, Edwar C. (1951): Some Fundamental Categories of the Theory of Action: A General Statement, in: Parsons, Talcott; Shils, Edwar A. (Hrsg.): Toward a General Theory of Action, Cambridge, S. 3-29.

Peter, Sibylle Isabelle (1999): Kundenbindung als Marketingziel: Identifikation und Analyse zentraler Determinanten, 2. Auflage, Wiesbaden.

Petermann, Franz (2013): Psychologie des Vertrauens, 4. Auflage, Göttingen.

Peters, Malte L. (2008): Vertrauen in Wertschöpfungspartnerschaften zum Transfer von retentivem Wissen, Wiesbaden.

Petersen, Nadja (2014): Social Media im Rahmen des Reputationsmanagements – Risiken eingrenzen, Chancen nutzen, in: Kinter, Achim; Ott, Ulrich (Hrsg.): Risikofaktor Social Web – Reputationsrisiken und -chancen managen, Köln, S. 129-145.

Pfeifer, Klaus-Gerhard (2009): Einführung der Dokumentationspflicht für das Beratungsgespräch durch § 34 Abs. 2a WpHG, in: Zeitschrift für Bank- und Kapitalmarktrecht, 9. Jahrgang, Heft 12, S. 485-528.

Picot, Arnold; Dietl, Helmut; Frank Egon; Fiedler, Marina; Royer, Susanne (2015): Organisation, 7. Auflage, Stuttgart.

Picot, Arnold; Reichwald, Ralf; Wigand, Rolf T. (2003): Die grenzenlose Unternehmung, 5. Auflage, Wiesbaden.

Picot, Arnold; Schuller, Susanne (2002): Transaktionskosten, in: Küpper, Hans-Ulrich; Wagenhofer, Alfred (Hrsg.): Enzyklopädie der Betriebswirtschaftslehre – Handwörterbuch Unternehmensrechnung und Controlling, 4. Auflage, Stuttgart, S. 1966-1978.

Pontzen, Henrik; Romeike, Frank (2015): Reputationsrisiko: Die vernachlässigte Risikokategorie, in: Gleißner, Werner; Romeike, Frank (Hrsg.): Praxishandbuch Risikomanagement, Berlin, S. 403-414.

Poppensieker, Thomas (2015): Three Lines of Defense – Herausforderungen in der Weiterentwicklung internen Kontrollsysteme, in: Zeitschrift für das gesamte Kreditwesen, 68. Jahrgang, Heft 13, S. 654-656.

Porter, Michael E. (2013): Wettbewerbsstrategie: Methoden zur Analyse von Branchen und Konkurrenten, 12. Auflage, Frankfurt a.M.

Porter, Michael E. (2014): Wettbewerbsvorteile: Spitzenleistungen erreichen und behaupten, 8. Auflage, Frankfurt a.M.

Prahalad, Coimbatore K.; Hamel, Gary (1990): The Core Competence of the Corporation, in: Harvard Business Review, 68. Jahrgang, Heft 3, S. 79-91.

Prisching, Manfred (2009): Strategien zur Beseitigung von Vertrauen, in: Wirtschaftspolitische Blätter der Wirtschaftskammer Österreich, 56. Jahrgang, Heft 2, S. 167-181.

Prophet Studie (2014): Vertrauenskrise der Banken hält an: Internationale Umfrage unterstreicht das Misstrauen vieler Kunden gegenüber traditionellen Finanzinstituten Großes Interesse an neuen Wettbewerbern, Pressemitteilung vom 12.8.2014.

Quitt, Birte; Schmoll, Anton (2016): Freiräume für den Markt schaffen, in: Die Bank, Heft 1, S.78-73.

Rasche, Christoph; Wolfrum, Bernd (1994): Ressourcenorientierte Unternehmensführung, in: Die Betriebswirtschaft, 54. Jahrgang, Heft 4, S. 501-517.

Redl, Josef (2014): Empfehlungsmarketing in der Finanzbranche, in: a3Boom, Heft 6, S. 24-25.

Reinke, Hans Joachim (2013): Honorarberatung ist kein Allheilmittel, in: Börsen-Zeitung, 09.08.2013, S. 8.

Reiter, Julius F.; Methner, Olaf (2013): Die Interessenkollision beim Anlageberater – Unterschiede zwischen Honorar- und Provisionsberatung , in: Wertpapier-Mitteilungen: Zeitschrift für Wirtschafts- und Bankrecht, 67. Jahrgang, Heft 44, S. 2053-2059.

Rheinische Post Online (2016a): Senioren zeigen Sparkasse rote Karte, veröffentlicht am 12.4.2016, URL: http://www.rp-online.de/nrw/staedte/hilden/senioren-zeigen-sparkasse-rote-karte-aid-1.5895944, aufgerufen am 15.5.2016.

Rheinische Post Online (2016b): Sparkasse schließt Filiale Haus Horst, veröffentlicht am 19.3.2016, URL: http://www.rp-online.de/nrw/staedte/hilden/sparkasse-schliesst-filiale-haus-horst-aid-1.5847679, aufgerufen am 15.5.2016.

Ripperger, Tanja (1998): Ökonomik des Vertrauens, Tübingen.

Roßbach, Peter (2011a): Honorarberatung versus Provisionsvergütung, in: Die Bank, Heft 10, S. 50-54.

Roßbach, Peter (2011b): Einfluss von Vergütungssystemen auf die Finanzberatungsqualität, in: Berger, Herbert; Legner, Michael (Hrsg.): Anlageberatung im Privatkundengeschäft, Frankfurt a.M., S. 251-273.

Rost, Birgit (2008): Die Bedeutung der unterschiedlichen Kundenkategorien, in: Von Böhlen, Andreas; Kan, Jens (Hrsg.): MiFID- Kompendium – Praktischer Leitfaden für Finanzdienstleister, Berlin, S. 97-108.

Rothenhöfer, Kay (2007): Anlegerschutz durch Schriftform und Dokumentation bei Wertpapierdienstleistungen, Baden-Baden.

Rothenhöfer, Kay (2010): § 31 Allgemeine Verhaltensregeln, in: Schwark, Eberhardt; Zimmer, Daniel (Hrsg.): Kapitalmarktrechts-Kommentar, 4. Auflage, München, S. 1479-1565.

Rotter, Julian (1967): A new scale for the measurement of interpersonal trust, in: Journal of Personality, 35. Jahrgang, Heft 4, S. 651- 665.

Rotter, Julian (1972): Generalized Expectancies for Internal Versus External Control of Reinforcement, in: Rotter, Julian; Chance, June E.; Phares, E. Jerry (Hrsg.): Applications of a Social Learning Theory of Personality, New York, S. 260-295.

Rotter, Julian (1981): Vertrauen, in: Psychologie Heute, 8. Jahrgang, Heft 3, S. 23-29.

Rotter, Julian; Chance, June; Phares, Jerry (1972): Applications of a Social Learning Theory of Personality, New York.

Rotter, Julian; Hochreich, Dorothy (1979): Persönlichkeit: Theorien, Messung, Forschung, Berlin. Übersetzung des Originals „Personality“ (1975), Glenview.

Ruud, Flemming; Kyburz, Adrian (2014): Gedanken zum Three Lines of Defense Modell – Was ist mit Verteidigung gemeint?, in: Der Schweizer Treuhänder, 60. Jahrgang, Heft 7, S. 761-766.

Sáez, Marcos (2012): Vertrauen in der Anlageberatung von Banken aus Sicht der ökonomischen Ethik, URL: http://nbn-resolving.de/urn:nbn:de:bsz:14-qucosa-86693, aufgerufen am 30.10.2015.

Saul, Jan T.; Esser Gert (2013): Zusammenspiel von Interner Revision und Compliance-Funktionen in Kreditinstituten, in: Zeitschrift Interne Revision, 48. Jahrgang, Heft 1, S. 3-8.

Schäfer, Holger (2013): Aufsichtsrechtliche Grundlagen der Anlageberatung, in: Tilmes, Rolf; Jakob, Ralph; Nickel, Hans (Hrsg.): Praxis der modernen Anlageberatung, Köln, S. 153-208.

Schaub, Harald (1993): Modellierung der Handlungsorganisation, Bern.

Schauenberg, Bernd (2005): Gegenstand und Methoden der Betriebswirtschaftslehre, in: Bitz, Michael; Domsch, Michel; Ewert, Ralf; Wagner, Franz W. (Hrsg.): Vahlens Kompendium der Betriebswirtschaftslehre, Band 1, 5. Auflage, München, S. 1-46.

Schierenbeck, Henner; Hölscher, Reinhold (1998): BankAssurance, 4. Auflage, Stuttgart.

Schneewind, Klaus (1996): Persönlichkeitstheorien, Band 2: Organismische und dialektische Ansätze, 2. Auflage, Darmstadt.

Schnieders, Ludwig (2011): Was ist Anlageberatung? , in: Berger, Herbert; Legner, Michael (Hrsg.): Anlageberatung im Privatkundengeschäft, Frankfurt a.M., S. 3-28.

Schweer, Martin (2003): Vertrauen als Organisationsprinzip: Vertrauensförderung im Spannungsfeld personalen und systemischen Vertrauens, in: Erwägen, Wissen, Ethik (vormals Ethik und Sozialwissenschaften), 14. Jahrgang, Heft 2, S. 323-332.

Schweer, Martin (2008): Vertrauen und soziales Handeln – Eine differentialpsychologische Perspektive, in: Jammal, Elias (Hrsg.): Vertrauen im interkulturellen Kontext, Wiesbaden, S. 13-26.

Schweer, Martin; Thies, Barbara (2003): Vertrauen als Organisationsprinzip – Perspektiven für komplexe soziale Systeme, Bern.

Schweizer Bank (2008): Risk Management: Chronik eines angekündigten Grossunfalls, URL:http://www.schweizerbank.ch/de/artikelanzeige/artikelanzeige.asp?pkBerichtNr=173766, aufgerufen am 1.4.2016.

Schwintowski, Hans-Peter (2010): Honorarberatung – quo vadis?, in: Verbraucher und Recht, 25. Jahrgang, Heft 2, S. 41-42.

Seyfried, Thorsten (2006): Die Richtlinie über Märkte für Finanzinstrumente (MiFID) – Neuordnung der Wohlverhaltensregeln, in: Wertpapier-Mitteilungen: Zeitschrift für Wirtschafts- und Bankrecht, 60. Jahrgang, Heft 29, S. 1375-1383.

Shapiro, Susan P. (1987): The Social Control of Impersonal trust, in: American Journal of Sociology, 93. Jahrgang, Heft 3, S. 623-658.

Sharpe, Steven A. (1997): The Effect of Consumer Switching Costs on Prices: A Theory and its Application to the Bank Deposit Market, in: Review of Industrial Organization, 12. Jahrgang, Heft 1, S. 79-94.

Shaw, R.B. (1997): Trust in the balance: Building successful organizations on results, integrity and concern, San Francisco.

Simon, Herbert (1979): Administrative Behavior, 4. Auflage, New York.

Sjurts, Insa (1998): Kontrolle ist gut, ist Vertrauen besser? in: Die Betriebswirtschaft, 58. Jahrgang, Heft 3, S. 283-298.

Sparkasse (2016): Geld einfach verstehen, URL: https://www.sparkasse.de/geld-leichter-verstehen.html, aufgerufen am 1.4.2016.

Speier, Cheri; Valacich, Joseph S.; Vessey, Iris (1999): The Influence of Task Interruption on Individual Decision Making: An Information Overload Perspective, in: Decision Sciences, 30. Jahrgang, Heft 2, S. 337-360.

Spincke, Helmuth; von Hirschhausen, Martin (2015): Warum kleine Privatbanken eine große Rolle spielen, in: Die Bank, Heft 5, S. 34-35.

Spremann, Klaus (1988): Reputation, Garantie, Information, in: Zeitschrift für Betriebswirtschaft, 58. Jahrgang, Heft 5/6, S. 613-629.

Stemmler, Gerhard; Hageman, Dirk; Amelang, Manfred; Bartussek, Dieter (2011): Differentielle Psychologie und Persönlichkeitsforschung, 7. Auflage, Stuttgart.

Stiftung Finanztest (2005): Kaffee zum Geschäft, Heft 8, S. 36-40.

Stiftung Finanztest (2009): Am besten unabhängig, Heft 10, S. 37-39.

Stiftung Warentest (2010): Viel Papier für die Tonne, Heft 4, S. 25-27.

Stoltenberg, Silke (2014): BaFin verteidigt Beratungsprotokoll, in: Börsen-Zeitung, 12.4.2014, S. 3.

Strauss, Bernd; Seidel, Wolfgang (2014): Beschwerdemanagement, 5. Auflage, München.

Suchanek, Andreas (2011): Vertrauen als Grundlage nachhaltiger unternehmerischer Wertschöpfung, in: Schneider, Andreas; Schmidpeter, René (Hrsg.): Corporate Social Responsibility – Verantwortungsvolle Unternehmensführung in Theorie und Praxis, Berlin, S. 55-66.

Tax, Stephen; Brown, Stephen; Chandrashekaran, Murali (1998): Customer Evaluations of Service Complaint Experiences: Implications for Relationship Marketing, in: Journal of Marketing, 62. Jahrgang, Heft 2, S. 60-76.

Teschner, Charles; Golder, Peter; Liebert, Thorsten (2008): Bringing Back Best Practices in Risk Management Banks' Three Lines of Defense, URL: http://www.strategyand.pwc.com/media/file/Bringing-Back-Best-Practices-in-Risk-Management.pdf, aufgerufen am 1.4.2016.

Thurner, Georg; Vielhaber-Hase (2015): Mehr als eine Personalstrategie, in: BankInformation, Heft 6, S. 52-55.

Tiroler Sparkasse (2015): Tiroler Sparkasse ist die beste Regionalbank Österreichs, Pressemitteilung vom 2.6.2015.

Trott, Thomas; Thießen, Friedrich; Wieck, Hans-Ascan (2015): Honorarberatung findet keine Akzeptanz, in: Die Bank, Heft 1, S. 69-72.

Veil, Rüdiger; Lerch, Marcus P. (2012): Auf dem Weg zu einem Europäischen Finanzmarktrecht: die Vorschläge der Kommission zur Neuregelung der Märkte für Finanzinstrumente - Teil II, in: Wertpapier- Mitteilungen: Zeitschrift für Wirtschafts- und Bankrecht, 66. Jahrgang, Heft 34, S. 1605-1613.

Verbraucherzentrale Bundesverband (2010): Protokolle in Banken zur Dokumentation der Anlageberatung, URL: http://www.vzbv.de/sites/default/files/mediapics/beratungsprotokolle_untersuchung_22_11_2010.pdf, aufgerufen am 30.10.2015.

Verbraucherzentrale Bundesverband (2012): Aufzeichnungspflichten in der Anlageberatung: Stärken Beratungsprotokolle die Rechte der Verbraucher?, URL: https://www.verbraucherstiftung.de/sites/default/files/beratungsprotokolle_abschlussbericht_finanzmarktwaechter_07_03_2012.pdf, aufgerufen am 30.10.2015.

Vester, Heinz-Günter (2010): Kompendium der Soziologie III: Neuere soziologische Theorien, Wiesbaden.

Vogt, Jörg (1997): Vertrauen und Kontrolle in Transaktionen: Eine institutionenökonomische Analyse, Wiesbaden.

Voigt, Stefan (2009): Institutionenökonomik, 2. Auflage, Paderborn.

Volksbank Bühl (2016): Aus Liebe zur Region, URL: https://www.volksbank-buehl.de/aus-liebe-zur-region.html, aufgerufen am 1.4.2016.

Volnhals, Martina; Hirsch, Bernhard (2008): Information Overload und Controlling, in: Zeitschrift für Controlling & Management, 52. Jahrgang, Sonderheft 1, S. 50-57.

Von Broock, Martin; Suchanek, Andreas (2009): Investitionen in den Faktor Vertrauen, in: Wittenberg-Zentrum für Globale Ethik, Diskussionspapier Nr. 2009-3, URL: http://www.wcge.org/download/DP_2009-3_Martin_von_Broock_Andreas_Suchanek_-_Investitionen_in_den_Faktor_Vertrauen.pdf, aufgerufen am 30.10.2015.

Von Hayek, Friedrich August (1976): Individualismus und wirtschaftliche Ordnung, 2. Auflage, Erlenbach.

Von Schmettow, Carola (2015): „Die Kunden wollen nicht von Robotern bedient werden", in: Börsen-Zeitung, 31.12.2015, S. 2.

Voss, Thomas (1998): Vertrauen in modernen Gesellschaften – Eine spieltheoretische Analyse, in: Metze, Regine; Mühler, Kurt; Opp, Karl-Dieter (Hrsg.): Der Transformationsprozess, Analysen und Befunde aus dem Leipziger Institut für Soziologie, Leipzig, S. 91-129.

Walgenbach, Peter (2000): Das Konzept der Vertrauensorganisation – Eine theoriegeleitete Betrachtung, in: Die Betriebswirtschaft, 60. Jahrgang, Heft 6, S. 707-720.

WDR Radiobeitrag (2016): WDR 5 Morgenecho – Reportage, ausgestrahlt am 4.5.2016.

Weber, Max (1988): Gesammelte Aufsätze zur Wissenschaftslehre, 7. Auflage, Tübingen.

Weber, Stephan; Appel, Christian (2013): Die Anforderungen der Aufsicht – und was an geschäftspolitischen Gestaltungsspielräumen bleibt, in: Banking and Information Technology, 14. Jahrgang, Sonderheft April 2013, S. 35-43.

Welge, Martin K.; Al-Laham, Andreas; Eulerich, Marc (2016): Strategisches Management, 7. Auflage, Wiesbaden.

Weller, Marc-Philippe (2011): Die Dogmatik des Anlageberatungsvertrags – Legitimation der strengen Rechtsprechungslinie von Bond bis Ille./. Deutsche Bank, in: Zeitschrift für Bankrecht und Bankwirtschaft, 23. Jahrgang, Heft 3, S. 191-199.

Williamson, Oliver E. (1975): Markets and Hierarchies: Analysis and Antitrust Implications. A Study in the Economics of Internal Organization, New York.

Williamson, Oliver E. (1984): The Economics of Governance: Framework and Implications, in: Zeitschrift für die gesamte Staatswissenschaft, 140. Jahrgang, Heft 1, S. 195-223.

Williamson, Oliver E. (1985): The economic institution of capitalism: Firms, markets and relational contracting, New York.

Williamson, Oliver E. (1991): Corporative Economic Organization, in: Ordelheide, Dieter; Rudolph, Bernd; Büsselmann, Elke (Hrsg.): Betriebswirtschaftliche und Ökonomische Theorie, Stuttgart, S. 13-49.

Williamson, Oliver E. (1993a): Calculativeness, Trust, and Economic Organization, in: The Journal of Law and Economics, 36. Jahrgang, Heft 1, Part 2, S. 453-486.

Williamson, Oliver E. (1993b): Opportunism and its Critics, in: Managerial and Decision Economics, 14. Jahrgang, Heft 2, S. 97-107.

Williamson, Oliver E. (1996): The Mechanisms of Governance, New York.

Wilson, Robert B. (1985): Reputations in games and markets, in: Roth A. Alvin (Hrsg.): Game Theoretic Models of Bargaining with Incomplete Information, Cambridge, S. 27-62.

Winter, Stefan (1997): Möglichkeiten der Gestaltung von Anreizsystemen für Führungskräfte, in: Die Betriebswirtschaft, 57. Jahrgang, Heft 5, S. 615-629.

Wolf, Dorothee (2005): Ökonomische Sicht(en) auf das Handeln, Marburg.

Wolff, Birgitta (2009): Organisationsökonomik, in: Wilhelm Korff (Hrsg.): Handbuch der Wirtschaftsethik, Band 3: Ethik wirtschaftlichen Handelns, Gütersloh, S. 111-131.

Wölk, Armin; Uphoff, Tinka (2014): Produktinformationsblätter, in: BaFin Journal, Heft 2, S. 14-16.

Woratschek, Herbert (1996): Die Typologie von Dienstleistungen aus informationsökonomischer Sicht, in: Der Markt, 35. Jahrgang, Nr. 136, S. 59-71.

Wübker, Georg; Berkmann, Manuel (2014): Honorarberatung im Private Banking, in: Die Bank, Heft 7, S. 56-59.

Zand, Dale E. (1972): Trust and Managerial Trust Solving, in: Administrative Science Quarterly, 17. Jahrgang, Heft 2, S. 229-239.

Zand, Dale E. (1997): The Leadership Triad: Knowledge, Trust and Power, Oxford.

Zeller, Sven (2013): Neue Gesetzesinitiativen zur Regulierung der Anlageberatung, in: Tilmes, Rolf; Jakob, Ralph; Nickel, Hans (Hrsg.): Praxis der modernen Anlageberatung, Köln, S. 93-118.

Zerth, Martin; Baier, Irina; Kaiser, Verena; Schlotthauber, Anke (2010): Honorarberatung – hohe Akzeptanzbarrieren, in: Die Bank, Heft 6, S. 48-49.

Zingel, Frank (2008): MiFID – Der europäische Gedanke zur Finanzanlage, in: Von Böhlen, Andreas; Kan, Jens (Hrsg.): MiFID- Kompendium – Praktischer Leitfaden für Finanzdienstleister, Berlin, S. 3-12.

EINZELSCHRIFTEN

Max Monauni
Wandlungskonzepte für Produktionsnetzwerke
Lohmar – Köln 2016 • 176 S. • € 54,- (D) • ISBN 978-3-8441-0476-9

Arne Krey
Risikomanagement auf Rohstoffmärkten und die Bilanzierung nach IFRS
Lohmar – Köln 2016 • 444 S. • € 80,- (D) • ISBN 978-3-8441-0475-2

Heiko Koepke
Unternehmenswertorientierte Steuerungs- und Vergütungssysteme – Konzeption und Synchronisation des Performancecontrollings im Kontext der Corporate Governance
Lohmar – Köln 2016 • 568 S. • € 92,- (D) • ISBN 978-3-8441-0479-0

Amaliny Yoganathan-Hasselbeck
Vergabe von Patentlizenzen an ausländische Patentverletzer – Eine empirische Analyse auf Grundlage der Transaktionskostentheorie
Lohmar – Köln 2016 • 256 S. • € 62,- (D) • ISBN 978-3-8441-0485-1

Benjamin Brucker
Gesellschafterkontenabgrenzung einer inländischen Personenhandelsgesellschaft und deren Bedeutung in ausgewählten ertragsteuerlichen Normen
Lohmar – Köln 2016 • 348 S. • € 70,- (D) • ISBN 978-3-8441-0488-2

Christian Dienes
On the Behaviour and Attitudes of Firms and Individuals Towards Resource Efficiency and Climate Change Mitigation
Lohmar – Köln 2016 • 124 S. • € 48,- (D) • ISBN 978-3-8441-0493-6

Murat Aksu
Das Vertrauen der Kunden als Wettbewerbsvorteil einer Bank
Lohmar – Köln 2017 • 252 S. • € 62,- (D) • ISBN 978-3-8441-0494-3